国家科学技术学术著作出版基金资助出版

"十三五"国家重点图书出版规划项目

中国玉米病虫草害图鉴

ZHONGGUO YUMI BINGCHONGCAOHAI TUJIAN

王晓鸣　王振营　主编

中国农业出版社
北京

图书在版编目（CIP）数据

中国玉米病虫草害图鉴／王晓鸣，王振营主编．—北京：中国农业出版社，2018.11
ISBN 978-7-109-23616-5

Ⅰ.①中… Ⅱ.①王…②王… Ⅲ.①玉米-病虫害防治-图集 Ⅳ.①S435.13-64

中国版本图书馆CIP数据核字（2017）第294951号

中国农业出版社出版
（北京市朝阳区麦子店街18号楼）
（邮政编码 100125）
责任编辑 阎莎莎 张洪光 杨 春

北京中科印刷有限公司印刷 新华书店北京发行所发行
2018年11月第1版 2018年11月北京第1次印刷

开本：880mm×1230mm 1/16 印张：26.25
字数：820千字
定价：358.00元
（凡本版图书出现印刷、装订错误，请向出版社发行部调换）

编辑委员会

主　　　编：王晓鸣　王振营

编　　　委：石　洁　董金皋　晋齐鸣　李　晓　陈　捷

特约撰稿人：何月秋

图片提供者（按姓氏笔画排序）：

王庆雷	王克勤	王泽民	王振营	王晓鸣
王恩东	王雪腾	王勤英	尹　娇	石　洁
白树雄	刘　成	刘顺通	刘娟娟	孙艳杰
苏前富	杨利华	杨知还	杨学章	杨耿斌
杨瑞生	李　晓	李向东	李国平	李建平
李继平	李敦松	束长龙	肖明纲	何月秋
何康来	张　聪	张天涛	张云慧	张中东
张东霞	张金平	张秋萍	陈巨莲	陈茂功
陈新平	周卫川	屈振刚	封洪强	赵　娜
赵立萍	赵秀梅	郝俊杰	胡　月	胡　正
侯茂林	姜玉林	贺春娟	晋齐鸣	徐丽娜
徐秀德	郭　宁	郭　成	郭延平	郭建明
席景会	黄诚华	曹志艳	曹宏哲	曹慧英
常　雪	董志平	董金皋	程云霞	傅　强
谢桂英	雷仲仁	虞国跃	静大鹏	

提供图片单位：国家玉米产业技术体系长治试验站、山东省农业科学院玉米研究所、河南省农业科学院、广西壮族自治区农业科学院玉米研究所、奥瑞金种业股份有限公司

序 一

玉米作为我国种植面积最大的重要作物之一，其生产过程中面临着许多病虫草害问题。随着农业现代化步伐的加快，玉米生产对植物保护技术的要求愈加迫切，而实现新植保技术的应用与推广，最重要的基础是对各地玉米生产中发生的病虫草害的准确识别鉴定以及对病虫草害发生规律的了解与掌握。

玉米在我国虽然仅有500年的种植历史，但种植区域之广是我国其他作物所无法相比的，因而面临的生产问题也是最多、最复杂的。同时，玉米作为高密度种植的高大型作物，许多生产问题既不易识别也较难解决。因此，解决玉米生产中的植物保护问题应该得到国家的重视与支持。

《中国玉米病虫草害图鉴》一书将成为我国玉米生产、科研、教学、育种等领域的一本非常有用的专著。这部专著汇总了发生在我国不同玉米产区的各种病虫草害、生理病害和药害问题，从战略的角度总结了玉米病虫草害发生现状，更提供了大量精美翔实的照片，用于对这些生产问题的准确鉴别。该书既是一本指导生产的实用技术著作，又是一本总结中国玉米生产中植保问题的经典论著，还是一本面向未来科学发展的启蒙教材。

玉米植保工作者责任重大，继续努力！

中国农业科学院植物保护研究所研究员
中国工程院院士 郭予元

2017年2月

序 二

农业生产的发展需要有实践，也需要有理论，而理论的形成来自对大量实践的总结。玉米生产是重要的实践活动，在玉米生产过程中发生着许许多多病虫害等植保问题，而对这些问题的认识与解决，既要通过实践，也要形成理论，从而指导更广泛的实践。

《中国玉米病虫草害图鉴》是一部来自对实践工作的总结，又能够进一步指导实践的集理论与应用于一体的著作。作者群体长期工作在玉米生产一线，通过认真详尽的田间调查，从我国东南西北不同的玉米生态区采集了大量珍贵的第一手图像资料，其中许多资料是通过深入研究掌握病虫害发生规律之后才获得的。因此，本书展示的也是作者许多理论研究的结晶。

农业科研工作者要把文章写在大地上，只有到生产中去调查，才能够发现生产问题，也才能够有目的地解决生产问题。正是因为常年深入生产一线，我国国家层面的玉米植保团队才能够精确总结出要攻克的生产问题，写出可以对全国玉米生产有重大指导作用、同时也具有里程碑意义的《中国玉米病虫草害图鉴》。

希望本书在支撑国家玉米生产可持续发展方面发挥巨大作用。

中国农业科学院研究员
中国工程院院士 吴孔明

2017年2月

前　言

玉米是我国最重要的粮食作物之一，不仅是人们生活中的主粮之一，还是重要的工业及医药化工原料，同时支撑着畜牧业的发展。虽然玉米引进到中国仅有500多年的历史，但目前已经在我国有极广阔的栽培区域，在全国大部分地区均有种植，东起黑龙江抚远县（134.29°E），西至新疆乌恰县（75.26°E），南起海南三亚市（18.20°N），北达黑龙江呼玛县（51.71°N）。在种植类型方面，既有春播玉米、夏播玉米，还有秋玉米和冬玉米。种植地域既有平原、丘陵，也有高海拔的高山及高原地区。

由于玉米在中国的种植广阔性和生态多样性，各地玉米在病虫害发生方面必然存在极大的差异，同时各地种植水平的不同，也会使玉米产生不同的生理问题。20世纪70年代以前，我国的玉米生产比较落后，对国民经济的影响较小，对玉米病虫草害问题的研究较少。改革开放后，玉米作为最重要的饲料作物得到迅速发展，随之而来的病虫草害问题日益突出。近年来，玉米已经成为我国的第一大粮食作物，其面临的许多病虫草害问题已经严重影响到玉米生产的可持续发展以及食品安全。因此，我国的玉米病虫草害研究工作者投入了大量的精力开展病虫草害调查、发生规律和防控技术研究，并积极指导各地的生产防治工作。

玉米病虫草害防治的前提是科学认识病虫草害并掌握其发生规律，《中国玉米病虫草害图鉴》的出版，集中了全国玉米植保研究领域的主要力量，以十余年的田间实践和调查为第一手资料，汇总了国内外在玉米病虫草害研究中的新进展和防控新技术，为玉米生产者、管理者以及植保研究者提供了一本科学、全面、准确、翔实、实用的中国玉米病害、虫害、草害、常见生理病害、化学农药伤害的鉴别图册以及主要病虫草害发生规律及控制技术的权威工具书，以期为我国玉米病虫草害及其他相关生产问题的解决提供技术支持。

《中国玉米病虫草害图鉴》著录了我国玉米各类生产问题209种，配有图片1 700余幅，以图文并茂的方式使读者易读易懂，使玉米生产问题易鉴别，力求使此书成为玉米植保工作者、玉米育种者、玉米种质资源工作者、玉米生产技术推广者和玉米生产者的有用工具书。

《中国玉米病虫草害图鉴》编委会

2017年9月

目 录

序一

序二

前言

第一章 侵染性病害

第一节 叶部真菌病害 / 2

  1. 玉米大斑病 / 2

  2. 玉米小斑病 / 7

  3. 玉米灰斑病 / 11

  4. 玉米弯孢叶斑病 / 15

  5. 玉米圆斑病 / 19

  6. 玉米北方炭疽病 / 23

  7. 玉米褐斑病 / 28

  8. 玉米南方锈病 / 31

  9. 玉米普通锈病 / 35

  10. 玉米真小孢帽菌叶枯病 / 39

  11. 玉米镰孢顶腐病 / 42

  12. 玉米平脐蠕孢叶斑病 / 44

  13. 玉米链格孢叶斑病 / 46

  14. 玉米附球菌叶斑病 / 48

  15. 玉米狭壳柱孢叶斑病 / 49

第二节 茎部真菌病害 / 52

  16. 玉米纹枯病 / 52

  17. 玉米腐霉茎腐病 / 56

  18. 玉米镰孢茎腐病 / 61

  19. 玉米炭疽茎腐病 / 65

  20. 玉米鞘腐病 / 67

  21. 玉米黑束病 / 70

第三节 穗部真菌病害 / 72

  22. 玉米丝黑穗病 / 72

  23. 玉米瘤黑粉病 / 78

  24. 玉米疯顶霜霉病 / 82

  25. 玉米拟轮枝镰孢穗腐病 / 86

  26. 玉米禾谷镰孢穗腐病 / 90

  27. 玉米木霉穗腐病 / 94

  28. 玉米曲霉穗腐病 / 97

  29. 玉米青霉穗腐病 / 100

  30. 玉米黑孢穗腐病 / 103

  31. 玉米枝孢穗腐病 / 104

  32. 玉米炭腐穗腐病 / 107

第四节 根部真菌病害 / 110

  33. 玉米镰孢苗枯病 / 110

  34. 玉米腐霉根腐病 / 113

  35. 玉米种腐病 / 116

第五节 细菌病害 / 119

  36. 玉米泛菌叶斑病 / 119

  37. 玉米芽孢杆菌叶斑病 / 121

  38. 玉米细菌性褐斑病 / 122

  39. 玉米细菌性顶腐病 / 123

  40. 玉米细菌性茎腐病 / 126

  41. 玉米细菌干茎腐病 / 128

  42. 玉米细菌茎基腐病 / 131

  43. 玉米细菌穗腐病 / 133

第六节 病毒病害 / 135

  44. 玉米矮花叶病 / 135

  45. 玉米粗缩病 / 139

  46. 玉米红叶病 / 143

47. 玉米致死性坏死病 / 145

第七节 线虫病害 / 150

48. 玉米线虫矮化病 / 150
49. 玉米根结线虫病 / 154

第二章 非侵染性病害

第一节 缺素 / 158

50. 缺氮 / 158
51. 缺磷 / 159
52. 缺钾 / 161
53. 缺锌 / 163
54. 缺镁 / 164
55. 缺硼 / 165

第二节 环境伤害 / 166

56. 干旱 / 166
57. 渍害 / 170
58. 高温热害 / 172
59. 日灼 / 174
60. 低温寒害 / 177
61. 霜害 / 178
62. 冻害 / 179
63. 酸雨（烟害）/ 181
64. 盐害 / 183
65. 风害 / 185
66. 雹害 / 187

第三节 除草剂药害 / 189

67. 百草枯药害 / 189
68. 烟嘧磺隆药害 / 191
69. 苯磺隆药害 / 193
70. 2,4-滴丁酯药害 / 194
71. 乙草胺药害 / 196
72. 莠去津药害 / 197

73. 草甘膦药害 / 198
74. 异噁草酮药害 / 199
75. 异丙甲草胺药害 / 201
76. 硝磺草酮药害 / 203
77. 氟磺胺草醚药害 / 204

第四节 杀菌剂药害 / 206

78. 戊唑醇药害 / 206
79. 丙环唑药害 / 208

第五节 杀虫剂药害 / 209

80. 辛硫磷药害 / 209
81. 毒·辛颗粒剂药害 / 211
82. 五氯酚钠药害 / 212

第六节 化肥伤害 / 213

83. 肥害 / 213

第七节 遗传缺陷 / 215

84. 白化病 / 215
85. 遗传性条纹病 / 216
86. 遗传性斑点病 / 218
87. 籽粒丝裂病 / 219
88. 爆粒病 / 220
89. 多穗 / 221
90. 穗发芽 / 222
91. 心叶扭曲 / 223
92. 生理性红叶 / 224
93. 籽粒发育障碍 / 224
94. 果皮开裂 / 225

第三章 虫 害

第一节 地下害虫 / 228

95. 蛴螬 / 228
96. 地老虎 / 232
97. 金针虫 / 235
98. 二点委夜蛾 / 238
99. 蝼蛄 / 240
100. 耕葵粉蚧 / 243
101. 异跗萤叶甲 / 245
102. 弯刺黑蝽 / 247

103. 蛀茎夜蛾 / 249
104. 根土蝽 / 251

第二节 刺吸害虫 / 253

105. 蚜虫 / 253
106. 叶螨 / 257
107. 蓟马 / 260
108. 三点斑叶蝉 / 262
109. 大青叶蝉 / 264
110. 赤须盲蝽 / 265

111. 斑须蝽 / 267
112. 灰飞虱 / 269
113. 稻绿蝽 / 271
114. 二星蝽 / 273

第三节 食叶害虫 / 274

115. 劳氏黏虫 / 274
116. 黏虫 / 276
117. 甜菜夜蛾 / 278
118. 双斑长跗萤叶甲 / 279
119. 斜纹夜蛾 / 282
120. 褐足角胸叶甲 / 283
121. 草地螟 / 285
122. 蝗虫 / 287
123. 稻弄蝶 / 291
124. 灯蛾 / 294
125. 铁甲虫 / 297
126. 稻纵卷叶螟 / 299
127. 美国白蛾 / 301
128. 蒙古灰象甲 / 302

129. 刺蛾 / 305
130. 古毒蛾 / 308
131. 双线盗毒蛾 / 310
132. 旋幽夜蛾 / 312
133. 黑绒鳃金龟 / 314
134. 中华弧丽金龟 / 315
135. 红头豆芫菁 / 317
136. 稻赤斑黑沫蝉 / 318
137. 蜗牛、螺及蛞蝓 / 320

第四节 钻蛀及穗部害虫 / 323

138. 亚洲玉米螟 / 323
139. 桃蛀螟 / 326
140. 棉铃虫 / 328
141. 大螟 / 330
142. 高粱条螟 / 332
143. 台湾稻螟 / 334
144. 粟灰螟 / 335
145. 白星花金龟 / 336
146. 小青花金龟 / 338

第四章 玉米田杂草

第一节 蕨类植物 / 340

147. 问荆 / 340

第二节 被子植物 / 341

148. 马唐 / 341
149. 稗 / 342
150. 牛筋草 / 343
151. 狗尾草 / 344
152. 虎尾草 / 345
153. 画眉草 / 346
154. 看麦娘 / 347
155. 香附子 / 348
156. 鸭跖草 / 349
157. 饭包草 / 350
158. 葎草 / 351
159. 萹蓄 / 352
160. 酸模叶蓼 / 353
161. 红蓼 / 354
162. 藜 / 355
163. 刺藜 / 356
164. 地肤 / 357
165. 反枝苋 / 358
166. 马齿苋 / 359
167. 繁缕 / 360

168. 沼生蔊菜 / 361
169. 风花菜 / 362
170. 蒺藜 / 363
171. 铁苋菜 / 364
172. 地锦 / 365
173. 叶下珠 / 366
174. 苘麻 / 367
175. 野葵 / 368
176. 野西瓜苗 / 369
177. 牵牛 / 370
178. 圆叶牵牛 / 371
179. 田旋花 / 372
180. 打碗花 / 373
181. 附地菜 / 374
182. 水棘针 / 375
183. 益母草 / 376
184. 夏至草 / 377
185. 龙葵 / 378
186. 地黄 / 379
187. 车前 / 380
188. 平车前 / 381
189. 茜草 / 382
190. 刺果瓜 / 383
191. 小马泡 / 384

192. 苍耳 / 385
193. 刺儿菜 / 386
194. 小蓬草 / 387
195. 鳢肠 / 388
196. 黄花蒿 / 389
197. 野艾蒿 / 390
198. 小花鬼针草 / 391
199. 婆婆针 / 392
200. 阿尔泰狗娃花 / 393
201. 金盏银盘 / 394
202. 大狼把草 / 395
203. 牛膝菊 / 396
204. 黄顶菊 / 397
205. 苦苣菜 / 398
206. 蒲公英 / 399
207. 泥胡菜 / 400
208. 腺梗豨莶 / 401
209. 紫茎泽兰 / 402

第三节　玉米田杂草控制技术 / 403

编后记 / 405

第一章 侵染性病害

第一节 叶部真菌病害

1. 玉米大斑病
Northern corn leaf blight

分布与危害

在我国玉米大斑病分布广泛，是春播玉米区的主要病害之一。大斑病常发和偏重发生区域包括黑龙江、吉林、辽宁、内蒙古、甘肃、宁夏、陕西、山西、河北、北京、天津、湖北、湖南及西南地区四川、重庆、云南、贵州的高海拔山地种植区。其他有大斑病发生的省份为新疆、河南、山东、安徽、江苏、上海、浙江、江西、福建、广东、海南、广西、西藏。

玉米大斑病主要发生在叶片上，严重发病时，感病品种损失可达30%以上（彩图1-1）。在20世纪70年代初期和90年代初期及2003—2006年和2012—2014年，我国多次发生大斑病流行。1974年吉林省大斑病发生面积267万hm^2，全省减产20%。在黑龙江省，每年因大斑病损失玉米6 000万~9 000万kg。

症状

病菌主要侵染叶片，形成大型、梭状病斑，大小为(5~10) cm×(0.8~1.5) cm，有的长度可达20cm以上（彩图1-2）；在叶鞘和苞叶上的病斑不定形或为梭形，布满黑色霉层（彩图1-3）。玉米品种不仅因抗性不同导致全株发病程度的差异（彩图1-4），也在病斑类型上有不同：在抗病品种上，叶片病斑初为褪绿，扩展慢，渐发展为具有褐色或黄色边缘的病斑，后期病斑中央坏死（彩图1-5）；在感病品种上，初期为水渍状或灰绿色小斑点，扩展较快，边缘清晰，渐发展为无变色边缘的大型梭状斑，后期叶片因大量病斑而枯死。另一类抗性则表现为叶片上无、少或小病斑的特征，感病品种上则病斑大而多。田间湿度高时，病斑上产生黑色霉层，为病菌的分生孢子梗和分生孢子（彩图1-6）。大斑病发生早，易引起下部叶片枯死，病斑穿孔，叶片撕裂（彩图1-7）；穗柄失水而造成果穗下垂及引起果穗秃尖（彩图1-8）。

在田间，大斑病常与灰斑病、北方炭疽病和普通锈病混发（彩图1-9）。

病原

病原为大斑凸脐蠕孢[*Exserohilum turcicum* (Pass.) Leonard et Suggs]，有性态为大斑刚毛球腔菌[*Setosphaeria turcica* (Luttrell) Leonard et Suggs]。有性态在自然条件下较少见（彩图1-10）。无性态的分生孢子梗从寄主表皮伸出，单生或2~6根丛生，褐色；分生孢子长梭形，浅褐色，2~7个假隔膜，孢子脐点突于基细胞外，大小为(50~144) μm×(15~23) μm。分生孢子萌发时两端产生芽管，芽管接触到硬物时，在顶端形成附着胞（彩图1-11）。培养中菌落近圆形，气生菌丝灰色，菌落背面橄榄色（彩图1-12）。

病害循环

主要以潜伏在玉米病残体（叶片为主）中的休眠菌丝或厚垣孢子越冬，形成翌年的初侵染源。春季温度上升、降雨频繁，病残体中的病菌开始生长并产生新的可以随气流、雨水扩散的分生孢子，侵染玉米幼叶，引发病害。

防治要点

首选种植抗大斑病品种。在病害常发区，应淘汰严重感病品种，选择种植发病轻、籽粒灌浆和脱水快的品种，能够有效减轻大斑病对生产的威胁。

通过栽培措施减轻病害。采用适期早播、与矮秆作物间作，以提高田间通风透光、降低湿度；合理施肥，提高植株抗病性；收获后处理带病秸秆等。

如果无法更换感病品种，应在玉米大喇叭口期及时喷施杀菌剂，以推迟发病，减轻损失。药剂可选32.5%苯醚甲环唑·嘧菌酯悬浮剂（阿米妙收）、40%丁香·戊唑醇悬浮剂+25%嘧菌酯悬浮剂、18.7%丙环·嘧菌酯悬浮剂（扬彩）、30%苯甲·丙环唑乳油、25%嘧菌酯悬浮剂（阿米西达）、25%苯醚甲环唑乳油等。

彩图1-1　玉米大斑病严重发病田
1. 生长中期病田　2. 生长后期病田
（1. 石洁摄，2. 王晓鸣摄）

彩图1-2　玉米大斑病在感病型叶片上的病斑
1. 宽梭形　2. 长梭形　3. 具褐色边缘　4. 大型斑
（王晓鸣摄）

彩图1-3　玉米大斑病在叶鞘和苞叶上的症状

1. 叶鞘上的病斑　2~4.苞叶上的梭形病斑

（1.石洁摄，2~4.王晓鸣摄）

彩图1-4　玉米大斑病在抗、感品种上田间表现的差异

（王晓鸣摄）

彩图1-5　玉米大斑病抗病型病斑

1.发病初期——黄斑　2、3.发病中期和后期——周缘黄色晕圈　4.抗病型病斑——边缘褐色

（王晓鸣摄）

彩图1-6　玉米大斑病病叶上布满霉层的病斑

1.病斑上的黑色霉层　2.霉层上的病菌分生孢子

（1.石洁摄，2.王晓鸣摄）

彩图1-7　玉米大斑病引起叶片破碎

1.病斑穿孔　2.叶片因大量病斑而破碎

（王晓鸣摄）

彩图1-8　玉米大斑病对果穗发育的影响

1.果穗下垂　2.重病植株果穗秃尖严重

（晋齐鸣摄）

彩图1-9 玉米大斑病与其他病害混合发生

1. 与灰斑病混发 2. 与北方炭疽病混发 3. 与普通锈病和灰斑病混发

（王晓鸣摄）

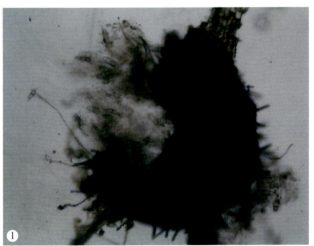

彩图1-10 玉米大斑病病原菌有性态

1. 子囊壳 2. 子囊孢子

（曹志艳摄）

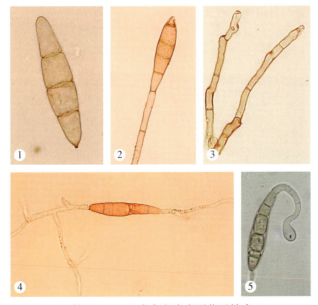

彩图1-11 玉米大斑病病原菌无性态

1. 分生孢子 2. 分生孢子的产生 3. 分生孢子梗 4. 分生孢子从两端萌发 5. 附着胞上产生的侵染钉（蓝点）

（1～4.王晓鸣摄，5.董金皋摄）

彩图1-12 玉米大斑病病原菌培养特征

1. 菌落正面 2. 菌落背面

（王晓鸣摄）

2. 玉米小斑病
Sorthern corn leaf blight

分布与危害

玉米小斑病是夏播玉米区最重要的病害，主要发生在河南、山东、河北中南部、北京、天津、陕西中部和南部、山西南部、安徽、江苏；在辽宁中南部、上海、浙江、江西、福建、广东、海南、广西、湖南、湖北及四川、重庆、贵州、云南低海拔区也普遍发生；黑龙江、吉林、内蒙古、新疆、甘肃、宁夏有报道。

玉米小斑病主要在玉米叶片上产生大量小型枯死病斑，导致叶片枯死，甚至引发茎秆倒伏而减产（彩图2-1）。在种植感病品种的条件下，小斑病的发生可导致减产10%以上，严重时减产20%~30%。20世纪70年代初，美国因小斑病流行，许多地区玉米减产高达80%。

症状

玉米小斑病主要发生在叶片上。小斑病病菌侵染叶片后，初期在叶片上出现分散的、水渍状病斑或褪绿斑，随着病害的发展，逐渐形成明显的小型病斑；当田间湿度较大时，在病斑上可见稀疏的霉层（彩图2-2）。叶片上的典型症状为：病斑受叶脉限制，椭圆形或近长方形，黄褐色，边缘深褐色，大小为（10~15）mm×（3~4）mm（彩图2-3）。有时症状为不典型的点状，或为不受叶脉限制的椭圆形（彩图2-4）。抗病品种叶片上的病斑多为小点状或细线状，有时周围有褪绿晕圈；而感病品种则为较大的条状病斑，边缘无变色坏死区（彩图2-5）。病菌也侵染植株的其他绿色组织，在叶鞘和苞叶上产生褐色斑点状病斑，有时也会在叶鞘上形成较大的病斑；若籽粒被侵染，则造成籽粒甚至穗轴霉烂（彩图2-6）。对小斑病抗性水平的不同导致玉米品种在田间发病程度存在明显差异（彩图2-7）。在田间，小斑病可与南方锈病或大斑病混合发生（彩图2-8）。小斑病有时与灰斑病病斑相似（彩图2-9），但两种病害发生环境差异极大：小斑病喜高温高湿，灰斑病喜低温高湿。

病原

病原有性态为异旋孢腔菌 [*Cochliobolus heterostrophus* (Drechsler) Drechsler]，无性态为玉蜀黍平脐蠕孢 [*Bipolaris maydis* (Nisikado et Miyake) Shoemaker]。病原菌有性态在自然界中少见。无性态的分生孢子梗从玉米叶片表皮组织的气孔或细胞间隙中伸出，单生或2~3根束生，直立或屈膝状弯曲，褐色，不分枝，在顶端或膝状弯曲处有孢痕；分生孢子长椭圆形，淡至深褐色，向两端渐细，多向一侧弯曲，3~13个隔膜，大小为（30~115）μm×（10~17）μm，基部脐点明显，凹陷在基细胞内；孢子萌发时多从两端长出芽管（彩图2-10）。在培养皿中菌落边缘波浪状，气生菌丝深灰色、稀疏；菌落背面为橄榄绿色（彩图2-11）。

病害循环

玉米收获后，遗留在田间的病残体和堆放的秸秆成为病菌的越冬基地，病菌以休眠菌丝体和分生孢子在病残体中越冬。翌年春天，随着温度升高和降雨的增多，休眠菌丝和分生孢子在未腐烂的病残体中生长，产生新的分生孢子，通过气流和风雨传播，侵染玉米幼苗下部叶片，发病后逐渐向中上部叶片扩展，并在病斑上不断产生孢子，形成持续的侵染源。

防治要点

控制小斑病的最有效措施是种植抗病品种。要及时淘汰高感品种，选择具有一定抗性的品种种植，避免病害流行时的生产损失。

与矮秆作物间作以改良玉米田通风状况，降低田间湿度，减少病菌侵染；通过秸秆还田措施，促使病残体腐烂而使病菌无法越冬。

在病害常发区，建议在大喇叭口期结合防治玉米螟，喷施内吸杀菌剂，可以保护玉米植株，推迟发病时期。药剂可选25%丙环唑乳油75~150g/hm²、25%嘧菌酯悬浮剂（阿米西达）300mL/hm²等。

彩图2-1 玉米小斑病严重发病田
（王晓鸣摄）

彩图2-2 玉米小斑病不同发病阶段症状

1.初侵染后水渍状斑 2.初侵染后褪绿斑 3.早期的点状斑 4.后期的短条状斑 5.叶片病斑上的霉层 6.病斑局部放大

（1、5.石洁摄，2~4、6.王晓鸣摄）

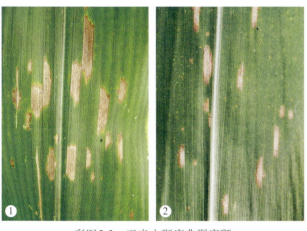

彩图2-3 玉米小斑病典型病斑
（1.石洁摄，2.王晓鸣摄）

彩图2-4 玉米小斑病叶片病斑类型
1.短条状病斑 2.点状病斑 3.褪绿点状病斑 4.具黄色晕圈的病斑
（1、2、4.王晓鸣摄，3.石洁摄）

彩图2-5 玉米小斑病抗病型和感病型病斑类型
1、2.抗病型病斑 3、4.感病型病斑
（1、2、4.王晓鸣摄，3.董金皋摄）

彩图2-6 玉米小斑病在植株不同部位的症状
1.叶片 2.叶鞘 3.苞叶 4.果穗
（王晓鸣摄）

彩图2-7　玉米品种对小斑病的抗性差异

1.感病品种　2.抗病品种

（王晓鸣摄）

彩图2-8　玉米小斑病与其他病害混合发生

1.与南方锈病混发　2.与大斑病混发

（王晓鸣摄）

彩图2-9　玉米小斑病与灰斑病的区别

1.小斑病　2.灰斑病

（王晓鸣摄）

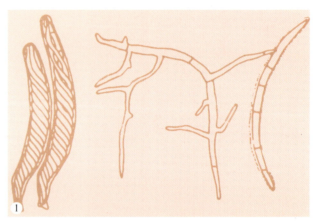

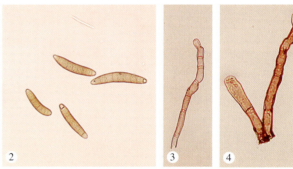

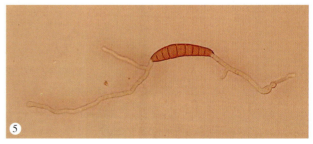

彩图2-10　玉米小斑病病原菌形态

1.子囊及子囊孢子　2.分生孢子
3、4.分生孢子梗　5.分生孢子萌发

（1.仿Drechsler，1925；2～5.王晓鸣摄）

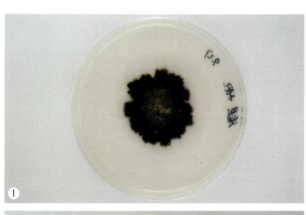

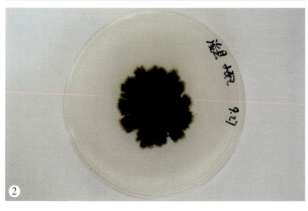

彩图2-11　玉米小斑病病原菌培养特征

1.菌落正面　2.菌落背面

（王晓鸣摄）

3. 玉米灰斑病
Gray leaf spot

分布与危害

玉米灰斑病在我国发生历史短，北方的黑龙江、吉林、辽宁、内蒙古东部和东北部、河北东北部、北京北部、山东东北部等地区为常发区。2002年以来，西南地区开始发生灰斑病，并在季风作用下向北扩展，云南、湖北西部、四川西部及北部、重庆东南部、贵州西部及西北部已成为重发区，陕西南部和西部、河南西部、甘肃东南部是灰斑病新发区。

我国于1991年在辽宁丹东和庄河等市首次发现此病。1996年辽宁省发病面积已达20多万 hm^2，造成产量损失达2亿 kg。在云南、四川和湖北重病区，田间病株率高达100%，造成三省山区玉米损失严重，已成为当地玉米生产的限制因素（彩图3-1）。灰斑病可造成玉米减产5%～30%，发生严重时减产高达80%。

症状

玉米灰斑病引起感病品种叶片早枯，重病田植株倒伏、果穗下垂和秃尖等症状（彩图3-2）。不同玉米品种对灰斑病的抗性差异导致病害对产量的影响明显不同（彩图3-3）。病菌主要在叶片上产生大量短矩形病斑；田间湿度大时，病斑表面生出灰白色霉状物，即病菌的分生孢子（彩图3-4）。在苞叶上，病斑为紫褐色斑点，在叶鞘上则为不定形的紫褐色斑块（彩图3-5）。发病初期的病斑在透射光下呈水渍状褪绿小点；发病中期，病斑逐渐扩大，呈现灰色至黄褐色的矩形条斑或不规则条斑；典型的成熟病斑特点是在小叶脉间扩展，矩形，大小为（0.5～50）mm×（0.5～4）mm，发病严重时导致叶片枯死（彩图3-6）。感病品种上病斑多，扩展快，常多个病斑相连成片，易产生白色霉层；抗病品种上病斑小而少，扩展慢，多为点状或有褐色边缘，无明显霉层（彩图3-7）。在春播区，灰斑病常与大斑病或普通锈病混合发生（彩图3-8）。

病原

多种尾孢属真菌是玉米灰斑病的致病菌。有性态为球腔菌属（*Mycosphoerella* Johns），但在自然界中罕见；无性态为玉蜀黍尾孢（*Cercospora zeae-maydis* Tehon & Daniels）、玉米尾孢（*Cercospora zeina* Crous & Braun）、高粱尾孢玉米变种（*Cercospora sorghi* var. *maydis* Ellis & Everh.）。我国引起玉米灰斑病的病原主要为玉蜀黍尾孢和玉米尾孢（彩图3-9）。

玉蜀黍尾孢：分生孢子无色，倒棍棒形或近圆柱形，1～10个隔膜，大小为（30～100）μm×（4～9）μm。

玉米尾孢：分生孢子无色，宽纺锤形，3～5个隔膜，大小为（60～75）μm×（7～8）μm，少数长达100μm。

培养中，玉蜀黍尾孢菌落灰黑色，生长慢，但快于玉米尾孢，多产生紫红色尾孢菌素；玉米尾孢菌落灰黑色，生长慢于玉蜀黍尾孢，不产生紫红色尾孢菌素（彩图3-10）。

病害循环

秋季收获后的玉米秸秆是病菌越冬的主要场所，病菌主要以菌丝体的方式在病残体上越冬。春季到来后，适宜的温度及降雨使越冬病菌恢复生长，产生新分生孢子并通过风雨作用传播至玉米幼苗上进行侵染，下部叶片先发病，逐渐向中上部叶片扩展，形成田间的普遍发病。

防治要点

由于灰斑病属于特定气候条件下易暴发流行的病害，因此选择种植抗灰斑病品种是减轻病害损失的最有效措施，对生产具有重要的保护作用。

实施秸秆还田，使带有病菌的病残体在冬季的土壤中腐烂，减少翌年的初侵染源；适当控制田间种植密度，降低湿度，减少病菌的侵染。

在灰斑病流行区域，提倡在玉米大喇叭口期进行病害的药剂防治。选用37%苯醚甲环唑水分散粒剂100g/hm²、40%丙环唑悬浮剂2 000倍液、75%百菌清可湿性粉剂800倍液等进行喷施。在山区缺水的地方，可采用药土灌心法将药剂施入植株喇叭口中，也有较好的控制灰斑病的作用。

彩图3-1　玉米灰斑病严重发病田
(何月秋摄)

彩图3-2　玉米灰斑病对生产的影响
1.引起植株倒伏　2.果穗下垂　3.重病株果穗秃尖
(王晓鸣摄)

彩图3-3　玉米灰斑病抗病与感病品种比较
(王晓鸣摄)

彩图3-4 玉米灰斑病叶片症状

1.叶背面病斑 2.叶正面病斑 3.病斑上的灰白色霉层 4.不规则病斑 5.椭圆形坏死斑

(1～4.王晓鸣摄,5.石洁摄)

彩图3-5 玉米灰斑病在植株不同部位的发病状况

1.苞叶上的病斑 2.苞叶及叶鞘上的病斑 3.叶鞘发病初期 4.叶鞘发病后期

(王晓鸣摄)

彩图3-6 玉米灰斑病不同发病阶段叶片症状

1.发病早期 2.发病中期 3.发病后期

(王晓鸣摄)

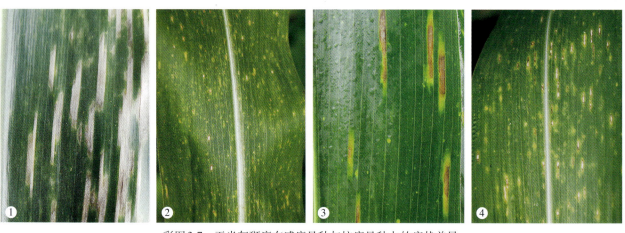

彩图3-7　玉米灰斑病在感病品种与抗病品种上的症状差异

1.感病品种症状　2～4.抗病品种上的点状病斑、褪绿病斑和不规则病斑

(1、2、4.王晓鸣摄，3.石洁摄)

彩图3-8　玉米灰斑病与其他病害混合发生

1.与大斑病混发　2.与普通锈病混发

(王晓鸣摄)

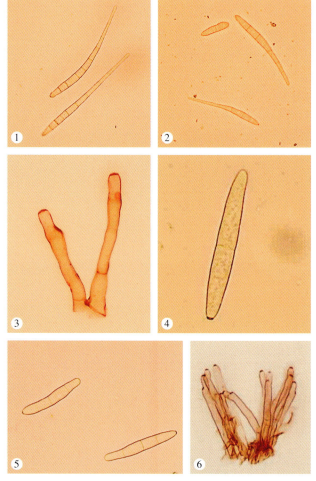

彩图3-9　玉米灰斑病病原菌形态

1～3.玉蜀黍尾孢分生孢子和分生孢子梗　4～6.玉米尾孢分生孢子和分生孢子梗

(王晓鸣摄)

彩图3-10　玉米灰斑病病原菌培养特征

1.玉蜀黍尾孢菌落　2.玉米尾孢菌落

(赵立萍摄)

4. 玉米弯孢叶斑病
Curvularia leaf spot

分布与危害

我国在20世纪80年代于河南省新乡地区发现玉米弯孢叶斑病，此后该病害在北方许多玉米生产省份严重发生。目前，玉米弯孢叶斑病在我国辽宁、吉林、北京、天津、河北、河南、陕西、山东、江苏、安徽等地发生。

玉米弯孢叶斑病曾在我国华北和辽宁南部严重发生，对生产影响极大（彩图4-1）。1996年，辽宁葫芦岛等沿海地区暴发该病，严重发病面积16.8万hm^2，产量损失约2.5亿kg。2013年和2014年，弯孢叶斑病在夏播玉米区局部发生严重。

症状

玉米品种对弯孢叶斑病存在抗性差异，发病水平明显不同（彩图4-2）。病菌以侵染玉米叶片为主，产生大量直径约1mm的圆形病斑；由于病斑常常密布叶片，一旦发病严重很快就会造成叶片枯死（彩图4-3）。病菌除侵染叶片外，也能够在茎秆的叶鞘和苞叶上引起点状、褐色的病斑（彩图4-4）。发病初期叶片上首先出现点状褪绿斑；随着病情发展，病斑逐渐呈现圆形或椭圆形，中央黄白色，边缘无色、褐色或有褪绿晕圈；当病害严重时，病斑聚集相连而致使叶片局部发生大面积坏死（彩图4-5）。在抗病品种上，病斑较少，多有褐色边缘和褪绿特征；在感病品种上，病斑多，无变色边缘，密布全叶，相连成片，导致叶片枯死（彩图4-6）。

弯孢叶斑病易与北方炭疽病混淆（彩图4-7），但弯孢叶斑病主要发生在湿热的气候条件下，而北方炭疽病发生在冷凉高湿的条件下。

病原

多种弯孢属真菌引起玉米弯孢叶斑病，其中新月弯孢 [*Curvularia lunata* (Wakker) Boedijn]在我国为主要致病种，病菌有性态为新月旋孢腔菌（*Cochliobolus lunatus* Nelson et Haasis）。

新月弯孢分生孢子梗从玉米叶片病斑表面伸出，直或弯曲；分生孢子暗褐色，一侧明显弯曲，椭圆形、宽纺锤形等，3个隔膜，中间2个细胞单侧膨大、深褐色，两端细胞颜色较淡，大小为（18～32）μm×（8～16）μm（彩图4-8）。在培养中，菌落圆形，边缘平滑，气生菌丝绒絮状，灰白色，菌落背面黑褐色（彩图4-9）。

病害循环

玉米病株残体是弯孢叶斑病病原菌的主要越冬场所，病菌以菌丝体的方式在病残体上存活。第二年春季，借助适宜的温度和湿度，病残体上的病菌产生新的分生孢子并通过风雨传播至田间。病菌极易侵染玉米，但只在高温高湿条件下引起严重发病和病害快速传播。冬季未腐烂的带菌叶片是病菌越冬的基础。

防治要点

弯孢叶斑病属于在高温高湿条件下极易流行的病害之一，一旦环境适宜，病害将暴发。因此，选择种植抗弯孢叶斑病的品种是预防病害暴发的首选措施。

提倡合理密植，生长中适时追肥，防止后期因脱肥降低叶片抗病性；玉米收获后提倡秸秆还田，通过冬季的雨雪作用促进带菌组织腐烂，减少越冬菌源。

在弯孢叶斑病常发区，可在玉米大喇叭口后期喷施杀菌剂进行病害预防，如10%苯醚甲环唑水分散颗粒剂750g/hm^2、40%丙环唑悬浮剂2 000倍液等。

彩图4-1　玉米弯孢叶斑病严重发病田

（石洁摄）

彩图4-2　玉米弯孢叶斑病发病植株状况

1.重发病植株　2.轻发病植株　3.抗病植株

（1.石洁摄，2、3.王晓鸣摄）

彩图4-3　玉米弯孢叶斑病在叶片上的症状

1.叶片上的枯死斑点　2.斑点外缘褪绿　3.斑点外缘变褐　4.不规则斑点

（1～3.王晓鸣摄，4.石洁摄）

彩图4-4　玉米弯孢叶斑病在植株不同部位的症状
1.叶片　2、3.叶鞘　4、5.苞叶
（王晓鸣摄）

彩图4-5　玉米弯孢叶斑病不同发病阶段症状
1.侵染初期　2.发病中期　3.发病后期
（王晓鸣摄）

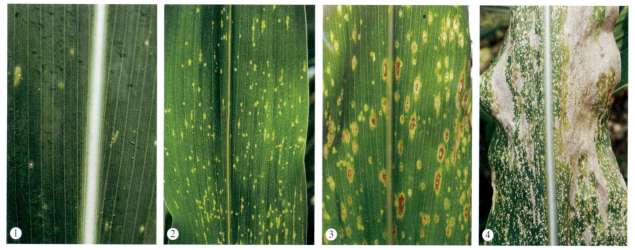

彩图4-6　玉米弯孢叶斑病抗病型和感病型病斑
1、2.抗病型病斑　3、4.感病型病斑
（1、2、4.王晓鸣摄，3.石洁摄）

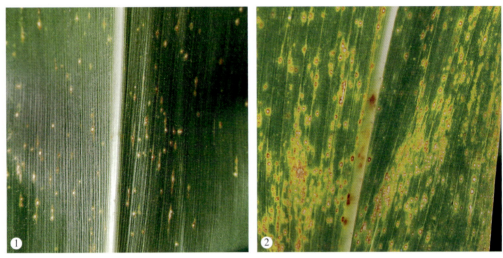

彩图4-7 玉米弯孢叶斑病与北方炭疽病的区别
1. 弯孢叶斑病 2. 北方炭疽病
(王晓鸣摄)

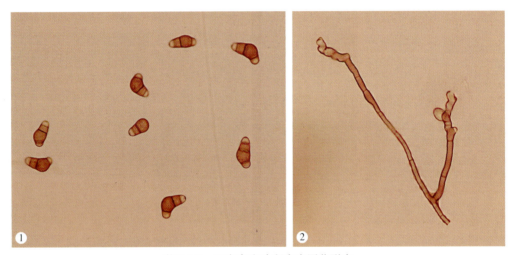

彩图4-8 玉米弯孢叶斑病病原菌形态
1. 分生孢子 2. 分生孢子梗
(王晓鸣摄)

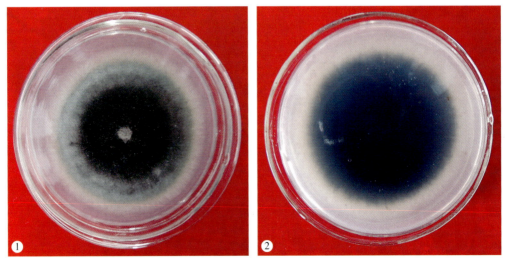

彩图4-9 玉米弯孢叶斑病病原菌培养特征
1. 菌落正面 2. 菌落背面
(苏前富摄)

5. 玉米圆斑病
Northern corn leaf spot

分布与危害

玉米圆斑病于1958年在我国云南发生，此后在一些地区陆续发现。目前，已知有圆斑病发生的省份为黑龙江、吉林、辽宁、内蒙古、陕西、河北、北京、山东、浙江、台湾、四川、重庆、贵州和云南。

玉米圆斑病主要通过气流传播，也是重要的种传病害，既可在局部地区普遍发生，也可通过种子远距离传播。以往比较关注病菌1号小种引起的叶片干枯、果穗霉烂（彩图5-1），而近年更多的是3号小种引起的圆斑病。圆斑病引发的生产损失鲜见报道，但病菌1号小种在侵染叶片和果穗后引起严重发病，对局部生产有影响。

症状

病菌主要侵染叶片，由于病菌小种的不同，在叶片上产生两类病斑：①圆形病斑：由病菌1号和2号小种引起，病斑呈圆形或椭圆形，轮纹明显；病斑中部较边缘褐色略浅，有时周缘产生黄绿色晕圈，大小为（5~15）mm×（3~5）mm；②线形病斑：由病菌3号小种引起，沿小叶脉扩展，长达10~30mm，宽度多为1mm（彩图5-2）。病菌也侵染叶鞘、苞叶和果穗，在叶鞘上引起不规则的褐色病斑，但茎秆组织内部不受侵染；苞叶上出现大片的变黑坏死，而在果穗上引起不结实或籽粒黑色炭化的症状（彩图5-3）。病菌侵染叶片初期，呈现浅绿色的水渍状或黄色小斑点，之后病斑逐渐发展，呈现同心圆状或沿叶脉扩展为线条状（彩图5-4）。抗病反应多表现为病斑周围有褪绿晕圈，而感病反应多为病斑密集、无褪绿晕圈（彩图5-5）。

圆斑病主要发生在冷凉地区，常常伴随大斑病的发生（彩图5-6）。线形病斑的圆斑病与线形病斑的小斑病较相似（彩图5-7），但前者主要在冷凉地区发生，病斑更细，而小斑病在湿热地区发生，病斑较宽。

病原

病原有性态为炭色旋孢腔菌（*Cochliobolus carbonum* Nelson），其无性态为玉米生平脐蠕孢 [*Bipolaris zeicola* (Stout) Shoemaker]。

有性态炭色旋孢腔菌的子囊壳近球形，深褐色；子囊圆柱形或棍棒形，无色，内含1~8个子囊孢子，子囊间有拟侧丝；子囊孢子丝状，无色，具5~9个隔膜，大小为（182~300）μm×（6.4~9.6）μm，螺旋状缠绕。无性态玉米生平脐蠕孢的分生孢子座突破叶片表皮外露，深褐色；分生孢子梗暗褐色，顶端色浅，单生或丛生，直或膝状弯曲，孢痕明显，具6~11个隔膜；分生孢子深橄榄色，长椭圆形，中部略宽，两端钝圆，壁厚，脐点位于基细胞内而不明显，具4~10个隔膜，大小为（33~105）μm×（12~17）μm（彩图5-8）。在PDA培养基上菌落圆形，培养初期菌丝灰白色，渐变为深绿色至黑褐色（彩图5-9）。

病害循环

病菌以休眠菌丝体在玉米叶片、叶鞘或籽粒等组织中越冬，可存活多年。在春季，随着降雨的出现，病残体中越冬的病菌恢复生长，产生新的分生孢子，并通过风雨传播至玉米幼苗上。叶片发病后，在病斑上产生更多的分生孢子，引起大量植株叶片的发病，气候条件适宜时，引起果穗发病。

防治要点

由于圆斑病发生范围较小，主要在局部地区形成危害，因此可以通过停止种植感病品种、选择种植抗病品种的方式控制圆斑病的流行。

秋收后进行秸秆还田、用含有杀菌剂（如咯菌腈等）的种衣剂进行种子包衣都可以减少初侵染菌源。一般情况下不需要进行田间喷药防治。

彩图5-1　玉米圆斑病严重发病田
（石洁摄）

彩图5-2　玉米圆斑病在叶片上的症状
1.椭圆形病斑　2.线形病斑
（1.石洁摄，2.王晓鸣摄）

彩图5-3　玉米圆斑病在植株不同部位的症状
1.叶鞘　2.苞叶　3.果穗不结实　4.籽粒炭化变黑
（石洁摄）

彩图5-4　玉米圆斑病不同发病阶段症状

1.发病早期　2.发病中期　3.发病后期

（王晓鸣摄）

彩图5-5　玉米圆斑病的抗病型与感病型病斑

1、2.抗病型病斑　3、4.感病型病斑

（1、2、4.王晓鸣摄，3.石洁摄）

彩图5-6　玉米圆斑病与大斑病混合发生

1.椭圆形病斑圆斑病与大斑病混发　2.线形病斑圆斑病与大斑病混发

（王晓鸣摄）

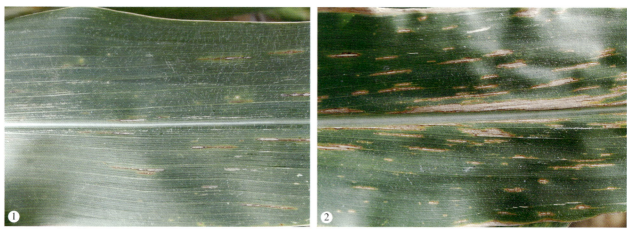

彩图5-7　玉米圆斑病线形病斑与小斑病线形病斑比较

1. 圆斑病线形病斑　2. 小斑病线形病斑

（王晓鸣摄）

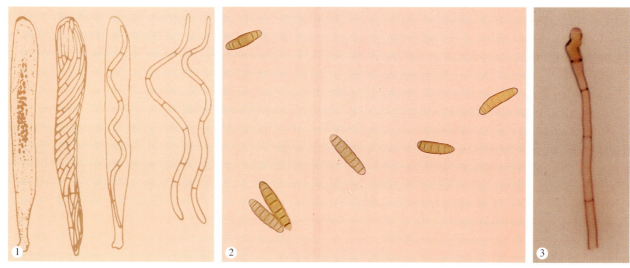

彩图5-8　玉米圆斑病病原菌形态

1. 子囊及子囊孢子　2. 分生孢子　3. 分生孢子梗

（1. 引自白金铠，1997；2、3. 王晓鸣摄）

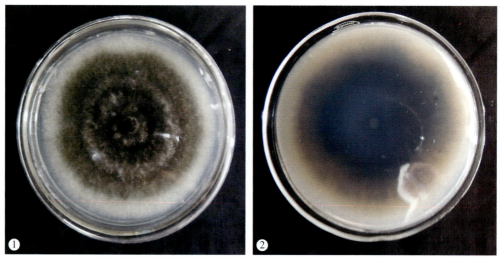

彩图5-9　玉米圆斑病病原菌培养特征

1. 菌落正面　2. 菌落背面

（晋齐鸣摄）

6. 玉米北方炭疽病
Eyespot

分布与危害

玉米北方炭疽病发生在我国气候比较冷凉的地区，包括黑龙江、吉林、辽宁、内蒙古东北部、河北北部、陕西北部和云南、贵州高海拔地区。1978年，玉米北方炭疽病曾在吉林省严重发生。近年来，黑龙江北部、西部及东部地区该病害发生普遍，已经引发局部的生产问题。

北方炭疽病是我国玉米生产中新流行的病害，如果遇到适宜的气候条件，该病害会暴发流行（彩图6-1）。国内外均有因该病流行造成产量严重损失的报道，一般引起约25%的产量损失。1998年，辽宁省义县枣刺山的一块玉米制种田因该病几乎造成绝收。

症状

玉米北方炭疽病主要发生在叶片上，被侵染的叶片布满小型的圆形或椭圆形病斑，但病斑密集时，引起大片的叶片组织坏死（彩图6-2）。病菌侵染叶片初期，在叶片上出现分散的水渍状小点，小斑点逐渐扩大并成为具褪绿环边缘、多为圆形或椭圆形、直径0.5～2.0mm的病斑，病斑中央淡黄色或乳白色，边缘褐色，外缘呈现淡黄色，似鸟的眼睛，所以又称为"眼斑病"；典型的北方炭疽病可以在叶片背面的中脉上出现褐色的圆形或不规则形小斑病（彩图6-3）。北方炭疽病严重发生时引起大量叶片干枯，导致果穗发育迟而不结实或因植株发病而造成秃尖（彩图6-4）。在田间，部分发病植株由于果穗不结实，叶片中通过光合作用形成的养分无法向外转运而转变为花青素，导致叶片从主脉至叶鞘逐渐变红，直至全株呈现红色；病株发育迟缓，雌、雄花间隔期延长，雄花散粉结束后多日雌穗开始吐丝，导致雌穗因未能接受花粉、无籽粒发育而花丝持续生长；茎秆外皮逐渐出现褐色条点，茎内维管束变褐（彩图6-5）。病菌也能够侵染叶鞘、茎秆和苞叶，引起大小不一、形状不同的褐色斑点（彩图6-6）。由于玉米品种抗病水平的差异，品种间的发病程度不同（彩图6-7）。在感病品种的叶片上引起鸟眼状病斑，而在抗病品种上病斑为褐色小点，中央不出现坏死的灰白色区域（彩图6-8）。

北方炭疽病发生在冷凉地区，易与大斑病、灰斑病混合发生（彩图6-9）。北方炭疽病引起的病斑与弯孢叶斑病引起的病斑相似，但前者可以在叶片中脉见到病斑，且发生在气候冷凉的地域。

病原

病原为玉蜀黍球梗孢（*Kabatiella zeae* Narita et Hiratsuka）。

分生孢子梗从病斑中分散伸出，短棒状，淡褐色，顶端聚生2～7个分生孢子；分生孢子新月状或长梭形，弯曲，无色透明，平均大小为25.5 μm × 3.4 μm（彩图6-10）。在PDA培养基上，病菌菌落初为浅黄色，逐渐变为粉红色，最终为灰褐色或黑色（彩图6-11）。

病害循环

植株病残体和带菌种子是病菌越冬的场所。当春季温度上升并出现降雨后，病残体上的病菌恢复生长，产生新的分生孢子并通过风雨传播至田间幼苗上进行侵染。病害逐渐从下部叶片向上部叶片发展，造成田间大范围发病。秋收后，遗留在地表的病叶、病茎秆如若在冬季不腐烂，就能够形成第二年的初侵染源，而堆垛的带病秸秆是最大的菌源地。

防治要点

由于玉米北方炭疽病的发生受气候条件的影响，因此选择种植抗病品种是最有效的预防和控制措施；如缺乏抗病品种，也应在生产中淘汰高度感病的品种。

秋季收获后要及时进行土壤深翻或深松，促进遗留在田间的病残体在冬季雨雪作用下腐烂，减少第二年的初侵染菌源。

在病害多年重发地区，可以采用与防控大斑病一样的措施，在玉米喇叭口期喷施杀菌剂进行防控，药剂可选32.5%苯醚甲环唑·嘧菌酯悬浮剂每667m² 15mL、18.7%丙环·嘧菌酯悬浮剂每667m² 40mL、30%苯甲·丙环唑乳油每667m² 20mL。

彩图6-1　玉米北方炭疽病严重发病田
（王晓鸣摄）

彩图6-2　玉米北方炭疽病在植株叶片上的症状
1.点状病斑　2.边缘褪绿病斑　3.椭圆病斑　4.不规则枯死病斑　5.病斑相连
（王晓鸣摄）

彩图6-3　玉米北方炭疽病不同发病阶段症状

1. 发病早期　2. 发病中期　3. 发病后期　4. 叶脉正面　5. 叶脉背面

（王晓鸣摄）

彩图6-4　玉米北方炭疽病引发果穗结实差

1. 严重时不结实　2. 果穗秃尖

（王晓鸣摄）

彩图6-5　玉米北方炭疽病在植株叶脉、果穗及茎髓上的症状

1. 主脉变红　2. 植株变红　3. 花丝未受精而持续生长　4. 茎髓变褐

（王晓鸣摄）

彩图6-6　玉米北方炭疽病在植株叶鞘和苞叶上的症状

1. 叶鞘　2. 茎秆　3. 茎秆内部　4. 苞叶

（王晓鸣摄）

彩图6-7　玉米北方炭疽病在不同抗性植株上的症状

1. 中度发病植株　2. 严重发病植株

（王晓鸣摄）

彩图6-8　玉米北方炭疽病的抗病型及感病型病斑

1. 抗病型病斑　2. 感病型病斑

（王晓鸣摄）

彩图6-9 玉米北方炭疽病与其他病害混合发生

1. 与大斑病混发　2. 与灰斑病混发

（王晓鸣摄）

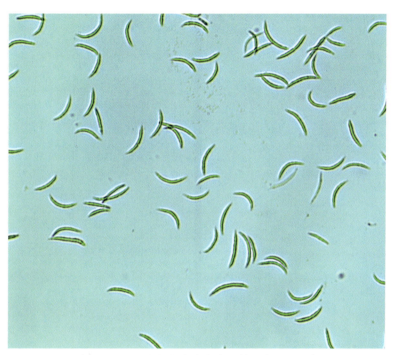

彩图6-10 玉米北方炭疽病病原菌分生孢子形态

（晋齐鸣摄）

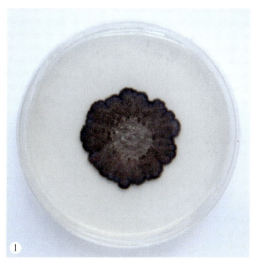

彩图6-11 玉米北方炭疽病病原菌培养特征

1. 菌落正面　2. 菌落背面

（王晓鸣摄）

7. 玉米褐斑病
Physoderma brown spot

分布与危害

玉米褐斑病在我国普遍发生。根据近年调查，北起黑龙江克山县，南至云南腾冲县都有褐斑病的发生，具体包括黑龙江、吉林、辽宁、内蒙古、陕西、山西、河北、北京、天津、河南、山东、安徽、江苏、浙江、江西、台湾、广东、海南、广西、四川、云南等省（自治区、直辖市）。

玉米褐斑病在我国大部分玉米种植区发生，在夏播玉米区发生重，若苗期遇到较多的降雨，褐斑病易流行，对生产危害大（彩图7-1）。2003—2006年，褐斑病在夏播玉米区持续流行。2005年，安徽省宿州市发病面积约13.3万hm^2，占宿州玉米种植面积的83.3%，2006年，河南省约100万hm^2夏播玉米发生褐斑病，重病地病株率达100%。

症状

玉米褐斑病常见症状出现在苗期至拔节期叶片上，多为聚集的褪绿至黄枯、有时为褐色的直径约1mm的小斑点；成株期，发病植株叶鞘上也可见许多散生的深褐色、直径3～4mm的斑点，苞叶上偶见褐色斑点（彩图7-2）。病菌侵染初期，叶片上呈现褪绿的斑点或条斑；随病害发展，褪绿斑逐渐变为黄色病斑，病斑逐渐枯死，严重时导致全叶干枯（彩图7-3）。由于品种间存在抗性差异，因此无论在苗期还是在后期，品种间发病程度不同（彩图7-4）。

病原

病原为玉蜀黍节壶菌 [*Physoderma maydis* (Miyabe) Miyabe]。

玉蜀黍节壶菌在寄主组织表皮细胞下形成大量的休眠孢子囊堆。休眠孢子近圆形至卵圆形，壁非常厚，大小为 (20～30) μm × (18～24) μm，黄褐色，萌发时，在孢子囊顶端形成一个小盖，盖子开启后释放游动孢子至水中（彩图7-5）。病菌无法在人工培养基上生长。

病害循环

病田土壤和遗留在田间的带菌玉米植株病残体是病菌越冬的重要场所。存在于田土和病残体中的病菌休眠孢子囊能够抵御不良环境，即使是病残体发生腐烂，休眠孢子囊也可存活3年以上。第二年春季至夏初，休眠孢子囊借助气流或风雨传至玉米植株的喇叭口内，在夜间喇叭口中出现存水时萌发产生游动孢子并侵染叶片幼嫩组织，造成叶片发病。侵染后病菌也会在植株体内形成新的休眠孢子囊，并继续萌发和进行再侵染。秋收后，发病组织细胞中的休眠孢子囊随枯死叶片或秸秆还田回到土壤中越冬。

防治要点

在玉米褐斑病的常发和重发区，种植抗病品种是最有效的控制措施。

玉米褐斑病常发区应在苗期进行化学防治。当玉米3～5叶期时，喷施杀菌剂苯醚甲环唑、丙环唑、三唑酮等可有效减轻苗期的侵染和病害扩展。药剂用量为10%苯醚甲环唑水分散颗粒剂1 500～2 000倍液，用量450～900g/hm^2；25%丙环唑乳油1 500倍液，用量300～600g/hm^2；15%三唑酮可湿性粉剂1 500倍液，用量900～1 200g/hm^2。

在重病田不要进行秸秆还田，以减少土壤中病菌的积累，控制初侵染源。

彩图7-1　玉米褐斑病严重发病田

1. 苗期　2. 生长中期

（1. 王晓鸣摄，2. 董金皋摄）

彩图7-2　玉米褐斑病在植株上的症状

1. 局部叶肉细胞死亡　2. 叶鞘上的褐色病斑　3. 茎秆上的大量病斑　4. 苞叶上的褐色病斑

（1、3. 石洁摄，2、4. 王晓鸣摄）

彩图7-3　玉米褐斑病不同发病阶段症状

1. 发病早期　2. 发病中期　3. 发病后期

（1、2. 石洁摄，3. 董金皋摄）

彩图7-4　玉米褐斑病不同抗性品种发病状况

1、2.生长前期抗、感对比　3、4.生长后期抗、感对比

(1.石洁摄，2～4.王晓鸣摄)

 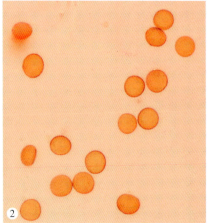 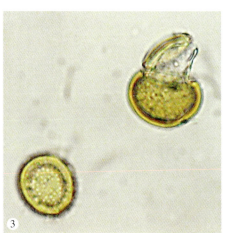

彩图7-5　玉米褐斑病病原菌形态

1.休眠孢子囊堆　2.休眠的孢子囊　3.孢子囊萌发

(1、2.王晓鸣摄，3.石洁摄)

8. 玉米南方锈病
Southern corn rust

分布与危害

玉米南方锈病在我国许多省份发生，由于病害的流行特征与一般叶斑病不同，因此在年度间所发生区域并不相同。多年的调查表明，我国南方锈病发生的省份包括辽宁、北京、河北、河南、山东、安徽、江苏、上海、浙江、福建、台湾、广东、海南、广西、湖南、湖北、重庆、贵州、云南、陕西等，其中常年较稳定发生的有海南、广东、广西、福建、浙江、江苏等省份。

在我国，虽然玉米南方锈病发生区域较广泛，但由于南方省份不属于玉米主产区，所以病害的影响相对较轻，而该病害在夏播玉米区8月下旬至9月上旬的暴发导致籽粒灌浆不足而引起严重的生产损失。2004年，河南省玉米种植面积的27.8%（66.7万hm²）受到南方锈病严重影响；2007年和2008年，南方锈病在夏播玉米区再度暴发，重病田减产超过10%；2015年，夏播玉米区南方锈病发生早而广泛，是多年来发生最重的年份。

症状

玉米南方锈病主要为害玉米叶片，引起植株中上部叶片大量干枯死亡（彩图8-1）。玉米品种间抗病水平差异明显，抗病品种叶片上形成的孢子堆少，叶片维持正常的光合功能，而感病品种叶片布满橘黄色的病菌夏孢子堆和夏孢子，导致叶片很快干枯（彩图8-2）。病菌侵染后在叶片上产生大量橘黄色夏孢子堆；当孢子堆密集相连后，引起叶片局部枯死（彩图8-3）。除叶片外，病菌可以侵染玉米植株的所有地上绿色组织（彩图8-4）。叶片发病初期出现一些分散的褪绿或淡黄色小斑点，斑点逐渐从叶片表面隆起，突破表皮组织后外露并开裂，呈现为单个、圆形、直径约1mm的橘黄色夏孢子堆，并散出大量同为橘黄色的夏孢子（彩图8-5）。在抗病品种上，叶片上无明显症状或仅有一些小而不十分规则的褪绿斑或褐色坏死斑；感病品种叶片上则出现大量孢子堆，有或无褪绿边缘（彩图8-6）。在多数地区，植株病组织中不产生黑褐色的冬孢子堆。

南方锈病与普通锈病在夏孢子堆的颜色、孢子堆形态方面有明显差异（彩图8-7），在发生区域上两者也不同。

病原

病原为多堆柄锈菌（*Puccinia polysora* Underw.）。

夏孢子椭圆形或卵形，少数近圆形，单胞，淡黄色至金黄色，大小为(28～38)μm×(23～30)μm，壁厚并在表面有细小突起，发芽孔腰生，4～6个；冬孢子不规则状，多有棱角，近椭圆形或近倒卵球形，大小为(30～50)μm×(18～30)μm，顶部圆或平，基部圆或变狭，中间一个隔膜，隔膜处略缢缩，表面光滑，栗褐色（彩图8-8）。

病害循环

由于病菌在我国多数地区不产生可以抵御逆境的冬孢子，而夏孢子无法越冬，因此病害在发病地区基本不能够完成年度间的循环。我国多数玉米南方锈病发生区的病菌是台风从所经过热带地区的玉米南方锈病常发区携带而来；一旦田间发生病害，由于病菌完成一个侵染循环所需时间仅为数天，因此可以迅速积累菌源，在田间传播病害。

防治要点

玉米南方锈病突发性强，因此种植抗病品种是有效抵御病害的首选措施。

在玉米南方锈病常发区，可以采用玉米大喇叭口期施药的方式提高玉米抵御病害的能力。建议采用保护与治疗兼顾的内吸杀菌剂，如25%丙环唑乳油，用量为100mL/hm²；25%嘧菌酯悬浮剂，用量为250mL/hm²；10%氟嘧菌酯乳油，用量为200mL/hm²；25%吡唑醚菌酯乳油，用量为300mL/hm²。20%三唑酮乳油也具有治疗作用，稀释1 000～1 500倍后喷雾。

彩图8-1　玉米南方锈病严重发病田
（王晓鸣摄）

彩图8-2　玉米南方锈病感病和抗病品种对比
（王晓鸣摄）

彩图8-3　玉米南方锈病在叶片上的症状
1、2.叶片上的大量夏孢子堆　3.发病叶片干枯
（1、3.石洁摄，2.王晓鸣摄）

彩图8-4 玉米南方锈病在植株不同部位的症状

1. 叶鞘上的孢子堆 2. 叶鞘内的孢子堆 3. 叶鞘孢子堆的放大 4. 苞叶上的孢子堆 5. 雄穗上的孢子堆

（王晓鸣摄）

彩图8-5 玉米南方锈病不同发病阶段症状

1. 发病早期 2. 发病中期 3、4. 发病后期的叶片正面与背面

（1～3. 王晓鸣摄，4. 石洁摄）

彩图8-6 玉米南方锈病的抗病型与感病型病斑

1. 抗病：少病斑 2. 抗病：褪绿斑 3. 抗病：褐色坏死斑 4. 抗病：过敏坏死斑 5. 感病：孢子堆周围褪绿 6. 感病型孢子堆

（王晓鸣摄）

彩图8-7　玉米南方锈病与普通锈病的区别

1. 南方锈病　2. 普通锈病

（王晓鸣摄）

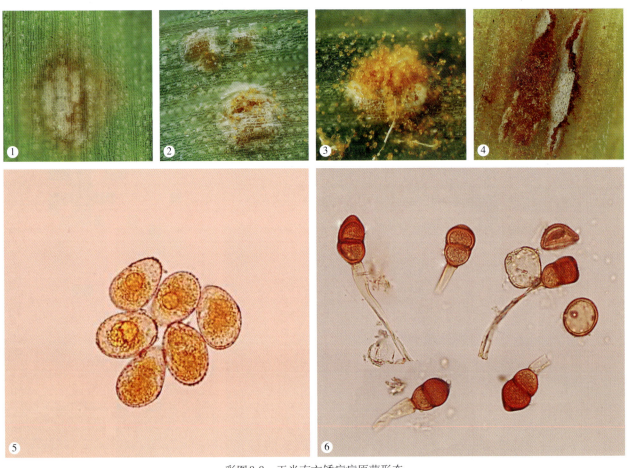

彩图8-8　玉米南方锈病病原菌形态

1. 病斑形成初期　2. 夏孢子堆未破裂　3. 夏孢子堆破裂　4. 叶鞘上的夏孢子堆　5. 夏孢子　6. 冬孢子

（王晓鸣摄）

9. 玉米普通锈病
Common rust

分布与危害

玉米普通锈病是我国春播玉米区的常见病害之一，在黑龙江、吉林、辽宁、内蒙古、甘肃、宁夏、陕西北部、山西北部、河北北部发生，局部地区较重，也见于山东、广东、广西、云南、贵州、四川、海南、台湾等省份高海拔山地玉米种植区。

玉米普通锈病以侵染玉米叶片为主，植株叶片因产生较多的病斑而早衰。在普通锈病重发区，可引致减产10%~20%，严重发病地块减产高达50%以上，是高海拔和冷凉玉米种植区生产中的重要病害之一。

症状

玉米普通锈病主要发生在玉米叶片上，引起中下部叶片早枯（彩图9-1）。玉米品种间抗性不同，受到的病害威胁不同。发病常常从叶片基部接近叶鞘的部位开始，叶片上病斑散生或聚集，多呈现短条状、深褐色（彩图9-2）。病菌也能够侵染叶鞘和苞叶，造成不规则的病斑（彩图9-3）。病菌侵染初期，在叶片主脉两侧产生乳白至淡黄色针尖状病斑，逐渐扩展为圆形至长圆形、黄褐色的隆起；隆起的叶片组织表皮破裂后可见病菌夏孢子堆并释放出铁锈色夏孢子；病害发展后期，在叶片两面（主要是背面）近叶鞘或中脉处，产生黑色、椭圆形冬孢子堆（彩图9-4）。具有一定抗性的品种，叶片上仅形成褪绿斑点或不产生夏孢子堆的病斑，而感病品种叶片上则密布夏孢子堆或在夏孢子堆周边出现大片褪色区域（彩图9-5）。

普通锈病与大斑病或灰斑病发生条件相近，因此易于同时发生（彩图9-6）。

病原

病原为高粱柄锈菌（*Puccinia sorghi* Schw.）。

夏孢子近球形、椭圆形、长椭圆形或长卵圆形，少为矩形或不规则形，淡褐色至金黄褐色，大小为(24~33)μm×(21~30)μm，沿赤道有4个发芽孔，分布不均，孢子表面布满短密的细刺；冬孢子椭圆形至长椭圆形，双细胞，中部具一个略呈缢缩的隔膜，每个细胞内含有1个直径为5~8μm的亮点区域，顶端钝圆，表面光滑，基部圆，栗褐色，大小为(28~46)μm×(14~25)μm；冬孢子柄浅黄色，不与细胞分离，长约80μm，为冬孢子长度的2~3倍（彩图9-7）。

病害循环

在田间病株上，病菌从组织中产生具有强抗逆性的冬孢子越冬。春季到来后，冬孢子萌发，产生担孢子并借助风雨传播至玉米田。玉米叶片上产生夏孢子后，病菌在风雨作用下进行田间传播和侵染。在海南、广东、广西、云南等湿热地区，病菌可以以夏孢子方式传播并在当地越冬，成为翌年的初侵染菌源。

防治要点

可以利用不同品种对普通锈病的抗性差异选择种植抗病品种。

收获时及时处理带菌病残体，可以有效减少田间土壤中的病菌积累。

在普通锈病常发区，建议在玉米喇叭口期进行田间施药，预防和控制普通锈病的发生，可选用的杀菌剂有25%丙环唑乳油，用量为100mL/hm^2；25%嘧菌酯悬浮剂，用量为250mL/hm^2；10%氟嘧菌酯乳油，用量为200mL/hm^2；25%吡唑醚菌酯乳油，用量为300mL/hm^2；20%三唑酮乳油1 000~1 500倍液。

彩图9-1　玉米普通锈病严重发病田
1.叶片布满夏孢子堆　2.严重发病植株
（1.石洁摄，2.王晓鸣摄）

彩图9-2　玉米普通锈病在叶片上的症状
1、2.叶片近基部发病　3.叶片正面发病　4.叶片背面发病
（1、4.石洁摄，2、3.王晓鸣摄）

彩图9-3　玉米普通锈病在植株不同部位的症状
1.叶鞘上的病斑　2.苞叶上的病斑
（王晓鸣摄）

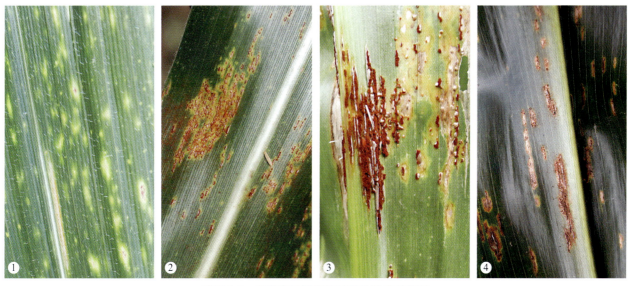

彩图9-4　玉米普通锈病不同侵染阶段的特征

1. 初期褪绿斑点　2. 中期孢子堆形成　3. 后期孢子堆破裂　4. 冬孢子堆

（王晓鸣摄）

彩图9-5　玉米普通锈病在抗病型与感病型品种上的症状

1. 抗病：褪绿　2. 抗病：无孢子堆的红斑　3. 抗病：无孢子堆的病斑　4. 感病：大量孢子堆
5. 感病：孢子堆周围褪绿　6. 感病：孢子堆周围褪绿坏死

（1～3、5、6. 王晓鸣摄，4. 石洁摄）

彩图9-6　玉米普通锈病与其他病害混发
1. 与大斑病（箭头所指）混合发生　2. 与灰斑病（箭头所指）混合发生
（王晓鸣摄）

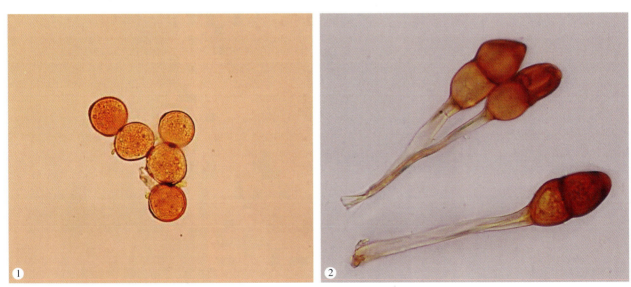

彩图9-7　玉米普通锈病病原菌形态
1. 夏孢子　2. 冬孢子
（王晓鸣摄）

10. 玉米真小孢帽菌叶枯病
Eutiarosporella leaf blight

分布与危害

玉米真小孢帽菌叶枯病是一种新发生的玉米病害，与以往报道的玉米黄叶病（Maize yellow leaf blight）症状及病原均不同。真小孢帽菌叶枯病于2011年7月在甘肃临洮县和灵台县玉米田中发现，2017年在内蒙古呼和浩特发现，在国内是一种新病害。田间调查发现，该病害在甘肃陇南、天水、平凉、定西等地发生较为普遍。

玉米真小孢帽菌叶枯病主要为害玉米中上部叶片，导致叶片大面积枯死，失去光合能力而影响籽粒灌浆（彩图10-1）。2011年甘肃灵台县叶枯病零星发病，临洮县部分田块病株率达100%，平均病叶率为20%；2012年，甘肃陇南、天水、平凉、定西等地叶枯病发生较为普遍，病株率为5%～40%，严重发病田中植株病叶率达20%～40%，造成不同程度玉米产量损失。

症状

病菌主要侵染叶片。病害初发时，敏感品种叶片上可产生分散的小型梭状病斑，逐渐引起叶片尖端失绿变灰并从叶尖向下快速蔓延，引起大面积组织褪色坏死；在具有抗病性的品种上，侵染初期叶片上仅有少量小的褪绿斑，逐渐发展为具有黄色区域包裹的小梭状斑，后期病斑褐色，扩展慢，边缘具有黄色晕圈（彩图10-2）。发病后期，从叶尖或叶边缘发生的病斑扩大并逐渐向叶片内侧扩展，病斑从椭圆形或不规则形沿叶脉扩展为不规则长条形，严重时形成较大的坏死区域，导致半叶或全叶枯死；病斑边缘不规则，边际多呈褪绿区域，偶有褐色边缘；发病叶片干枯易碎（彩图10-3）；枯死的病斑上散生大量黑色、点状的病菌分生孢子器，田间湿度较大时，从分生孢子器上成团排出大量分生孢子（彩图10-4）。

病原

病原为鸭茅真小孢帽菌 [*Eutiarosporella dactylidis*（K. M. Thambugala，E. Camporesi et K. D. Hyde）Dissanayake，Camporesi et K. D. Hyde]。

分生孢子器呈球形至扁球形，直径150～180 μm，器壁褐色；分生孢子长椭圆形，基部略尖，单胞，初无色，部分变为褐色，无色孢子大小为（16.2～24.9）μm×（5.6～8.7）μm（彩图10-5）。病原菌在PDA培养基上菌丝初为白色，后变为灰色，菌丝绒毛状，菌落背面逐渐转为黑色（彩图10-6）。

病害循环

病菌能够在带病植株病残体上越冬。翌年6～7月，遇到有较多降雨时，病菌萌动并释放出新的分生孢子，借助风雨的作用在田间传播，形成初侵染源。病害适宜在温暖、高湿条件下发生。如果秋季收获后田间存留较多的病株残体，将为翌年病害发生提供充足的菌源。

防治要点

首选种植抗病品种，以减轻病害的威胁。在病害常发区，品种间对真小孢帽菌叶枯病抗性具有差异。应淘汰严重感病品种，种植发病轻、灌浆快、籽粒脱水快的品种。

通过栽培措施减轻病害。采用适期早播，与矮秆作物间作以提高田间通风、降低湿度，合理施肥提高植株抗病性，收获后处理带病秸秆等措施。

在病害发生初期，及时喷施杀菌剂，保护叶片，推迟再侵染和发病。药剂可选用50%多菌灵可湿性粉剂、10%苯醚甲环唑微乳剂、98%戊唑醇微乳剂、20%丙环唑微乳剂，叶面喷施1～2次。

彩图10-1　玉米真小孢帽菌叶枯病田间发病状

(1.郭成摄，2.李继平摄)

彩图10-2　玉米真小孢帽菌叶枯病发病初期症状

1～3.分别为感病品种接种后6d、16d和27d的症状　4～6.分别为抗病品种接种后6d、16d和27d的症状

(王晓鸣摄)

彩图10-3　玉米真小孢帽菌叶枯病发病中后期症状

1.发病轻微叶片　2.叶片沿边缘坏死　3.半片叶枯死　4.病斑上长出分生孢子器

(李继平摄)

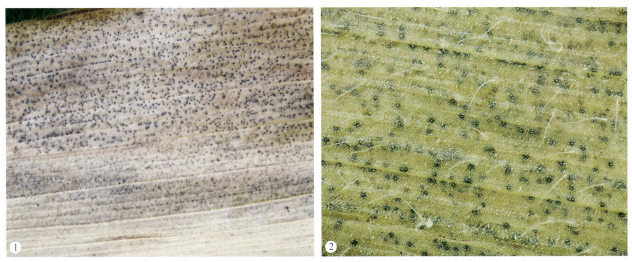

彩图10-4 布满病菌分生孢子器的病斑
1. 分生孢子器 2. 分生孢子器孔口排出乳白色的分生孢子团
（1. 郭成摄，2. 王晓鸣摄）

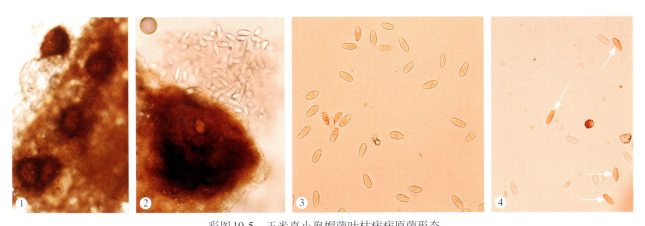

彩图10-5 玉米真小孢帽菌叶枯病病原菌形态
1. 埋生在寄主组织中的分生孢子器 2. 分生孢子器释放出分生孢子 3. 无色分生孢子 4. 褐色分生孢子（箭头所指）
（王晓鸣摄）

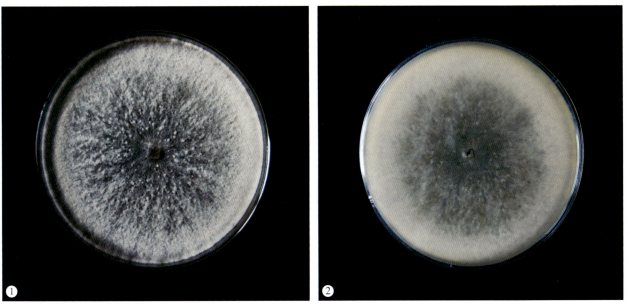

彩图10-6 玉米真小孢帽菌叶枯病病原菌培养特征
1. 菌落正面 2. 菌落背面
（王晓鸣摄）

11. 玉米镰孢顶腐病
Fusarium top rot

分布与危害

我国1998年报道玉米镰孢顶腐病在辽宁省阜新地区发生，其后许多省份相继报道，如黑龙江、吉林、辽宁、内蒙古、新疆、甘肃、陕西、山西、河北、河南、山东、四川、贵州等，在局部地区对生产具有一定影响。

2002年，该病在辽宁、吉林春播玉米区发生，一些地块因病导致重新播种，一般病田植株发病率约5%，重病田发病率超过30%。2004年该病在甘肃省酒泉、张掖、武威发生，田间植株发病率7%～30%，严重田块高达80%。

症状

玉米镰孢顶腐病主要引起玉米幼苗顶端组织变褐坏死（彩图11-1），严重时影响成株的生长。病菌的侵染发生在植株大喇叭口内的幼嫩尖端，引起叶片伸出后在尖端出现腐烂坏死，或顶叶扭曲畸形，但腐烂组织不具有臭味；发病部位有时因腐烂而出现缺刻，病株叶片出现黄色条纹，植株矮小；若叶片顶端腐烂组织快速失水变干，可能导致多个叶片尖端黏合在一起（彩图11-2），影响植株生长。

病原

病原有性态为亚黏团赤霉 [*Gibberlla subglutinans* (E. T. Edwards) P. E. Nelson, Toussoun & Marasas]，无性态为亚黏团镰孢（*Fusarium subglutinans* Wollenw. & Reinking）。

病原菌产生大量小型分生孢子，多为长卵形，0～2个分隔，大小为 (6.4～12.7) μm×(2.5～4.8) μm，小分生孢子聚集成假头状黏孢子团；大型分生孢子镰刀形，较直，顶胞渐尖、足胞明显，2～6个分隔，大小因分隔多少而有差异，为 (15～50) μm×(3～5) μm（彩图11-3）。在PDA或PSA培养基上菌落粉白色至淡紫色，气生菌丝绒毛状，培养基背面可见菌落边缘为浅紫色，中部紫色略深，基质不变色（彩图11-4）。

病害循环

土壤、病残体、种子都是玉米镰孢顶腐病病菌越冬的场所。在土壤中及田间病残体上越冬的病菌，在春季恢复生长并可直接侵染玉米植株幼苗或经风雨被吹至植株大喇叭口中，侵染处于快速生长阶段的幼嫩叶片，引起叶尖腐烂。秋季病菌又随病残体回到土壤中。

防治要点

玉米品种间对镰孢顶腐病存在抗性差异，可以选择种植田间发病轻的品种。

在玉米镰孢顶腐病易发地区，应减少秸秆还田，以压低土壤中的菌源。秋季收获后及时深翻灭茬，促进病残体分解。

在田间病害发生较重时，可以喷施杀菌剂进行控制，如50%多菌灵可湿性粉剂500倍液，或80%代森锰锌可湿性粉剂500倍液，有一定的防治效果。

彩图 11-1　玉米镰孢顶腐病发病植株

1. 心叶腐烂　2. 重病植株　3. 轻病植株

（1. 王晓鸣摄，2、3. 石洁摄）

彩图 11-2　玉米镰孢顶腐病的不同症状

1. 褪绿斑　2. 叶片缺刻　3. 叶片穿孔　4. 心叶僵直　5. 外层叶片撕裂

（石洁摄）

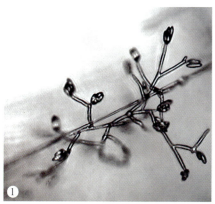 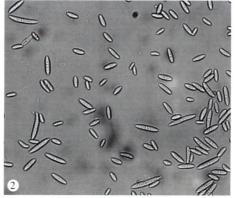

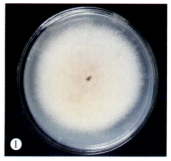
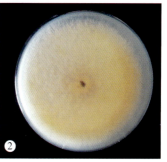

彩图 11-3　玉米镰孢顶腐病病原菌形态

1. 分生孢子梗及假头状孢子团　2. 大型分生孢子及小型分生孢子

（徐秀德摄）

彩图 11-4　玉米镰孢顶腐病病原菌培养特征

1. 菌落正面　2. 菌落背面

（徐秀德摄）

12. 玉米平脐蠕孢叶斑病
Bipolaris leaf spot

分布与危害

玉米平脐蠕孢叶斑病在夏播玉米区偶在苗期发生，特别是在与小麦连茬种植时易发生，曾在北京局部地区田间较重发生。

玉米平脐蠕孢叶斑病主要为害玉米幼苗期的叶片。近年来在我国一些小麦—玉米间套作或连作地区偶有发生，局部地区田间病株率较高（彩图12-1），未见该病害对玉米生产产生严重影响。

症状

玉米平脐蠕孢叶斑病主要发生在叶片上。病菌侵染初期，叶片上产生分散的黄色小斑点，逐渐扩大为边缘褪绿、中央灰褐色或枯死的近圆形或不规则形病斑；有些品种被病原菌侵染后，病斑周缘呈现紫红色；在含有 $Ht2$ 基因背景的自交系上，能够引起大型的不规则状病斑（彩图12-2）。

病原

病原有性态为禾旋孢腔菌 [*Cochliobolus sativus* (Ito et Kuribayashi) Drechsler ex Dastur]，无性态为麦根腐平脐蠕孢 [*Bipolaris sorokiniana* (Sacc.) Shoemaker]。

无性态：分生孢子梗单生或多生，长110～220μm；分生孢子深褐色，长椭圆状，一般较直，但有时向一侧略弯，具3～10个分隔，顶部钝圆，基部有不突出的深色脐点，大小为（40～120）μm×（15～28）μm。

有性态：自然条件下少见，可在培养中产生。子囊座黑褐色、球状，直径300～400μm，孔口较直，长50～200μm；子囊棍棒状，大小为（150～250）μm×（20～35）μm；子囊孢子无色，线状，4～8个，有隔4～10个，缠绕排列，大小为（200～250）μm×（5～10）μm（彩图12-3）。

在培养中菌落圆形，气生菌丝茂盛，灰褐色，老熟菌丝深褐色（彩图12-4）。

病害循环

病菌腐生能力较强，可在玉米病残体上及其他寄主植物上越冬，也能够在土壤中存活。当春季温度上升、降雨较多时，各种方式越冬的病菌产生新的分生孢子，通过风雨的作用，传播至玉米幼苗上引发病害；秋收后既可以通过病残体等途径回到土壤中，也可以侵染小麦根部，引起根腐病。因此，在小麦—玉米连作的夏播玉米区很容易形成一个两种作物间的病害循环。

防治要点

如果在玉米苗期出现平脐蠕孢叶斑病，可在病害发生初期，喷施25%嘧菌酯悬浮剂1 500倍液、75%百菌清可湿性粉剂800倍液等进行控制。

彩图12-1　玉米平脐蠕孢叶斑病严重发病田
（奥瑞金公司摄）

彩图12-2　玉米平脐蠕孢叶斑病症状
1. 褪绿病斑　2. 紫色边缘病斑　3. 不规则病斑　4. 发病初期病斑
（1. 杨耿斌摄，2、3. 王晓鸣摄，4. 奥瑞金公司提供）

彩图12-3　玉米平脐蠕孢叶斑病病原菌形态
1. 子囊壳及子囊　2. 分生孢子
（1. 仿Ito and Kurib，2. 王晓鸣摄）

彩图12-4　玉米平脐蠕孢叶斑病病原菌培养特征
（王晓鸣摄）

13. 玉米链格孢叶斑病
Alternaria leaf spot

分布与危害

玉米链格孢叶斑病在我国玉米生产中偶有发生。

玉米链格孢叶斑病可以发生在玉米各生育阶段，未见其对生产有显著影响。

症状

链格孢致病性较弱，在侵染玉米叶片后即可形成大量分散的中央近圆形、周缘褪绿的圆形病斑，也能形成周缘无褪绿区域的枯死病斑，还可以形成周缘褪绿、中央渐变为灰褐色，边缘呈紫色的长条状病斑；病菌也侵染生长力较弱的苞叶或叶鞘（彩图13-1）。在气候潮湿时，病斑两面长出许多黑色霉状物，即病原菌的分生孢子梗和分生孢子（彩图13-2）。

病原

病原为细极链格孢 [*Alternaria tenuissima* (Kunze : Fr.) Wiltshire]。

分生孢子梗淡褐色，从叶片表皮细胞中伸出，单生或多根簇生，浅褐色，一般长度为100μm，宽4～6μm，孢梗上有许多产孢后留下的孢痕；分生孢子单个或为数个组成的短链状，倒棒状或长椭圆状，顶部形成一个浅褐色、宽2～4μm的喙，喙长不及孢子长度的1/2；分生孢子浅褐色，外壁光滑，但偶有瘤突，具4～7个横隔膜，1～2个纵隔膜，孢子大小为（20～100）μm×（8～20）μm（彩图13-3）。

病菌在培养中生长较快。菌落上气生菌丝茂密，深灰色；在培养基中老熟菌丝呈现黑褐色（彩图13-4）。

病害循环

病菌寄主广泛，多在植物生长较弱时侵染。秋季在各种植物的病残体中越冬，也可以以腐生的方式在土壤中越冬。翌年，在雨水充沛、气候温暖的时候，从越冬的植物病残体或土壤中产生大量的分生孢子，经过风雨的作用传播至玉米上，一定条件下引起叶斑病。

防治要点

玉米链格孢叶斑病致病菌的寄生性较弱，当玉米叶片受到环境中生物或非生物因素影响后造成叶片上出现枯斑或抗病能力下降时，病原菌易于侵染为害。因此，一般不需要采用药剂进行防控，主要通过多种农业措施，如合理施肥、不过度加大植株密度、减少田间积水等措施提高玉米的抗病性。

彩图13-1　玉米链格孢叶斑病发病植株

1.侵染初期　2.枯死病斑　3.条状病斑　4.苞叶上的病斑

（王晓鸣摄）

彩图13-2　玉米链格孢叶斑病病斑上的霉层
1. 枯死病斑上的黑色霉层　2. 霉层放大
（王晓鸣摄）

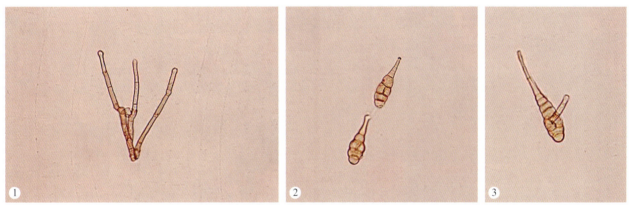

彩图13-3　玉米链格孢叶斑病病原菌形态
1. 分生孢子梗　2. 分生孢子　3. 分生孢子萌发
（王晓鸣摄）

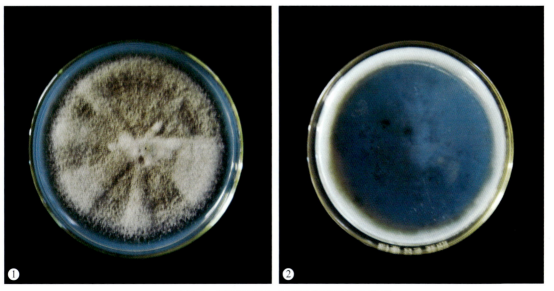

彩图13-4　玉米链格孢叶斑病病原菌培养特征
1. 菌落正面　2. 菌落背面
（王晓鸣摄）

14. 玉米附球菌叶斑病
Epicoccum leaf spot

分布与危害

玉米附球菌叶斑病在我国玉米生产中偶有发生。
玉米附球菌叶斑病偶尔发生在玉米叶片上，未见其对生产有影响。

症状

病原菌为弱寄生菌，当玉米叶片因一些环境原因造成生理枯死病斑或玉米组织抗病性下降时才发生侵染，并在枯死病斑上生产大量的分生孢子（彩图14-1）。由于病原菌的寄生，又会加剧生理病害引发的坏死病斑进一步扩展。

彩图14-1 玉米附球菌叶斑病叶片症状
（王晓鸣摄）

病原

病原为黑附球霉（*Epicoccum nigrum* Link）。
分生孢子梗密集，短，色深，大小为（5～15）μm×（3～6）μm；分生孢子单个，暗黄褐色，球状至亚球状，表面有大量小刺，球体具许多深色分隔，直径为15～25μm（彩图14-2）。

病害循环

病菌寄生性弱，能够在死亡的植物组织上和土壤中生长，因此当植株长势较弱时可以侵染致病。病菌在各种植物的残体上或在土壤中越冬。翌年，在雨水多、气候温暖时，从越冬的植物残体上或土壤中产生大量分生孢子，经过风雨的作用传播至玉米上，一定条件下引起叶斑病。

防治要点

玉米附球菌叶斑病为偶发性病害，不会引起生产损失，因此生产上一般不采取防治措施。

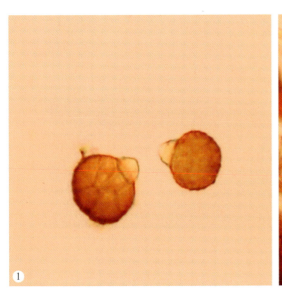 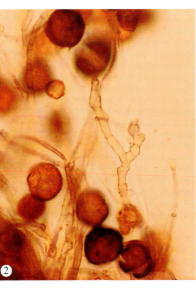

彩图14-2 玉米附球菌叶斑病病原菌形态
1.分生孢子 2.分生孢子梗
（王晓鸣摄）

15. 玉米狭壳柱孢叶斑病
Stenocarpella leaf spot

分布与危害

玉米狭壳柱孢不仅引起叶斑病，也引起茎腐病和籽粒干腐病，在我国吉林、辽宁、山西、河南、甘肃、江苏、湖北、广东、广西、四川、贵州和云南有病害发生的记载。

玉米狭壳柱孢叶斑病总体发生较轻，引起轻微的产量损失，因此对生产影响较小，但在高海拔山区能够引起严重的叶斑病（彩图15-1）。

症状

在冷凉的山区，病菌侵染后在玉米叶片上引起大小不同、形状近圆形或沿叶脉方向扩展的条形病斑，病斑较大时可达（50～250）mm×（10～35）mm。病害初发生时，叶片上分散出现小的边缘为水渍状的坏死斑点，然后逐渐扩大为近圆形或不规则长形的病斑，病斑中央为灰白色，有黄褐色的边缘；叶片中脉上有大量褐色的坏死区域（彩图15-2），病害严重时叶片几乎为病斑所占满（彩图15-3）。对着阳光，可见病斑周围有明显的褪绿区域（彩图15-4）；病斑上分散有埋生的黑色颗粒物，为病菌的分生孢子器（彩图15-5）。籽粒被侵染后，在表面生出黑褐色的霉层，导致籽粒霉烂；遇到空气湿度较大时，从分生孢子器中释放出由分生孢子连接而成的孢子链（彩图15-6）。

病原

病原为玉米狭壳柱孢 [*Stenocarpella maydis* (Berkeley) Sutton]。

分生孢子器黑褐色，直径150～450μm；分生孢子褐色，棒状，具1个分隔，大小为（43～95）μm×（6～13）μm（彩图15-7）。

病害循环

病菌可以在发病的玉米叶片组织中越冬。翌年春季气候温暖并遇降雨时，从越冬叶片残体中的分生孢子器中产生并释放出大量分生孢子，在风雨的作用下传播至玉米幼苗叶片，侵染并引起叶斑病。叶斑上形成的分生孢子器产生分生孢子，借助风雨进行植株间和田块间的病害传播。

防治要点

玉米狭壳柱孢叶斑病为局部发生的病害，如果田间发生普遍并对生产有影响时，适时喷施杀菌剂予以控制，但一般情况下可以通过轮作方式减少越冬菌源，起到控制病害发生的作用。

彩图15-1　玉米狭壳柱孢叶斑病田间发病状
（王晓鸣摄）

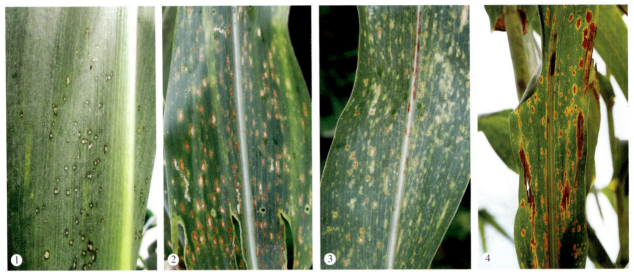

彩图15-2　玉米狭壳柱孢叶斑病在叶片上的症状

1. 侵染初期病斑　2. 发病中期坏死病斑　3. 叶片中脉上的病斑　4. 长形病斑

（1. 石洁摄，2～4. 王晓鸣摄）

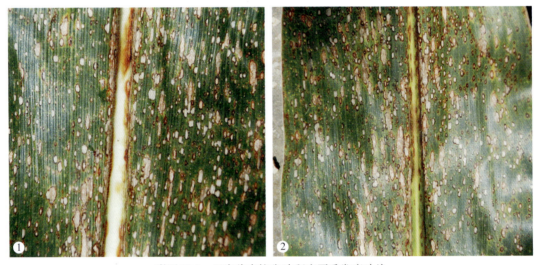

彩图15-3　玉米狭壳柱孢叶斑病严重发病叶片

1. 叶片正面　2. 叶片背面

（王晓鸣摄）

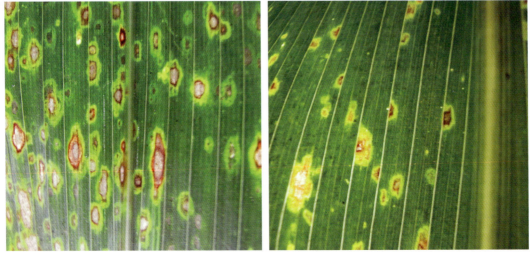

彩图15-4　玉米狭壳柱孢叶斑病病斑对光观察特征

（石洁摄）

彩图15-5　玉米狭壳柱孢叶斑病病斑上病菌的分生孢子器（黑点）

（王晓鸣摄）

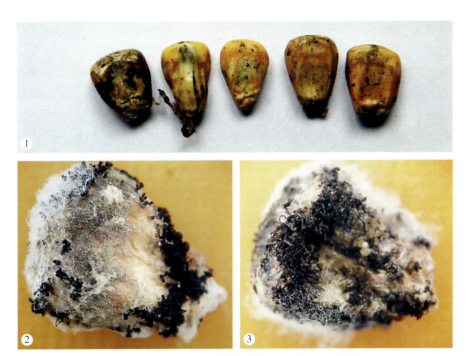

彩图15-6　玉米狭壳柱孢叶斑病在籽粒上的症状

1.发霉籽粒　2.籽粒上突起的病菌分生孢子器　3.从分生孢子器中排出的分生孢子链

（王晓鸣摄）

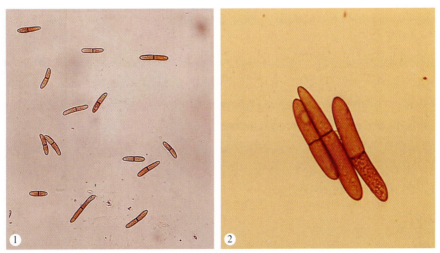

彩图15-7　玉米狭壳柱孢叶斑病病原菌分生孢子形态

1.分生孢子　2.分生孢子放大

（王晓鸣摄）

第二节 茎部真菌病害

16. 玉米纹枯病
Banded leaf and sheath blight

分布与危害

玉米纹枯病在我国分布广泛，目前已经成为生产中常见的重要病害之一，已有病害报道和发生的地区包括黑龙江、吉林、辽宁、北京、陕西、甘肃、山西、河北、河南、山东、安徽、江苏、上海、浙江、台湾、广东、广西、湖南、湖北、四川、重庆、贵州、云南等省份。

玉米纹枯病是我国南方地区玉米生产中的重要限制因素，在高湿度和较高温度条件下，病害对生产影响巨大（彩图16-1）。在四川南部县、湖北秭归县、浙江松阳县、云南宾川县均有因该病减产10%以上的记载。在广西局部地区，纹枯病甚至引起大量果穗霉烂。辽宁中南部也是纹枯病的常发区，对生产有影响。

症状

玉米纹枯病在环境适宜时从苗期至穗期都可发生，但前期发生轻，病害扩展慢。病菌首先从土壤中蔓延至玉米植株地表处的组织，侵染下部茎节的叶鞘和衰老的叶片；随着植株下部发病组织的死亡，病害逐渐向上扩展至果穗及以上叶鞘；病害严重时，病菌穿透叶鞘侵染茎秆组织，或穿透果穗苞叶侵染籽粒。发病初期，可在植株叶鞘及叶片基部产生不规则状的水渍斑，病斑边缘浅褐色，很快多个病斑汇合，呈现为大片的云纹状病斑；如果病斑扩展快，可导致叶鞘死亡并造成叶片干枯（彩图16-2）。茎秆被侵染后，逐渐造成内部组织解体，薄壁组织消解，只剩纤维束，植株遇外力时倒伏（彩图16-3）。果穗受害后，苞叶上同样产生云纹状病斑，常常在籽粒表面可见白色透明的菌丝，甚至引起果穗干腐（彩图16-4）。在南方潮湿地区，发病组织表面、叶鞘与茎秆之间或苞叶之间，及苞叶与籽粒之间常出现初为白色、逐渐转为褐色或黑褐色、大小不整齐的颗粒状菌核（彩图16-5）。在土壤中病菌较多的地块，也常常在玉米幼苗期侵染幼苗的根系，引发根系腐烂（彩图16-6）。

病原

3种丝核菌能够引起玉米纹枯病，在我国主要为茄丝核菌（*Rhizoctonia solani* Kühn），有性态为瓜亡革菌 [*Thanatephorus cucumeris* (Frank) Donk]；其次为禾谷丝核菌（*Rhizoctonia cerealis* Van der Hoeven），有性态为禾谷角担菌（*Ceratobasidium cereale* Murray et Burpee）；还有玉蜀黍丝核菌（*Rhizoctonia zeae* Voorhees），有性态为 *Waitea circinata* Warcup et Talbot。

丝核菌在培养基中气生菌丝发达，老熟菌丝直径为8～12μm，菌丝分枝处与主菌丝多呈直角，并有缢缩（彩图16-7）；菌落生长迅速，为浅黄褐色，菌丝逐渐成团并从白色发育为褐色、表面不平滑、直径为0.5～2.0mm的球状菌核（彩图16-8）。

病害循环

病菌主要以菌丝体和菌核的方式在土壤中或植株病残株上越冬。土壤或病残体中的病菌或菌核在春季恢复生长，菌丝扩展至植株与土壤相接叶鞘进行侵染，引起发病。

防治要点

大部分玉米品种对纹枯病表现为感病,因此田间主要采用在拔节期喷施5%井冈霉素水溶性粉剂1 000倍液或40%菌核净可湿性粉剂1 000～1 500倍液的方式进行防控;发病较重的田块可以及时摘除植株下部病叶并在茎秆上喷施井冈霉素进行控制。在重病区,提倡收获后将秸秆运出田间进行处理,以减少田间菌源。

彩图16-1　玉米纹枯病严重发病田
1.叶鞘严重发病　2.果穗苞叶严重发病
3.叶片枯死
(1、2.王晓鸣摄,3.石洁摄)

彩图16-2　玉米纹枯病发病植株
1、2.发病茎秆　3、4.发病叶片
(1、2、4.石洁摄,3.王晓鸣摄)

彩图16-3　纹枯病引起玉米植株倒伏

1. 少量植株倒伏（广州）　2. 严重倒伏（成都）

（王晓鸣摄）

彩图16-4　玉米纹枯病在果穗部位的症状

1. 苞叶基部开始发病　2. 苞叶全部发病　3. 籽粒发育不良　4. 籽粒霉烂　5. 苞叶内层症状　6. 籽粒上布满病菌菌丝

（1～3. 石洁摄，4～6. 王晓鸣摄）

彩图16-5 玉米纹枯病在茎秆和果穗上的菌核

1. 茎秆上的幼嫩菌核 2. 茎秆上的老熟菌核 3. 苞叶上的幼嫩菌核 4. 苞叶上的老熟菌核

（1、4. 石洁摄，2. 李晓摄，3. 王晓鸣摄）

彩图16-6 玉米纹枯病病原菌对根系的侵染

健康根系（左）与腐烂根系（右）

（杨知还摄）

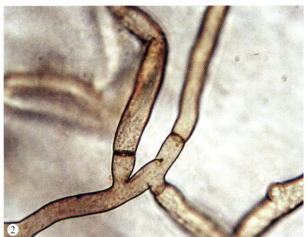

彩图16-7 玉米纹枯病病原菌菌丝形态

1. 菌丝 2. 菌丝分枝处缢缩

（1. 李晓摄，2. 王晓鸣摄）

彩图16-8 玉米纹枯病病原菌培养特征

1. 菌落正面 2. 菌落背面

（晋齐鸣摄）

17. 玉米腐霉茎腐病
Pythium stalk rot

分布与危害

我国各玉米产区几乎都有腐霉茎腐病的发生，有明确调查结果与报道的有22个省份：黑龙江、吉林、辽宁、新疆、甘肃、宁夏、陕西、山西、河北、北京、天津、河南、山东、安徽、江苏、浙江、广东、海南、广西、湖南、湖北、四川。

玉米腐霉茎腐病引起近地表玉米茎秆组织的崩解，使得水分无法向上运输，导致籽粒灌浆受阻，从而引起产量损失（彩图17-1）。因此，病害发生越早对生产的影响越大。腐霉茎腐病在田间一般发病率为5%～10%，严重时感病品种发病率可达40%～80%，减产达25%～50%。

症状

玉米腐霉茎腐病发生在玉米生长后期。当玉米进入乳熟阶段时，植株全部叶片突现失绿变灰，快速干枯并下垂，似水烫样，逐渐转为枯黄色，但短期内植株不倒伏（彩图17-2）；数日后可见植株贴近地面的1～3茎节表皮逐渐从绿色转变为褐色，茎节开始变松软；病害继续发展，发病节表皮褐色加深，茎节进一步变软，剖开茎皮，可见内部髓组织被分解，湿度大时在茎内残存的维管束间可见灰白色的病菌菌丝；如果病害发展快，也会因髓组织快速失水而出现茎节缢缩的症状（彩图17-3）；病害进一步发展则引发因茎髓组织分解而导致的茎秆倒折（彩图17-4）；由于病菌从根系侵入，病株的根系呈现黑褐色并发生腐烂，大量须根的死亡导致病株易被拔起（彩图17-5）；由于组织失水，病株果穗穗柄失去支撑作用，形成果穗倒挂、籽粒灌浆不足的症状（彩图17-6）。玉米品种间对腐霉茎腐病具有抗性差异（彩图17-7）。在田间，玉米腐霉茎腐病与镰孢茎腐病较难区分，前者主要以叶片青枯为主，茎髓变褐腐烂；后者以叶片黄枯为主，茎髓变紫红色（彩图17-8）。

病原

多种腐霉引起茎腐病，主要为肿囊腐霉（*Pythium inflatum* Matthews），禾生腐霉（*Pythium graminicola* Subramaniam），瓜果腐霉 [*Pythium aphanidermatum* (Edson) Fitzpatrick]。

腐霉属于卵菌。菌丝较粗大，无色，无分隔，菌丝宽为4～8 μm；游动孢子囊形状多样，有球状、指状、棒状等；游动孢子无色，肾形，具双尾鞭；藏卵器球状，表面光滑或有纹饰，壁较厚，顶生或间生；雄器与藏卵器同丝或异丝，一个藏卵器有一个或多个雄器；卵孢子满器或非满器（彩图17-9）。腐霉在人工培养基上生长迅速，气生菌丝灰白色，菌落圆形（彩图17-10）。

病害循环

腐霉主要以具有抗逆能力的卵孢子或菌丝体在土壤中或玉米病株上越冬。在翌年土壤温度与湿度适宜时，病菌的卵孢子和菌丝体萌发并生长，或在土壤中水分充足时，从游动孢子囊中释放出游动孢子，随水流运动。病菌接触玉米后，从根系侵染并定殖。在玉米灌浆和乳熟阶段，随着植株茎秆抗病能力的下降，病菌从根系扩展至茎秆并引起发病。玉米收获后，根系和基部的茎节留在田中，随着机械翻耕被粉碎至土壤中，病菌同时进入土壤越冬，成为重要的侵染源。

防治要点

玉米品种间对腐霉茎腐病有明显的抗性差异，因此在生产中选择抗病性好的品种是控制病害的最重要措施。

合理施肥有利于提高品种的抗病性。在底肥中增施钾肥（225kg/hm^2）和锌肥（45kg/hm^2）都能够有效减轻田间病害。

彩图17-1　玉米腐霉茎腐病严重发病田

(石洁摄)

彩图17-2　玉米腐霉茎腐病叶片症状

1.植株发病初期：叶片变色　2.植株发病中期：叶片下垂

(王晓鸣摄)

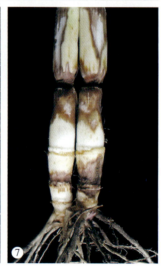

彩图17-3 玉米腐霉茎腐病发病植株茎秆症状

1、2.无病茎秆和茎髓　3、4.基部茎节表皮和茎髓变褐　5、6.多茎节茎皮和茎髓变褐　7、8.茎节和茎髓缢缩坏死

（王晓鸣摄）

彩图17-4 玉米腐霉茎腐病引起植株倒伏

1.植株倒伏　2.植株茎秆折断

（1.王晓鸣摄，2.石洁摄）

彩图17-5　玉米腐霉茎腐病引起植株根腐

1. 健康植株根系　2. 病株根系腐烂　3. 病株发病后期的根系

（王晓鸣摄）

彩图17-6　玉米腐霉茎腐病引起果穗下垂

1. 健株与病株果穗　2. 果穗下垂　3. 病株果穗籽粒松散

（王晓鸣摄）

彩图17-7　不同玉米品种对腐霉茎腐病的抗病性差异

1. 抗病品种　2. 感病品种

（王晓鸣摄）

彩图17-8　玉米腐霉茎腐病与镰孢茎腐病的区别

1、2.腐霉茎腐病叶片青枯、茎髓褐色　3、4.镰孢茎腐病叶片黄枯、茎髓红色

（王晓鸣摄）

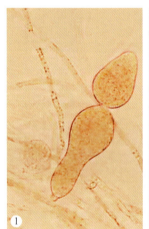
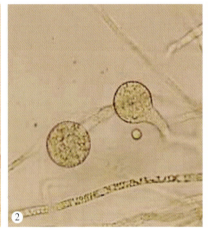
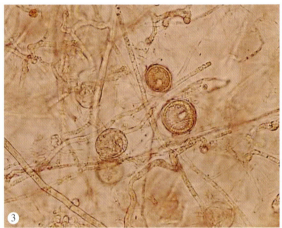

彩图17-9　玉米腐霉茎腐病病原菌形态

1、2.游动孢子囊　3.卵孢子

（王晓鸣摄）

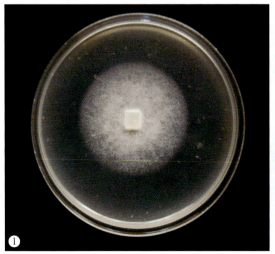
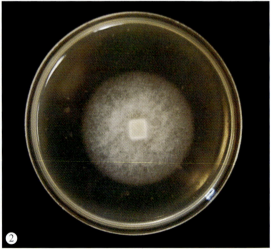

彩图17-10　玉米腐霉茎腐病病原菌培养特征

1.菌落正面　2.菌落背面

（王晓鸣摄）

18. 玉米镰孢茎腐病
Gibberella stalk rot

分布与危害

我国玉米镰孢茎腐病发生情况尚缺乏全面的普查，但在生产中病害分布较广泛，有报道或调查确认的省份为黑龙江、吉林、辽宁、陕西、山西、河北、河南、山东、江苏、安徽、浙江、广西、湖北、四川、云南等。

玉米镰孢茎腐病导致发病植株基部茎节腐烂和叶片枯黄（彩图18-1），玉米籽粒因灌浆不良而瘪小，同时发病植株常常因茎秆倒折造成更严重的减产。在发病率高的田块，减产率可达50%，即使是一般发病年份，也会引起5%～10%的减产。

症状

玉米镰孢茎腐病发生初期引起植株叶片逐渐变黄，似早衰（彩图18-2）。随之近地表茎节外皮颜色渐变为黄褐色，剖开茎秆，茎髓组织分解，易在病节看到被病菌的次生代谢物染成紫红色的、分散的维管束（彩图18-3）。病害严重时，茎秆失去支撑力而倒折（彩图18-4）。由于病害发生源于根系被病菌侵染，因此病株根系腐烂并带有紫红色（彩图18-5）。发病植株果穗下垂，果穗短小，籽粒因灌浆不足而稀松（彩图18-6）。不同品种对镰孢茎腐病抗病性存在差异（彩图18-7）。

病原

多种镰孢能够引起玉米茎腐病，在我国主要致病菌为禾谷镰孢（*Fusarium graminearum* Schwabe），有性态为玉蜀黍赤霉 [*Gibberellar zeae* (Schw.) Patch]。

菌丝体白色至紫红色；大分生孢子3～5个隔膜，大小为（18.2～44.2）μm×（3.4～4.7）μm，无小型分生孢子。子囊壳黑色、球形；子囊棍棒状，大小为（57.2～85.8）μm×（6.5～11.7）μm，含纺锤形子囊孢子8个；子囊孢子1～3个隔膜，大小为（16.9～27.3）μm×（4.2～5.7）μm（彩图18-8）。在培养基中易产生水溶性的紫红色色素，因此菌落背面常呈紫红色（彩图18-9）。

病害循环

病菌主要在田间土壤中、病株残体组织上以子囊壳、菌丝体和分生孢子越冬。春季环境条件适宜时，产生并释放子囊孢子，并通过风雨作用在田间扩散，进一步在土壤中定殖。病菌主要通过土壤侵染玉米的根系并在后期引发茎腐病。秋收后，发病的茎秆及根系经过翻耕回到土壤中，病菌越冬。

防治要点

选择种植抗病品种是防治镰孢茎腐病的最有效措施。由于品种间抗病性差异明显，应该及时淘汰感病品种，换种抗病或耐病品种。

玉米镰孢茎腐病发生严重的地块，应在秋收后及时清洁田园，清除田间病残体，不推行秸秆还田，有条件的地方可以与豆类作物轮作，以减少土壤中的病原菌。

彩图18-1 玉米镰孢茎腐病田间发病状

1. 重病田 2. 中度发病田

(1. 董金皋摄，2. 王晓鸣摄)

彩图18-2 玉米镰孢茎腐病叶片症状

1. 叶片黄枯 2. 叶片下垂

(石洁摄)

彩图 18-3　玉米镰孢茎腐病茎秆症状

1、2. 无病茎秆和茎髓　3、4. 基部茎节茎皮和茎髓变色　5、6. 多茎节茎皮变褐和茎髓开始分解　7、8. 茎皮坏死和茎髓严重分解

（1～3、6、7. 王晓鸣摄，4、5、8. 石洁摄）

彩图 18-4　玉米镰孢茎腐病引起植株倒折

（王晓鸣摄）

彩图18-5　玉米镰孢茎腐病引起植株根腐

1. 健康植株根系　2、3. 病株根系腐烂

（1、2. 王晓鸣摄，3. 贺春娟摄）

彩图18-6　玉米镰孢茎腐病引起果穗下垂

1. 果穗下垂　2. 病株果穗短小

（1. 王晓鸣摄，2. 贺春娟摄）

彩图18-7　不同玉米品种对镰孢茎腐病的抗病性差异

（晋齐鸣摄）

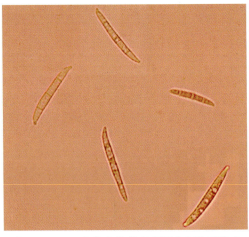

彩图18-8　玉米镰孢茎腐病病原分生孢子形态

（王晓鸣摄）

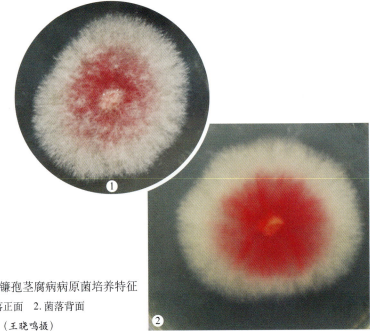

彩图18-9　玉米镰孢茎腐病病原菌培养特征

1. 菌落正面　2. 菌落背面

（王晓鸣摄）

19. 玉米炭疽茎腐病
Anthracnose stalk rot

分布与危害

玉米炭疽茎腐病目前在我国尚无正式报道，也缺乏系统的调查，但已经在黑龙江局部地区有发生，其他省份未见。

玉米炭疽茎腐病既可直接引起籽粒重量减轻，又可因其造成茎秆倒伏，影响收获而造成减产。研究表明，在感病品种上，一般发病状况下，可以引发10%～20%的产量损失，严重发病品种减产达30%以上。

症状

病菌可以侵染玉米植株的各个部位，包括叶片、茎秆、苞叶、根系、籽粒等，引起茎腐、叶枯和顶枯病。在敏感品种的叶片上，病菌侵染后引起沿叶脉扩张的长梭形或不规则的水渍状病斑，小病斑逐渐相连而成不规则的大病斑，引起叶片组织坏死；在具有一定抗病性的品种上，病斑为点状褪绿，扩展较慢，后期也形成一些不规则的较大坏死斑（彩图19-1）。在玉米植株生长后期，剖开近地表的茎节，可见茎髓组织开始弥漫性变黑；随着病情的发展，髓组织逐渐分解，最终只残留干枯的维管束，有时茎节腐烂导致一碰即开裂；在髓组织发病的同时，茎表面逐渐出现许多黑色小颗粒状的病原分生孢子盘，茎秆发病常常引起严重倒伏；在病株叶片和苞叶上散生大量黑色、扁平的病原分生孢子盘（彩图19-2）。

病原

病原为禾生炭疽菌[*Colletotrichum graminicola* (Ces.) Wilson]，有性态为禾生小丛壳（*Glomerella graminicola* Politis）。

禾生炭疽菌分生孢子盘黑色，直径70～300 μm，上面着生许多黑褐色、坚硬、长度约100 μm的刚毛；分生孢子无色、单胞、镰刀状，端部较尖，大小为（19～29）μm×（3.5～5）μm，孢子萌发后形成褐色、边缘不规则的附着胞（彩图19-3）。培养中菌落边缘不规则，气生菌丝绒状、灰黑色；菌落中着生砖红色的分生孢子团（彩图19-4）。

病害循环

禾生炭疽菌在玉米病残体上越冬。在春季，病菌复苏，从分生孢子盘中形成新的分生孢子，借助风雨在田间传播，侵染玉米。高温高湿有利于病害的形成。被侵染的下部叶片能够形成病斑并产生新的分生孢子；带有伤口的茎秆是病菌侵染的有利途径。秋季收获后，茎叶上的病菌又借助玉米残体留在田间，若玉米残体冬季未腐烂，就成为翌年的初侵染源。

防治要点

选择抗病品种能够减轻病害的发生。轮作是最有效减轻炭疽茎腐病的措施之一。深翻能够促进田间玉米病残体的腐烂，减少病菌的越冬数量。

彩图19-1　玉米炭疽茎腐病在叶片上的症状

1. 掖107接种后6d的症状　　2、3. 分别为Mo17接种后6d和16d的症状　　4～6. 分别为富玉1503接种后6d、16d和27d的症状

（王晓鸣摄）

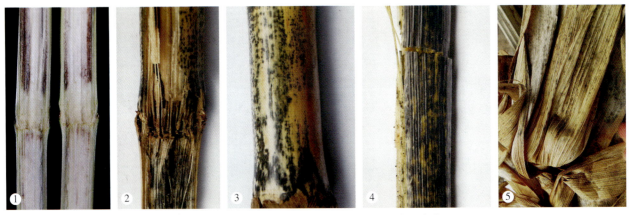

彩图19-2　玉米炭疽茎腐病在植株不同部位的症状

1. 生长中茎秆的内部　　2. 枯死茎秆的内部　　3. 枯死茎秆　　4. 茎皮上病菌的分生孢子盘　　5. 苞叶上的分生孢子盘

（王晓鸣摄）

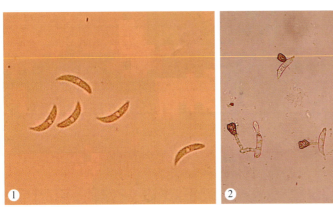

彩图19-3　玉米炭疽茎腐病病原菌形态

1. 分生孢子　　2. 附着胞

（王晓鸣摄）

彩图19-4　玉米炭疽茎腐病病原菌培养特征

（王晓鸣摄）

20. 玉米鞘腐病
Corn sheath rot

分布与危害

玉米鞘腐病为近年发生的病害，在许多产区已有发现，如黑龙江、吉林、辽宁、河北、山西、山东、江苏、四川、陕西、甘肃、宁夏等。

玉米鞘腐病引起叶鞘腐烂（彩图20-1），能够影响叶片光合作用形成的营养物质向果穗等部位的转移，因此在病害发生早或严重时对产量形成具有一定影响。

症状

玉米鞘腐病为害部位为叶鞘组织。发病初期，在叶鞘表面出现黄褐色的近圆形、不规则形小点或水渍状斑，逐渐扩大为浅灰色、黄褐色、红褐色、黑褐色的不规则形大型病斑，严重时导致叶片干枯。有时单一植株仅在一个叶鞘有一个大型的不规则病斑，有时为数个较小的病斑，有时茎秆各节都有病斑（彩图20-2）。田间湿度较高时，在病斑上形成粉白色霉层（彩图20-3）。叶鞘上的病斑也能够向苞叶扩展，引起苞叶枯死（彩图20-4）。品种对鞘腐病的抗性水平有差异，感病品种由于叶鞘坏死而导致叶片大量干枯早衰（彩图20-5）。

病原

多种镰孢可引起玉米鞘腐病，但主要致病菌为层出镰孢 [*Fusarium proliferatum* (Mats.) Nirenberg]。

在病斑表面产生灰白色的菌丝体，上面生长出大量的分生孢子。大型分生孢子镰刀状，较直，具3~5个分隔，大小为（37~53）μm×（3.5~5.0）μm；小型分生孢子主要为短棒状，端部较平，无色，单胞，常呈短链状，大小为（7~10）μm×（2.5~3.5）μm（彩图20-6）。病菌在培养中菌落圆形，气生菌丝白色，逐渐变为灰紫色，菌落背面呈浅紫色（彩图20-7）。

病害循环

鞘腐病菌在玉米植株病残体和土壤中越冬，是翌年主要的初侵染源，病菌也能经种子传播。在病残体上或土壤中腐生越冬的病菌在春季和夏季通过生长产生大量分生孢子。孢子通过风雨进行传播，从叶鞘的微小伤口入侵。在夏季，玉米叶鞘内侧常常是蚜虫躲避高温的场所，由于蚜虫的刺吸，形成许多小伤口，鞘腐病菌孢子在雨水作用下流入叶鞘内侧，从这些伤口入侵，导致鞘腐病发生。秋收后，如果带病植株茎秆不处理，就会形成致病菌的重要越冬地。

防治要点

由于鞘腐病发生在玉米生长中后期，田间防治困难。因此，在病害控制技术方面，首选种植抗病性好或发病较轻的品种；其次，在鞘腐病发生严重的地区，减少秸秆还田或进行必要的作物轮作，也有减轻病害的作用。

彩图20-1　玉米鞘腐病严重发病田

1. 植株茎秆中部发病　2. 植株茎秆下部发病

（1. 石洁摄，2. 董金皋摄）

彩图20-2　玉米鞘腐病叶鞘症状

1. 水渍状病斑　2. 无显著边缘病斑　3. 具褐色边缘病斑　4. 紫红色病斑　5. 单叶鞘单病斑　6. 单叶鞘多病斑

（1、5. 王晓鸣摄，2～4、6. 石洁摄）

彩图20-3　玉米鞘腐病在病斑上形成的霉层

（1. 董金皋摄，2. 石洁摄）

彩图20-4　玉米鞘腐病引致苞叶及叶片枯死

1. 苞叶枯死　2. 叶片枯死　3. 全株叶片枯死

（石洁摄）

彩图20-5　玉米鞘腐病在抗病和感病品种间的差异

1. 抗病品种　2. 感病品种

（1. 石洁摄，2. 董金皋摄）

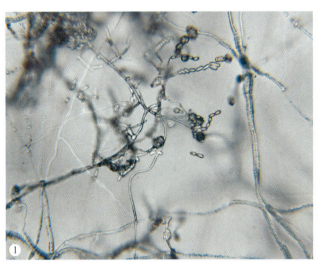
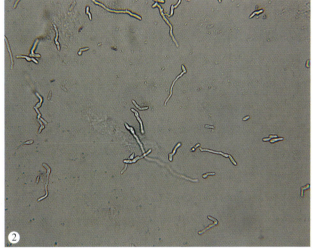

彩图20-6　玉米鞘腐病病原菌形态

1. 小型分生孢子形成的短链　2. 小型分生孢子萌发

（董金皋摄）

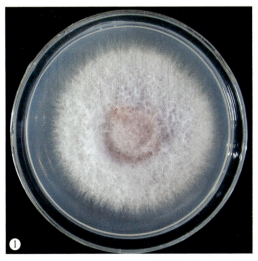
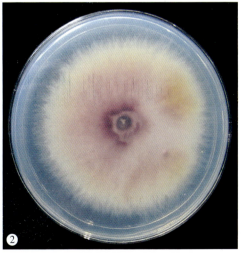

彩图20-7　玉米鞘腐病病原菌培养特征

1. 菌落正面　2. 菌落背面

（董金皋摄）

21. 玉米黑束病
Black bundle disease

分布与危害

我国在20世纪70年代后发生玉米黑束病，已有报道或记载的地方有北京、河北、黑龙江、山西、山东、河南、陕西、甘肃、新疆等地。

玉米黑束病发生在玉米生长后期，由于病菌在玉米植株茎秆维管束内扩展为害，病害突发性强，有的育种地块发病率高达70%左右（彩图21-1），导致植株叶片大量枯死。感病品种减产超过60%，耐病品种减产达14%。

症状

病菌通过种子和根系侵染，然后进入茎秆维管束组织中发育和扩展。玉米生长中后期，随着茎秆抗病性的下降，病菌扩展加快，使植株叶片逐渐出现失绿症状，主叶脉发红；由于茎秆中输导组织的被破坏，叶片合成的碳水化合物运输受阻，导致叶片和茎秆逐渐呈现红紫色；病害早期，剖开茎秆可见维管束显黑褐色；发病植株根系腐烂（彩图21-2）。

病原

病原为直立顶枝杆孢 [*Sarocladium strictum* (W. Gams) Summerbell]。

分生孢子梗单生，直立，长为23.2～78.3 μm，有时二叉或三叉式分枝；分生孢子在分生孢子梗顶端聚合成头状的孢子团，分生孢子无色，单胞，近椭圆形，大小为 (2.9～8.7) μm×(1.5～2.9) μm（彩图21-3）。菌落初为白色，逐渐变为粉红色（彩图21-4）。

病害循环

玉米黑束病菌能够在病株残体组织上越冬，由于其在病株上能够通过维管束组织扩展进入籽粒，因而种子带菌也是重要的越冬途径。翌年玉米播种后，土壤中或病残体上的病菌恢复生长，通过菌丝扩展侵染玉米根系并逐渐进入维管束系统；种子中的病菌则直接进入植株根系定殖并继续扩展。秋季，玉米带菌秸秆遗留田间，使土壤中的病菌数量进一步增加。

防治要点

在田间发现黑束病后要及时淘汰感病品种，选择种植抗病或耐病品种。由于黑束病为苗期系统侵染性病害，因此，采用含有杀菌剂（如咯菌腈、嘧菌酯、苯醚甲环唑等）的种衣剂进行种子包衣也能够减轻和控制病害。

彩图21-1 玉米黑束病田间发病状
1.叶片及茎秆发红的典型病株 2.幼苗期植株矮小（箭头所指为正常植株）
（石洁摄）

彩图21-2　玉米黑束病症状

1.茎髓变黑　2.根系变黑　3.后期茎皮变色　4.后期髓组织分解　5.基部茎节内部似茎腐病症状
6.病株贪青不成熟　7.下部叶片有黄斑　8.病株果穗瘦小

（1、3～6.石洁摄，2.王晓鸣摄，7、8.董怀玉摄）

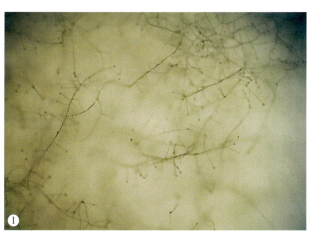

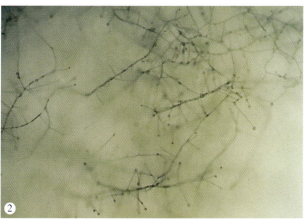

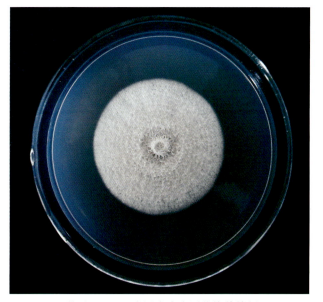

彩图21-4　玉米黑束病病原菌培养特征

（石洁摄）

彩图21-3　玉米黑束病病原菌形态

1.菌丝及头状着生的分生孢子　2.局部放大

（石洁摄）

第三节 穗部真菌病害

22. 玉米丝黑穗病
Head smut

分布与危害

玉米丝黑穗病是我国春玉米种植区常见的病害之一，目前在北京、天津、河北、黑龙江、吉林、辽宁、内蒙古、山西、湖北、湖南、重庆、四川、云南、广西、贵州、陕西、甘肃、宁夏、新疆等地均有发生。

玉米丝黑穗病曾在20世纪90年代中期和21世纪初在东北和华北春玉米区严重发生，2002年仅吉林省的发病面积就高达140万 hm^2，其中发病率超过10%的病田面积为54万 hm^2，重病田植株发病率达80%以上，造成全省玉米产量损失1.3亿kg；黑龙江哈尔滨周边多县的平均病株率高达15%；山西北部及中部春玉米区也因丝黑穗病的发生造成严重减产。由于丝黑穗病的发病率接近产量损失率，因此病害的严重发生对生产影响巨大（彩图22-1）。

症状

玉米丝黑穗病为系统侵染病害，但苗期症状与其他病害或虫害引发的症状相似，而抽雄成穗后的症状易于识别。在苗期，被病菌侵染的植株较弱小，叶片上出现黄白色条纹，叶片扭曲；进入抽雄期后，病株分蘖多、丛生或矮化（彩图22-2）。植株拔节至抽雄期，有些叶片出现不规则的撕裂状，从破口处散出黑色的粉状物或从破口处长出丝状组织（彩图22-3）。发病雌穗较短粗，一般无花丝，由于病菌发育消耗大量营养导致苞叶较早枯死并从一侧开裂，散出黑色粉末（病菌的冬孢子）；雌穗中不形成正常的穗轴和籽粒，完全变为黑粉，仅残存一些黑色的维管束组织，故称为丝黑穗病；有的雌穗变异为绿色丛枝状，或苞叶变狭小、畸形、簇生；雌穗也会出现局部被害症状（彩图22-4）。发病雄穗局部花序或整个花序被病菌破坏，形成菌瘿，成熟后破裂散出黑粉，黑粉散落后残留丝状穗轴；有的雄穗花序畸形增生，呈现小叶状（彩图22-5）。玉米品种对丝黑穗病具有明显的抗病性差异（彩图22-6）。

与瘤黑粉病发生在玉米植株地上组织、产生不规则的瘤体、后期液化并呈现黑色、无明显的黑粉等症状不同，丝黑穗病主要发生在雌穗和雄穗器官，成熟后散出大量黑粉（彩图22-7）。

病原

病原为丝孢堆黑粉菌玉米专化型 [*Sporisorium reilianum* (Kühn) Langdon et Full. f. sp. *zeae*]。

玉米丝黑穗病菌在玉米组织中形成黑色的冬孢子堆，成熟后散出黑色的冬孢子。冬孢子黄褐色、黑褐色，近球状，直径为9～14μm，壁厚1μm，表面有大量细刺（彩图22-8）。

病害循环

玉米丝黑穗病菌的冬孢子具有很强的抗逆能力。在玉米上产生的冬孢子脱落进入土壤后越冬。春季播种后，病菌在土壤条件适宜时开始萌发，形成担孢子，担孢子长出菌丝，从萌动种子的芽鞘侵染进入幼苗并逐渐至幼苗生长点。随着植株分生组织的发育，病菌进入分化的雌穗和雄穗，形成黑穗组织。病菌冬孢子也能黏附在种子表面越冬，翌年播后萌动，直接侵染种子芽鞘。病菌冬孢子也能够通过污染的秸秆被动物取食，并可以通过粪肥再回到农田。

防治要点

玉米品种间对丝黑穗病存在抗病性差异，因此选用抗病品种是防控丝黑穗病的重要基础。其次，对于在种子萌发过程中形成系统侵染的病害，利用内吸性种衣剂能够达到有效的防治目的。针对丝黑穗病，效果较好的内吸杀菌剂为戊唑醇、苯醚甲环唑，一些杀菌剂复配的种衣剂也能够控制丝黑穗病，如11%甲·戊·嘧菌酯悬乳剂、4.23%甲霜·种菌唑微乳剂。

彩图22-1　玉米丝黑穗病严重发病田
1.大量雌穗发病　2.大量雄穗发病
（1.石洁摄，2.王晓鸣摄）

彩图22-2 玉米丝黑穗病苗期症状

1.叶片扭曲 2.黄色条纹 3.分蘖多 4.丛生 5、6.病株矮化

（1.石洁摄，2～6.王晓鸣摄）

彩图22-3 玉米丝黑穗病叶片症状

1.叶片组织破溃 2.散出黑粉 3.叶片撕裂 4.苞叶小叶上的黑粉

（王晓鸣摄）

彩图 22-4　玉米丝黑穗病雌穗症状

1. 正常穗　2. 短粗病穗　3. 病穗无花丝　4. 局部散黑粉　5. 全穗变为黑粉　6. 残留的维管束组织　7. 单粒被破坏　8. 单株多果穗发病　9. 细长的病穗　10. 病株穗柄极度增长　11. 病穗变为大量不孕小穗　12. 病穗顶端畸形　13. 病穗转为丝状组织　14. 病穗顶部花样畸形　15. 病穗苞叶顶端增长　16. 苞叶变小增多

（1～6、9～12、14～16. 王晓鸣摄，7、13. 石洁摄，8. 董金皋摄）

彩图22-5　玉米丝黑穗病雄穗症状

1.单小花发病　2.部分小花发病　3.大部小花发病　4.部分小花变异为枝状体　5.全部小花变异为枝状体　6.部分组织变异并开出黄花　7.部分小花散出黑粉，部分变异为枝状体　8.全部小花变为叶状体

（1、2、4、5、7.王晓鸣摄，3、6、8.石洁摄）

彩图22-6　玉米丝黑穗病抗病品种（右）与感病品种（左）

（晋齐鸣摄）

彩图22-7　玉米丝黑穗病与玉米瘤黑粉病的区别

1、3.玉米丝黑穗病发病雌穗和雄穗　2、4.玉米瘤黑粉病发病雌穗和雄穗

（王晓鸣摄）

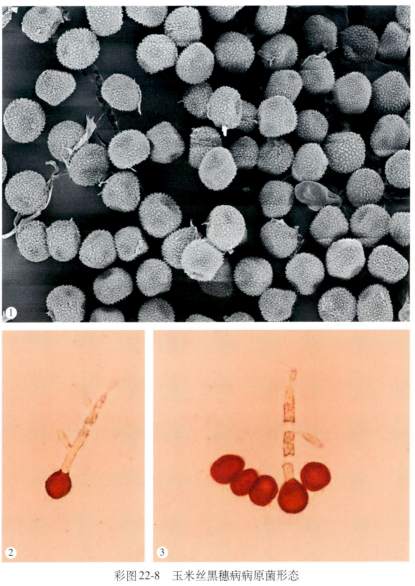

彩图22-8　玉米丝黑穗病病原菌形态

1.冬孢子　2、3.冬孢子萌发

（1.董金皋摄，2、3.王晓鸣摄）

23. 玉米瘤黑粉病
Common smut

分布与危害

玉米瘤黑粉病在我国发生广泛。经调查，北京、天津、河北、山西、黑龙江、吉林、辽宁、内蒙古、河南、山东、安徽、江苏、上海、浙江、福建、台湾、广东、广西、海南、湖南、湖北、四川、重庆、贵州、云南、陕西、甘肃、宁夏、新疆等地均有瘤黑粉病的发生。

玉米瘤黑粉病从苗期至成株期均能发生，病害发生早则对生产影响大，病害发生部位不同对产量的影响也不同（彩图23-1）。雌穗发病直接影响结实及籽粒的发育，雄穗基部发病直接导致雄花不育，茎秆上病菌瘤体大对籽粒发育影响大，甚至导致植株空秆。一般生产田因瘤黑粉病可引起1%～10%的产量损失；在玉米制种基地武威曾因瘤黑粉病严重发生，造成年度种子生产减产2 000万kg。

症状

玉米瘤黑粉病菌能够侵染植株的所有地上组织，有时甚至侵染根系，但主要发病部位为茎秆、雌穗和雄穗，叶片发病较少。病菌侵染后，刺激植株长出一个膨大的白色、淡黄色或粉红色、表面光亮的瘤体；瘤体逐渐膨大，呈现不规则状，表面渐变为灰白色，逐渐开裂并在中间可见黑色物；瘤体成熟后即变软，仅表面有一层灰白色的薄膜，内部黑色部分液化，干燥后瘤体干瘪，黑色组织即为病菌的冬孢子（彩图23-2）。病菌从微小的伤口入侵，在茎秆上多在茎节部位发病，因侵染时期、品种抗性水平不同而瘤体形状及大小各异（彩图23-3）。在雌穗上，瘤体部分或全部替代籽粒或穗轴组织，常常从雌穗上部突出于苞叶外（彩图23-4）。在雄穗上，瘤体发生在单个小花或穗柄组织上，囊状或角状（彩图23-5）。叶片和气生根有时也会被侵染，呈现凸起的泡状瘤体（彩图23-6）。在玉米品种间存在明显的对瘤黑粉病的抗性差异（彩图23-7）。

病原

病原为玉蜀黍瘿黑粉菌 [*Mycosarcoma maydis* (DC.) Brefeld]。

发病组织成熟并干燥后病菌才以黑褐色粉末的方式自然释放，黑色粉末即为病菌的冬孢子。冬孢子球形或椭圆形，深褐色，具有厚的外壁，表面有密集细刺；冬孢子萌发后产生大量无色、单胞的单倍体担孢子（彩图23-8）。担孢子可以在培养基上生长，产生类似酵母状、乳白色的菌落。

病害循环

玉米瘤黑粉病菌散落在田间土壤中，或以病残体上的孢子团及冬孢子越冬，也可在牲畜的粪便中以冬孢子越冬并随施肥再度进入农田。在适宜的环境条件下，冬孢子萌发，产生担孢子和次生担孢子，通过风雨在田间传播并从玉米植株伤口处侵染，在植株上形成瘤体；当瘤体成熟后释放出冬孢子，进行再侵染。玉米植株因虫害、生长过快、干旱等形成的各种伤口是病菌侵染的基础。

防治要点

玉米瘤黑粉病由于田间侵染时间长，在防治上应首选种植抗病性强、田间发病率低的品种。

由于病菌抗逆性强，在田间土壤中可存活多年，因此在病害重发区不提倡秸秆还田，以减少病菌在土壤中的积累。

在病害常发区和制种基地，可以在玉米6～8叶期和去雄操作结束后，及时喷施25%苯醚甲环唑乳油2 000倍液、25%丙环唑乳油1 500倍液、43%戊唑醇悬浮剂3 000倍液、12.5%烯唑醇可湿性粉剂2 000倍液，对瘤黑粉病有较好的控制作用。

彩图23-1　玉米瘤黑粉病严重发病田和发病果穗

1. 茎秆上的瘤体　2. 果穗上的瘤体

（1. 王晓鸣摄，2. 石洁摄）

彩图23-2　玉米瘤黑粉病不同发病阶段症状

1. 幼嫩的瘤体　2. 生长中的瘤体　3. 瘤体内部黑色可见　4. 成熟的瘤体

（1、2、4. 王晓鸣摄，3. 石洁摄）

彩图23-3　玉米瘤黑粉病在茎秆上的症状

1.叶鞘上的瘤体　2.从茎秆外突的瘤体　3.接近成熟的瘤体　4.茎秆上成熟的瘤体

（王晓鸣摄）

彩图23-4　玉米瘤黑粉病在雌穗上的症状

1.局部被害　2.大部被害　3、4.全部被害

（王晓鸣摄）

彩图23-5　玉米瘤黑粉病在雄穗上的症状

1.发病初期　2.雄穗完全被破坏　3.无可育雄花　4.严重发病

（1、2、4.王晓鸣摄，3.董金皋摄）

彩图23-6　玉米瘤黑粉病在叶片和气生根上的症状
1.叶片发病初期　2.叶片严重发病　3.叶片发病后期　4.气生根发病
（1、3.王晓鸣摄，2、4.石洁摄）

彩图23-7　玉米品种对瘤黑粉病的抗性差异
1、2.抗病品种接种后　3、4.感病品种接种后
（王晓鸣摄）

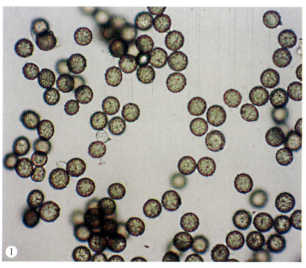 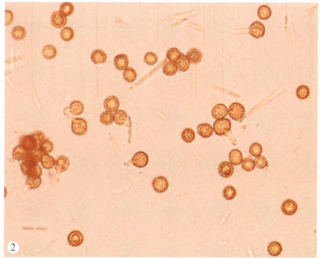

彩图23-8　玉米瘤黑粉病病原菌形态
1.冬孢子　2.冬孢子萌发
（1.曹志艳摄，2.王晓鸣摄）

24. 玉米疯顶霜霉病
Crazy top downy mildew

分布与危害

尽管玉米疯顶霜霉病在我国多数省份为偶发性病害，但迄今有病害发生记录的省份已达20个，包括北京、河北、山西、辽宁、内蒙古、河南、山东、安徽、江苏、台湾、湖北、重庆、四川、贵州、云南、陕西、甘肃、宁夏、新疆、青海等。

玉米疯顶霜霉病在国际上较少发生，但在中国20世纪90年代后期至21世纪初期，宁夏、甘肃和新疆局部玉米产区已经成为严重的生产问题（彩图24-1），新疆伊犁河谷局部田间病株率高达60%，甘肃三穗县平均病株率达到11.3%，重病田则达57.6%，减产11.3万kg。

症状

玉米疯顶霜霉病为全株性病害，引起雄穗、雌穗以及叶片生长形态改变。发病植株上的主要症状是：在雄穗上引起完全或部分畸形，小花转变为叶状体，或转变为似雌穗的结构，叶状体有时扭曲或皱缩，使得变异雄穗呈现刺团绣球状，故称疯顶病；有时雄穗无分枝，变异为簇生的小花，并能够开出无花粉的黄色花朵（彩图24-2）。发病雌穗表现为不育、无或极少花丝形成，有的内部出现似雄穗小花的组织；苞叶顶端的小叶过度延长，苞叶内为多个无穗轴的小雌穗，或完全变为叶状体组织；穗柄极度向上延长生长；严重发病植株基本不育或仅能结少量籽粒（彩图24-3）。病株多不抽雄并高于正常植株，多数在田间表现贪绿晚熟，也有表现为节间发育抑制而矮缩；叶片对生、皱缩或顶部叶片扭曲成不规则团状或牛尾巴状（彩图24-4）。

病原

病原为大孢指疫霉玉蜀黍变种[*Sclerophthora macrospora* (Sacc.) Thirumalachar, Shaw et Narasimhan var. *maydis*]。

大孢指疫霉玉蜀黍变种为专性寄生菌。在田间较少形成病菌的无性器官，但将病株叶片部分浸入水中时，可在发病组织表面产生孢子囊。孢囊梗短，单生，4.8～30μm，顶生椭圆形、柠檬形、有乳突的孢子囊；游动孢子无色，半球形至肾形，双鞭毛。在病株组织中可见病菌的有性器官，藏卵器球形至椭圆形，浅黄色至褐色，（43～105）μm×（38～83）μm，壁厚3～5μm；卵孢子黄色至褐色，球形，壁光滑，充满或近充满藏卵器，32～95μm，壁厚7μm；雄器侧生，浅黄色，1～4个，（17.5～66.5）μm×（5～29）μm（彩图24-5）。

病害循环

玉米疯顶霜霉病菌的卵孢子可以在玉米植株病残体上以及土壤中越冬。卵孢子抗逆性强，在土壤中可存活5～10年。在病区，如果玉米4～5叶期前田间发生淹水，导致病菌卵孢子萌发产生孢子囊，将游动孢子释放入水中并侵染幼苗，成株后产生典型的病害症状。秋季收获后，植株残体通过秸秆还田等方式残留在田间，或饲喂牲畜后病菌通过粪肥再回到田间，形成侵染源。此外，病菌也可以通过种子传播，这是玉米疯顶霜霉病在远离制种区异地突发的重要原因。

防治要点

玉米疯顶霜霉病以采用农业防治措施进行控制，特别是避免玉米在5叶期前发生田间淹水，或土壤长期处于高湿状态。

在病害常发区，建议选用35%精甲霜灵种子处理乳剂、58%甲霜灵·锰锌可湿性粉剂、64%恶霜·锰锌可湿性粉剂进行种子包衣处理，抵御来自土壤中的病菌侵染。

彩图 24-1 玉米疯顶霜霉病严重发生状

1、2. 超高生长病株　3. 正常穗与病株穗比较：A. 正常穗　B. 轻病株穗　C、D、E. 重病株穗

（王晓鸣摄）

彩图24-2　玉米疯顶霜霉病雄穗症状

1.刺团绣球状　2、3.叶状　4.假雌穗状　5.部分小花叶状扭曲　6.开出黄色小花

（王晓鸣摄）

彩图24-3　玉米疯顶霜霉病雌穗症状

1、2.多个不结实小穗　3.叶状　4.不结实　5.穗柄超长

（王晓鸣摄）

第一章 侵染性病害 85

彩图24-4 玉米疯顶霜霉病植株症状
1. 超高植株 2. 矮缩植株 3. 叶片僵直、皱缩对生 4. 顶叶扭曲
（1～3. 王晓鸣摄，4. 石洁摄）

彩图24-5 玉米疯顶霜霉病病原菌形态
1. 玉米叶片中的藏卵器 2. 藏卵器与雄器 3. 游动孢子囊 4. 菌丝
（王晓鸣摄）

25. 玉米拟轮枝镰孢穗腐病
Fusarium ear rot / Pink ear rot

分布与危害

玉米拟轮枝镰孢穗腐病在我国各玉米产区都有分布，已有明确发生的省份包括北京、天津、河北、山西、黑龙江、吉林、辽宁、内蒙古、河南、山东、安徽、江苏、湖北、海南、四川、重庆、贵州、云南、陕西、甘肃等。

玉米拟轮枝镰孢穗腐病的发生受多种因素的影响，品种生育期长、籽粒脱水慢、生长后期遇到多雨寡照气候、穗部虫害严重等都会引发严重的穗腐病（彩图25-1）。在田间，穗腐病发生率为10%～20%，能够导致5%～10%的产量损失，严重时损失可达30%～40%。玉米拟轮枝镰孢穗腐病不但引起果穗霉烂，同时病菌产生的伏马毒素（Fumonisin，FB）对牲畜和人均有严重毒性，引发多种疾病，如人类克山病和食道癌、马脑白质软化症、猪肺水肿、羊的肝病样改变和肾病。

症状

病菌可以通过花丝、伤口等途径从外部侵染发育中的籽粒。发病较轻时，籽粒表面出现放射状白色或紫红色的条纹；有时被侵染籽粒出现黑色的病斑；随着病情发展，籽粒表面长出白色或粉白色的绒状菌丝；由于通过花丝形成侵染，因此在果穗上多呈现分散的霉变籽粒，但也会有连片的病斑，甚至出现全穗腐烂（彩图25-2）。如果病菌通过茎髓维管束组织从穗轴内部向籽粒侵染，由于穗轴首先被破坏，籽粒易脱落，在籽粒的侧面布满放射状条纹，逐渐在籽粒间隙长出白色的菌丝；穗轴松散破裂（彩图25-3）。病菌也能够通过苞叶上形成的伤口入侵至籽粒（彩图25-4）。穗部虫害是引发穗腐病的重要因素之一（彩图25-5）。品种或种质间存在抗病性差异（彩图25-6）。潮湿条件下，籽粒上长满白色菌丝（彩图25-7）。

病原

病原为拟轮枝镰孢 [*Fusarium verticillioides* (Sacc.) Nirenberg]，有性态为藤仓赤霉 [*Gibberella fujikuroi* (Sawada) Wollenw.]。

病菌产生大量的小型分生孢子，长卵形，大小为（5～12）μm×（1.5～2）μm；大型分生孢子较少，镰刀形，细长，3～5个隔膜，（20～50）μm×（3～4.5）μm（彩图25-8）。在培养中，菌落圆形，气生菌丝绒状至粉状，白色或淡紫色（彩图25-9）。

除拟轮枝镰孢外，还有其他一些镰孢菌也能够引起症状相似的穗腐病，比较常见的有层出镰孢、尖镰孢、藤仓镰孢、茄镰孢（彩图25-10）。

病害循环

拟轮枝镰孢越冬方式多样，田间以在土壤中腐生、在玉米病残体上存活方式越冬，同时也可在种子内部或附着在种子表面越冬并进行远距离传播。翌年春季，土壤中或病残体上的病菌萌动并产生大量小型分生孢子，借助气流传播，通过玉米花丝、雌穗上的伤口侵染籽粒，导致穗腐病。种子上携带的病菌可以直接在萌发后侵染玉米组织并进入维管束系统到达穗轴，从内部开始生长引起穗腐病。秋收后，带菌病残体经秸秆还田进入土壤，病菌越冬。

防治要点

控制种子带菌引起的穗腐病应该注意生产健康的种子，同时通过对种子用杀菌剂（如咯菌腈·苯醚甲环唑等）包衣，减少来自种子自身携带病菌和土壤中病菌对幼苗的侵染。选用生育期短、籽粒脱水快的品种，减少穗腐病的发生。注意田间控制玉米穗部虫害，减少伤口，保护果穗。

第一章 侵染性病害 87

彩图25-1 玉米拟轮枝镰孢穗腐病病穗
1. 河南周口采收的病穗　2. 安徽宿州采收的病穗
（王晓鸣摄）

彩图25-2 玉米拟轮枝镰孢穗腐病籽粒表面症状
1、2. 条纹　3. 黑色小斑　4. 白色霉层　5. 分散腐烂　6. 爆裂
（王晓鸣摄）

彩图25-3 玉米拟轮枝镰孢穗腐病果穗内部症状

1. 籽粒间菌丝（箭头所指） 2. 籽粒松动易脱落 3. 籽粒内侧的白色条纹 4、5. 穗轴霉烂

（王晓鸣摄）

彩图25-4 玉米拟轮枝镰孢穗腐病果穗症状

1. 病穗外观 2. 去除一层苞叶 3. 去除两层苞叶 4. 腐烂的籽粒

（王晓鸣摄）

彩图25-5 虫害引发玉米拟轮枝镰孢穗腐病

1. 桃蛀螟为害引发的穗腐病 2. 玉米螟为害引发的穗腐病

（王晓鸣摄）

彩图25-6 抗（左）和感（右）拟轮枝镰孢穗腐病玉米种质接种后的反应

（王晓鸣摄）

彩图25-7　玉米拟轮枝镰孢穗腐病在籽粒上的菌丝

（王晓鸣摄）

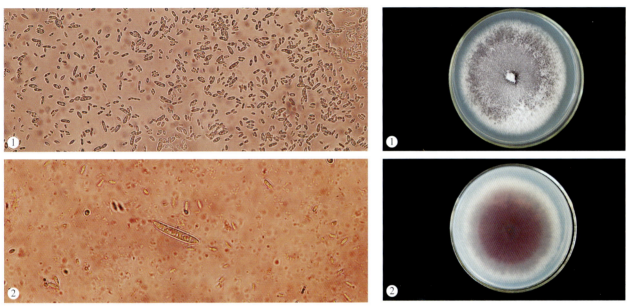

彩图25-8　玉米拟轮枝镰孢穗腐病病原菌形态

1. 小型分生孢子　2. 大型分生孢子

（王晓鸣摄）

彩图25-9　玉米拟轮枝镰孢穗腐病病原菌培养特征

1. 菌落正面　2. 菌落背面

（王晓鸣摄）

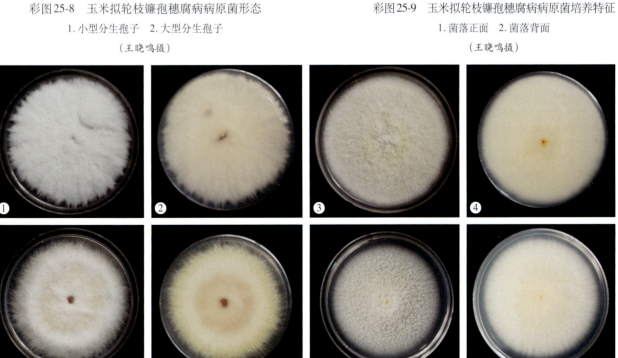

彩图25-10　引起玉米穗腐病的其他镰孢菌培养特征

1、2. 层出镰孢菌落正面与背面　3、4. 尖镰孢菌落正面与背面　5、6. 藤仓镰孢菌落正面与背面　7、8. 茄镰孢菌落正面与背面

（王晓鸣摄）

26. 玉米禾谷镰孢穗腐病
Gibberella ear rot / Red ear rot

分布与危害

玉米禾谷镰孢穗腐病在我国发生广泛，是最主要的穗腐病种类之一。禾谷镰孢穗腐病在有玉米穗腐病发生的地区都有分布，包括黑龙江、吉林、辽宁、内蒙古、甘肃、陕西、山西、河北、北京、天津、河南、山东、安徽、江苏、海南、湖北、四川、重庆、贵州、云南等，在南方地区发生更为普遍。

玉米禾谷镰孢穗腐病近年在各地发生逐渐加重。由于病穗上籽粒连片腐烂，对生产影响较大（彩图26-1）。四川曾有因该病引起30%～40%产量损失的报道。禾谷镰孢产生多种毒素，主要为呕吐毒素（Deoxynivalenol，DON）、玉米赤霉烯酮（Zearalenone，ZEN）、雪腐镰刀菌烯醇（Nivalenol，NIV）、T2及其他多种毒素，能够破坏人和牲畜的免疫系统、强烈致畸甚至致癌等。

症状

禾谷镰孢主要从玉米雌穗顶端通过花丝侵染。发病轻微时，在玉米籽粒表面可见白色至紫红色的放射状条纹或籽粒颜色改变（彩图26-2），逐渐在籽粒表面和籽粒之间出现粉白色的菌丝并逐渐变为紫色（彩图26-3）；顶部籽粒首先出现腐烂并逐渐向雌穗下部蔓延，导致籽粒连片腐烂，很少出现籽粒分散腐烂的现象，腐烂的籽粒变为紫红色、黏湿；有时发病也会始于穗轴内部，导致穗轴松软开裂（彩图26-4）。田间穗部虫害也会加重禾谷镰孢穗腐病的发生，由于腐烂后雌穗内部湿度高，常引起未完全腐烂籽粒的发芽（彩图26-5）。潮湿条件下，病菌在籽粒表面形成薄膜状菌丝层（彩图26-6）。

病原

病菌为禾谷镰孢（复合种）(*Fusarium graminearum* clade)，在我国常见的致病种类有：禾谷镰孢（*Fusarium graminearum* sensu stricto）、布氏镰孢（*Fusarium boothii* O'Donnell，T. Aoki，Kistler & Geiser）、南方镰孢（*Fusarium meridionale* T. Aoki，Kistler，Geiser & O'Donnell）、亚洲镰孢（*Fusarium asiaticum* O'Donnell，T. Aoki，Kistler & Geiser）；有性态为玉蜀黍赤霉 [*Gibberella zeae* (Schwein.) Petch]。

禾谷镰孢主要产生大型分生孢子。分生孢子呈镰刀状，无色，略弯曲或较直，多有3～7个隔膜，大小为(30～50) μm×(3～4.5) μm；有性阶段产生直径140～250μm的子囊壳，内含多个棒状子囊，子囊孢子多为8个，无色，弯曲状，具3个隔膜，大小为(19～24) μm×(3～4) μm（彩图26-7）。在培养中，气生菌丝茂密，白色至黄色，菌丝产生紫红色的色素，因此在培养基背面呈现明显的紫红色（彩图26-8）。

病害循环

禾谷镰孢（复合种）具有腐生能力，可以在土壤中存活，但主要在多种禾本科作物或杂草的秸秆上寄生越冬。翌年春季至夏季，从未腐烂的秸秆上产生许多病菌的子囊壳并释放出子囊孢子或在其上产生分生孢子。子囊孢子可以直接弹射到植物组织上进行侵染或分生孢子通过风雨的作用传至玉米雌穗上，从花丝部位侵染，引起穗腐病；病菌也能够在土壤中生长，侵染玉米根系，然后进入玉米茎秆组织中，扩展至穗轴后从内部引起穗腐病或不发病但存活在茎秆中，直至收获后遗留在田间或进入土壤环境，成为翌年的菌源。

防治要点

参见"玉米拟轮枝镰孢穗腐病"。

第一章 侵染性病害 91

彩图26-1　玉米禾谷镰孢穗腐病在各地发病状况

1. 云南楚雄（箭头所指为发病穗）　2. 山东兖州

（王晓鸣摄）

彩图26-2　玉米禾谷镰孢穗腐病籽粒表面侵染发病状

1、2. 籽粒表面出现白色条纹　3. 籽粒表面呈红色

（王晓鸣摄）

彩图26-3　玉米禾谷镰孢穗腐病籽粒上的菌丝

1.穗尖发病　2.籽粒间的白色菌丝　3.籽粒表面粉紫色菌丝

（1、2.王晓鸣摄，3.晋齐鸣摄）

彩图26-4　玉米禾谷镰孢穗腐病症状

1、2.籽粒连片腐烂　3.籽粒分散腐烂　4、5.穗轴腐烂　6.穗轴碎裂

（1、2、4~6.王晓鸣摄，3.晋齐鸣摄）

彩图26-5　不同条件下发生的玉米禾谷镰孢穗腐病

1. 虫害诱发穗腐病　2. 病穗上的籽粒发芽

（1. 王晓鸣摄，2. 晋齐鸣摄）

彩图26-6　玉米禾谷镰孢穗腐病发病籽粒

1. 籽粒变红　2、3. 发病籽粒上覆盖粉白色菌膜

（王晓鸣摄）

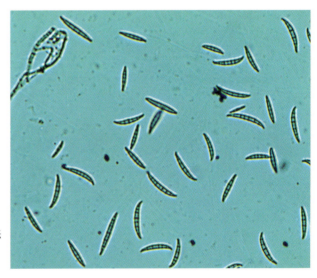

彩图26-7　玉米禾谷镰孢穗腐病病原分生孢子形态

（晋齐鸣摄）

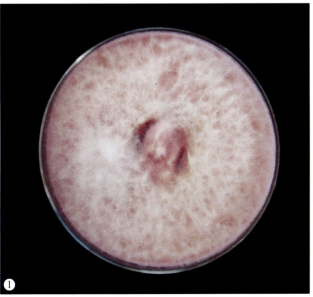 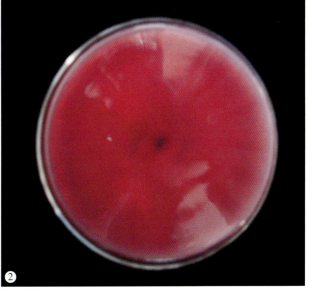

彩图26-8　玉米禾谷镰孢穗腐病病原菌培养特征

1. 菌落正面　2. 菌落背面

（王晓鸣摄）

27. 玉米木霉穗腐病
Trichoderma ear rot

分布与危害

玉米木霉穗腐病在我国各地均有发生，以南方地区发生较为普遍，但在降雨多的年份，北方地区亦有发生。目前已知的发生省份有云南、贵州、四川、重庆、广东、海南、安徽、河南、河北、北京、内蒙古、辽宁等。

在降雨多的年份或田间湿度高的地区，木霉穗腐病引起全穗腐烂（彩图27-1），因此对生产具有一定的影响，但尚无确切的引起产量损失的报道。

症状

病菌具有快速生长的特性。因此，首先在雌穗苞叶表面出现大范围的白色菌丝，并在较短的时间内变为蓝绿色或深绿色；病菌很快穿透苞叶，在籽粒表面形成白色的菌丝层并逐渐转变为绿色，引起籽粒松动易脱落、灌浆不饱满；有时病菌从维管束系统进入穗轴，从而表现为穗轴内部先出现绿色的菌丝（彩图27-2）。由于苞叶与籽粒之间湿度大及病菌的侵染，常常导致籽粒发芽和穗轴解体腐烂（彩图27-3）。

病原

病原为绿色木霉（*Trichoderma viride* Pers. ex Fries），哈茨木霉（*Trichoderma harzianum* Rifai）。

病菌在苞叶或籽粒上形成绿色的菌丝层和分生孢子；菌丝粗壮，分枝处略缢缩；着生在瓶梗上的分生孢子聚集成团；分生孢子球形，无色或淡绿色，表面有细刺，大小为 (2.5～4.5) $\mu m\times$ (2.0～4.0) μm（彩图27-4）。在培养中菌落圆形，生长快，气生菌丝很快变为黄绿色或蓝绿色（彩图27-5）。

病害循环

病菌腐生能力强，可以在收获后的植株病残体和土壤中腐生存活与越冬。翌年春季，病菌菌丝恢复生长并产生大量分生孢子。病菌孢子借助风雨的作用扩散至不同田块，侵染老熟的玉米雌穗苞叶并深入到籽粒间导致穗腐病。病菌也可以以菌丝的方式在种子内部越冬。

防治要点

玉米木霉穗腐病的发生主要受高湿环境条件的影响。因此，合理密植，加强植株间的通风、选择种植后期籽粒脱水快的品种都利于减轻病害。

彩图27-1　玉米木霉穗腐病严重发病状
1.病穗外观　2.病穗内部　3、4.不同品种发病籽粒　5.收获果穗中的病穗
(1、5.石洁摄，2.晋齐鸣摄，3、4.王晓鸣摄)

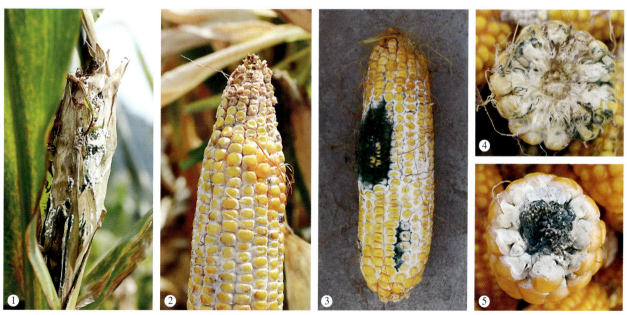

彩图27-2　玉米木霉穗腐病症状
1.苞叶被侵染　2、3.籽粒上的病菌　4.菌丝在籽粒间扩展　5.穗轴内部发病
(王晓鸣摄)

彩图27-3　玉米木霉穗腐病引发籽粒发芽及穗轴腐烂

1. 病穗上籽粒发芽　2. 病穗穗轴腐烂

（王晓鸣摄）

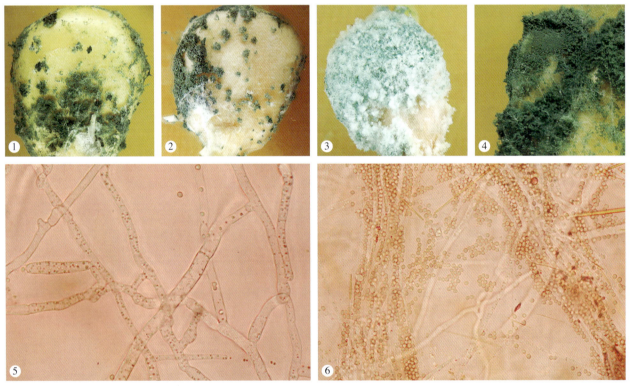

彩图27-4　玉米木霉穗腐病病原菌形态

1～4. 在玉米籽粒上的菌落　5、6. 菌丝及分生孢子

（王晓鸣摄）

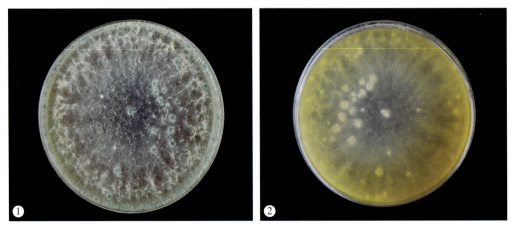

彩图27-5　哈茨木霉培养特征

1. 菌落正面　2. 菌落背面

（王晓鸣摄）

28. 玉米曲霉穗腐病
Aspergillus ear rot

分布与危害

黄曲霉和黑曲霉引发的玉米穗腐病在我国各地均有发生，但缺乏广泛的系统调查，已知的发生省份有北京、黑龙江、河北、四川等。

玉米黄曲霉穗腐病与黑曲霉穗腐病一般在田间发生并不严重，田间的病穗率较低，对玉米产量直接影响较小。但在玉米收获后，如果果穗或籽粒晾晒不及时或晾晒条件不好，常导致曲霉穗腐病发生（彩图28-1）。黄曲霉穗腐病主要严重影响玉米籽粒质量，特别是病菌产生的12种黄曲霉毒素（Aflatoxins），是世界公认的致癌化合物，因此对人和牲畜的健康影响极大。

症状

曲霉菌在玉米上主要侵害雌穗。在湿度较高的条件下，病菌引起局部籽粒霉变，病菌从籽粒之间靠近穗轴的部位逐渐向籽粒顶部生长，造成籽粒与穗轴接合部发病，籽粒松动易脱落；在发病籽粒间或发病籽粒顶端，黄曲霉病菌产生大量的黄绿色或黄灰色菌落，而黑曲霉病菌则形成炭黑色的菌落（彩图28-2）。当玉米雌穗上的籽粒发生虫害形成伤口以及机械收获时造成籽粒破损，也会引起黄曲霉穗腐病的发生（彩图28-3）。

病原

病原为黄曲霉（*Aspergillus flavus* Link: Fr.），黑曲霉（*Aspergillus niger* Tiegh）。

黄曲霉：在菌落上形成黄绿色、球状或开裂的分生孢子头，有时也伴生其他曲霉菌；分生孢子梗顶端膨大为球状顶囊，顶囊表面具有一层或两层小梗结构，上面产生串状的分生孢子；分生孢子近球形，表面具有密集的短刺，直径为 3.5～4.5μm（彩图28-4）。培养中，病菌菌落圆形，初为无色，逐渐变为黄绿色或灰绿色（彩图28-5）。

黑曲霉：在玉米籽粒上生出肉眼可见的黑色、球形的分生孢子头；分生孢子梗顶端膨大为球形顶囊，顶囊表面具有两层小梗结构，上面产生串状的分生孢子；分生孢子近球形，表面具有密集的短刺，直径为 2.5～4.0μm（彩图28-6）。培养中，病菌菌落圆形，初为无色，逐渐从中部向外散生黑色球形体（彩图28-7）。

病害循环

病菌腐生能力极强，可以在玉米发病穗轴或被害籽粒以及土壤中越冬。翌年春季后，病菌在湿度条件适宜时开始生长并产生大量的分生孢子。病菌孢子借助风雨传播至田间，从开放的雌穗顶端或虫害形成的伤口侵染籽粒，导致雌穗在收获前或收获后逐渐发病。

防治要点

目前尚无非常有效的曲霉穗腐病防治方法，主要应采用防虫控病、不硬性采用机械粒收方式收获籽粒含水量高的品种、玉米收获后及时晾晒脱水或采用烘干的措施减轻曲霉穗腐病的发生。

彩图 28-1　玉米曲霉穗腐病发病状

1. 黄曲霉穗腐病　2. 黑曲霉穗腐病

（王晓鸣摄）

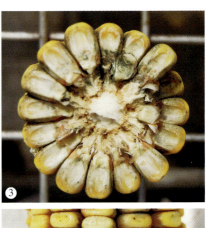

彩图 28-2　玉米曲霉穗腐病症状

1～3. 黄曲霉穗腐病　4. 黑曲霉穗腐病

（王晓鸣摄）

彩图 28-3　穗部害虫钻蛀引起黄曲霉穗腐病

（石洁摄）

第一章 侵染性病害 99

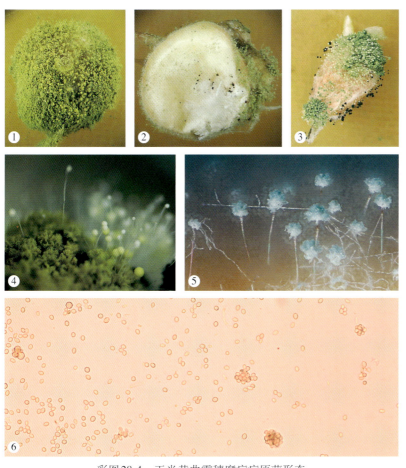

彩图28-4 玉米黄曲霉穗腐病病原菌形态

1.籽粒为病菌菌落覆盖 2.籽粒上长出病菌 3.籽粒上混生不同的曲霉菌
4、5.黄曲霉的球形分生孢子头 6.黄曲霉分生孢子

（王晓鸣摄）

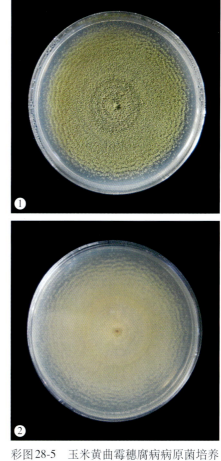

彩图28-5 玉米黄曲霉穗腐病病原菌培养形态

1.菌落正面 2.菌落背面

（王晓鸣摄）

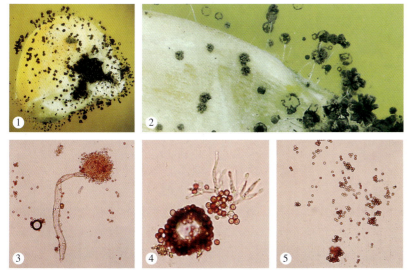

彩图28-6 玉米黑曲霉穗腐病病原菌形态

1.籽粒为病菌菌落覆盖 2.籽粒上长出球形和开裂的分生孢子头
3.球形分生孢子头 4.产孢瓶梗 5.分生孢子

（王晓鸣摄）

彩图28-7 玉米黑曲霉穗腐病病原菌培养特征

1.菌落正面 2.菌落背面

（王晓鸣摄）

29. 玉米青霉穗腐病
Penicillium ear rot / Blue eye

分布与危害

玉米青霉穗腐病在我国各玉米种植区可见。

玉米青霉穗腐病一般为零星发生（彩图29-1），极少大面积发病，因此对生产未构成严重的影响。

症状

当剥开玉米雌穗的苞叶后，轻发病时可见籽粒表面失去光泽、部分籽粒表面出现白色的放射状条纹；逐渐从病籽粒表面长出灰白、灰绿或灰蓝色的绒状物，为病菌的菌丝和分生孢子。横切穗轴，可见籽粒与穗轴连接部位布满灰色菌丝；抖动病穗时，大量灰色的孢子随风飘散（彩图29-2）。雌穗被害虫蛀食后也会引起青霉穗腐病（彩图29-3）。有时青霉穗腐病易与木霉穗腐病混淆（彩图29-4）。

病原

病原为草酸青霉（*Penicillium oxalicum* Currie et Thom），产黄青霉（*Penicillium chrysogenum* Thom），扩展青霉[*Penicillium expansum* (Link) Thom]，放射蓝状菌[*Talaromyces radicus* (A. D. Hocking & Whitelaw) Samson, Yilmaz, Frisvad & Seifert]。

草酸青霉：潮湿条件下，籽粒上长出灰色、青灰色霉层（彩图29-5）。籽粒上绒状的菌落是病菌的小梗及分生孢子。分生孢子梗长约400μm，顶端为帚状分枝，上生2～4个轮生的梗基。分生孢子椭圆形，无色，单胞，直径3.5～5.0μm（彩图29-6）。培养中，病菌菌落圆形，绒状，灰蓝色（彩图29-7）。

病害循环

青霉穗腐病菌以腐生方式在土壤和植物枯死的残体上越冬，翌年遇到适宜的温度与湿度条件，恢复生长并产生大量的分生孢子。分生孢子随风雨传播扩散，在适宜时机侵染玉米籽粒引发穗腐病。

防治要点

无有效的防治措施，主要是防虫控病。

彩图29-1　玉米青霉穗腐病田间发病状

(1. 石洁摄, 2. 王晓鸣摄)

彩图29-2 玉米青霉穗腐病症状

1.果穗无光泽 2.果穗发病初期 3.果穗表面出现灰色霉层 4、5.病穗横截面

(1~4.王晓鸣摄，5.石洁摄)

彩图29-3 虫害引致玉米青霉穗腐病

(石洁摄)

彩图29-4 玉米青霉穗腐病与木霉穗腐病的区别

1.青霉穗腐病：仅籽粒上有灰色霉层
2.木霉穗腐病：苞叶与籽粒上均有绿色霉层

(王晓鸣摄)

彩图29-5　玉米籽粒上的青霉菌

1、2.灰绿色菌落　3、4.灰黄色菌落

（王晓鸣摄）

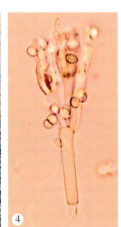

彩图29-6　玉米青霉穗腐病病原菌形态

1.绒状霉层　2.灰绿色子实体　3.灰蓝色子实体　4.分生孢子梗与分生孢子

（王晓鸣摄）

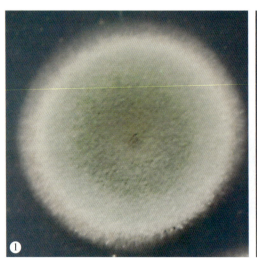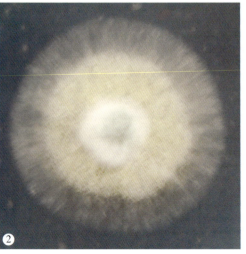

彩图29-7　玉米青霉穗腐病病原菌培养特征

1.草酸青霉培养的正面　2.放射蓝状菌培养的正面

（王晓鸣摄）

30. 玉米黑孢穗腐病
Nigrospora ear and cob rot / Dry ear rot

分布与危害

玉米黑孢穗腐病散发在我国各地。

由于黑孢引起的穗腐病在田间为散发，并且主要发生在籽粒成熟阶段，因此一般不对产量构成影响。

症状

在果穗未除去苞叶时，无法判断是否发生该病害，但由于病害发生后，影响籽粒灌浆，因此可感觉到果穗偏轻。去除苞叶后，可见果穗上籽粒有些瘦瘪，籽粒间空隙大，籽粒易松动，或从穗轴上脱落；观察穗轴，可见其表面有些分散的、极小的黑色颗粒，在籽粒与穗轴连接处也可见小片的黑色颗粒物，被侵染的穗轴易发生碎解（彩图30-1）。

病原

病原为稻黑孢 [*Nigrospora oryzae* (Berkeley et Broome) Petch]。

如果环境条件比较潮湿，则可见籽粒上长出成片的黑色颗粒物，即病菌的分生孢子（彩图30-2）。分生孢子梗单生，直立，直径3～7μm；单个分生孢子着生在无色透明的瓶状细胞上，成熟后为黑色，近球形，直径10～18μm（彩图30-3）。

病害循环

病菌的分生孢子具有较强的抗逆性，可以在玉米穗轴、籽粒上以菌丝体或孢子附着的方式越冬，也可以在土壤中腐生越冬，或在其他寄主上以相同的方式越冬。在温度与湿度适宜时，病菌在病残体或土壤中产生大量分生孢子，通过风雨传播进行侵染；稻黑孢也能够通过玉米种子传播，因此也可能从植株维管束系统进入穗轴组织并引起穗腐病。

防治要点

由于黑孢穗腐病为散发性病害，因此无法进行针对性的防控。

  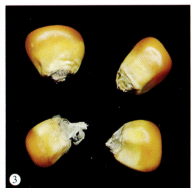

彩图30-1 玉米黑孢穗腐病症状

1. 籽粒与穗轴连接处有黑色病菌　2. 穗轴碎解，有大量黑色病菌（箭头所指为病菌）　3. 籽粒基部变黑

（王晓鸣摄）

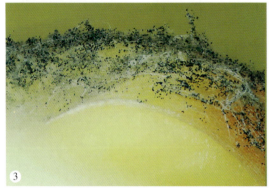

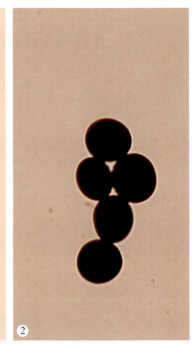

彩图30-2　在籽粒上生长的玉米黑孢穗腐病菌
1. 病菌布满籽粒表面　2. 病菌从籽粒基部向上蔓延
3. 病菌在籽粒表面的放大
（王晓鸣摄）

彩图30-3　玉米黑孢穗腐病病原菌形态
1. 分生孢子梗及分生孢子　2. 分生孢子
（王晓鸣摄）

31. 玉米枝孢穗腐病
Cladosporium kernel/ ear rot

分布与危害

玉米枝孢穗腐病在我国各地广泛分布，但缺乏详细的记载。近年调查发现，该病害在黑龙江、吉林、辽宁、内蒙古有分布。

玉米枝孢穗腐病一般在田间为偶发病害，所以对生产影响较小。但在玉米果穗收储后，枝孢穗腐病就成为安全储藏的重要威胁。2013年全国玉米丰收，但在东北及内蒙古地区因玉米品种后期籽粒脱水慢，导致在降雪前大量玉米未完成晾晒，不得不堆放在田间。冬季的降雪，将露天堆放的玉米果穗掩埋在雪下，玉米堆中湿度与温度适宜，导致这些玉米果穗出现严重的籽粒霉变（彩图31-1），仅黑龙江省，发生霉变的玉米就达400万t以上。经检测，确认引起籽粒霉变的主要真菌为枝孢菌。

症状

在田间，多在籽粒自然开裂部位的淀粉上产生黑色的霉层（彩图31-2）。但在玉米果穗储藏中，如果环境湿度过高，病菌首先在失去活力的苞叶表面腐生，形成黑色霉层并产生大量的分生孢子；病菌穿透苞叶后，利用籽粒表面的营养物质供其生长，在籽粒表面形成大小和形状不一的病斑，但病斑仅限于籽粒表面（顶部或侧面），用手略加力即可去除（彩图31-3）。

病原

病原为枝状枝孢 [*Cladosporium cladosporioides* (Freson.) de Vries]，多主枝孢 [*Cladosporium herbarum* (Pers.) Link]。

病菌在玉米籽粒等组织表面形成黑色菌落。分生孢子梗深褐色，直或弯；分生孢子不规则，圆柱形或梭形，0～1隔，可形成短链状，大小为（3～11）μm×2.5μm（彩图31-4）。培养中，病菌菌落平展，圆形，气生菌丝灰色，绒状，菌落背面为橄榄色（彩图31-5）。

病害循环

病菌具有极强的腐生能力，因此在植物病残体与土壤中都能够存活越冬。翌年温度与湿度适宜时，恢复生长并产生大量分生孢子，随风雨进行传播。

防治要点

由于该病主要发生在玉米果穗收获后的储藏阶段，因此只要有良好的通风条件，及时将籽粒水分降低至14%，就能够防止枝孢穗腐病的发生。

彩图31-1 玉米枝孢穗腐病发病状

1.在田间雪中堆放的玉米 2.玉米苞叶上布满枝孢菌 3.玉米籽粒表面的霉斑

（孙艳杰摄）

彩图31-2 玉米枝孢穗腐病田间发病果穗

1.开裂籽粒上的病菌霉层 2.籽粒被枝孢菌侵染

（王晓鸣摄）

彩图31-3　玉米枝孢穗腐病在籽粒上的症状

1、2.发病初期籽粒上的霉斑　3.籽粒侧面的霉斑　4.严重霉变的籽粒

（王晓鸣摄）

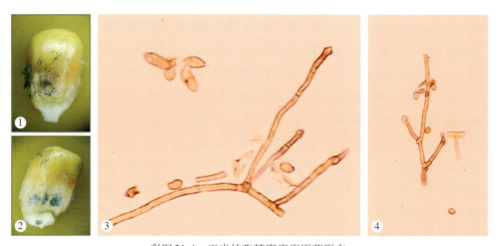

彩图31-4　玉米枝孢穗腐病病原菌形态

1、2.在籽粒表面的病菌黑褐色菌丝　3、4.病菌的分生孢子梗与分生孢子

（王晓鸣摄）

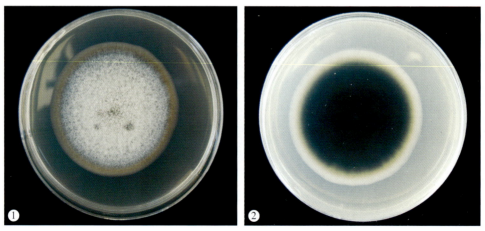

彩图31-5　玉米枝孢穗腐病病原菌培养特征

1.菌落正面　2.菌落背面

（王晓鸣摄）

32. 玉米炭腐穗腐病
Helminthosporium ear rot

分布与危害

玉米炭腐穗腐病在我国许多地区有发生，但缺乏详细的调查和确切的分布信息。

玉米炭腐穗腐病目前主要为零星发生，仅在局部地区的少数品种上有较重为害，因此总体上对生产无显著影响。

症状

炭腐穗腐病是玉米穗腐病的一种，能够引起严重的果穗组织发生黑炭状干腐（彩图32-1）。果穗多从穗尖向穗基部逐渐发病。初期在籽粒表面出现一些放射状的条纹，逐渐有些深灰色菌丝出现；随着菌丝的生长与成熟，被侵染的籽粒渐变为黑色，似木炭状；病菌也侵染穗轴，导致穗轴变黑、组织松脆，易断裂（彩图32-2）。

病原

病原为玉米生平脐蠕孢 [*Bipolaris zeicola* (Stout) Shoemaker]，有性态为炭色旋孢腔菌（*Cochliobolus carbonum* Nelson）。

炭腐穗腐病由玉米圆斑病的玉米生平脐蠕孢1号或2号致病小种所引起，病菌在籽粒表面形成浓密的分生孢子梗与分生孢子（彩图32-3），病菌的形态（彩图32-4）和培养特征（彩图32-5）描述见玉米圆斑病一节。

病害循环

病菌可以在玉米病残体上越冬，详见玉米圆斑病一节。

防治要点

由于炭腐穗腐病在田间为零星发生，一般不进行针对性的防控。

彩图32-1　玉米炭腐穗腐病严重发生状
1. 在收获果穗中的病穗　2. 在玉米种质资源圃中的病穗
（王晓鸣摄）

彩图32-2 玉米炭腐穗腐病病穗

1.发病初期籽粒上的灰色菌丝 2.严重发病果穗 3、4.穗轴和轴芯被严重破坏

（王晓鸣摄）

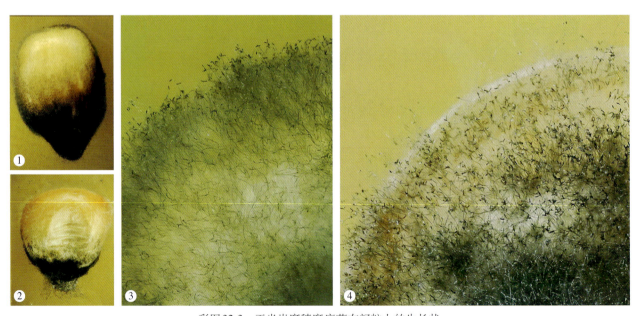

彩图32-3 玉米炭腐穗腐病菌在籽粒上的生长状

1、2.籽粒表面黑褐色菌丝及分生孢子 3、4.籽粒表面放大的病菌菌丝与分生孢子

（王晓鸣摄）

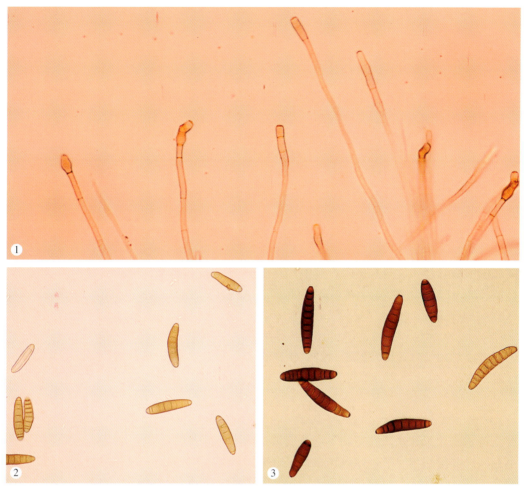

彩图32-4　玉米炭腐穗腐病病原菌形态

1.分生孢子梗　2、3.分生孢子

（王晓鸣摄）

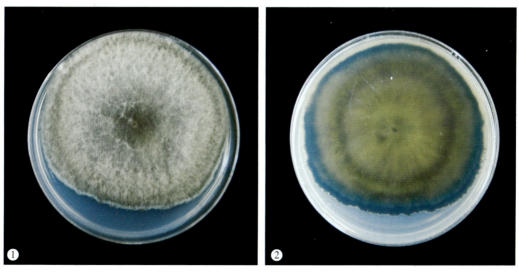

彩图32-5　玉米炭腐穗腐病病原菌培养特征

1.菌落正面　2.菌落背面

（王晓鸣摄）

第四节 根部真菌病害

33. 玉米镰孢苗枯病
Fusarium seedling blight

分布与危害

玉米镰孢苗枯病在我国分布较广泛，目前在夏玉米区与北方春玉米区为常发病害，近年调查确定的发生省份包括北京、河北、山西、黑龙江、吉林、辽宁、河南、山东、安徽、江苏、浙江、福建、广西、甘肃等。

一般生产条件下，镰孢苗枯病的田间发病率约10%，重病田的发病率达60%（彩图33-1）。在发病严重的田块，可引起幼苗枯死；即使发病较轻，病株也会因为根系受损而导致生长迟缓，形成弱株，影响生产。在目前的种植方式下，单粒播种将逐渐加大镰孢苗枯病对生产的影响。

症状

玉米镰孢苗枯病导致叶片从叶尖向下逐渐变黄，严重时叶片萎蔫、枯死；从土壤中拔出病苗，可见根系发育不良，局部黄褐色腐烂，重病株根系完全变褐坏死；横剖幼苗茎秆，可见维管束组织黄褐色坏死（彩图33-2）。

病原

病原为拟轮枝镰孢 [*Fusarium verticillioides* (Sacc.) Nirenberg]，有性态为藤仓赤霉 [*Gibberella fujikuroi* (Sawada) Wollenw.]。

玉米镰孢苗枯病主要致病菌为拟轮枝镰孢（*Fusarium verticillioides* (Sacc.) Nirenberg），其形态（彩图33-3）与培养特征（彩图33-4）描述详见拟轮枝镰孢穗腐病一节。

病害循环

玉米镰孢苗枯病致病菌拟轮枝镰孢具有很强的腐生能力，能够在玉米残体上存活，也能够在土壤中越冬，还能够通过种子携带的方式传播。因此，种子和土壤是拟轮枝镰孢越冬的主要场所。播种后，种子携带的病菌直接侵染幼苗，土壤中的病菌也能够在种子萌发后直接侵染根系。病菌能够在侵染根系后通过维管束系统传播至植株上部，在收获后随着秸秆还田被送入土壤中并越冬。

防治要点

鉴于镰孢苗枯病菌主要通过种子携带与土壤传播途径引发病害，因此建议采用种子包衣措施控制病害，如以2.5%咯菌腈悬浮种衣剂（适乐时）进行包衣处理，或采用6%戊唑醇悬浮种衣剂进行包衣都对控制苗枯病有较好的效果。

彩图33-1　玉米镰孢苗枯病田间发病状

（石洁摄）

彩图33-2　玉米镰孢苗枯病发病植株

1.发病幼苗　2.叶片边缘变黄　3.幼苗枯萎　4.主根坏死　5.根系坏死　6.维管束变褐

（1～4、6.王晓鸣摄，5.杨知还摄）

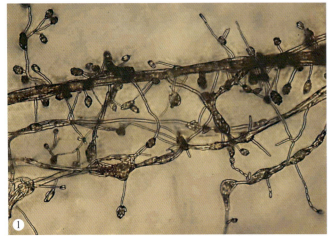

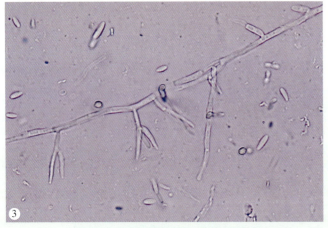

彩图33-3　玉米镰孢苗枯病病原菌形态
1.分生孢子链和分生孢子团　2.小型分生孢子
3.分生孢子和分生孢子梗

（王晓鸣摄）

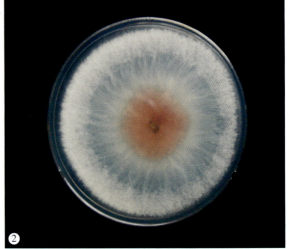

彩图33-4　玉米镰孢苗枯病病原菌培养特征
1.菌落正面　2.菌落背面

（王晓鸣摄）

34. 玉米腐霉根腐病
Pythium root rot

分布与危害

玉米腐霉根腐病主要发生在我国南方一些省份，如安徽北部、江苏北部等夏播玉米区。由于玉米播种后遇到降雨或土壤保持较长时间高湿，极易发生此病害。

一般情况下，玉米腐霉根腐病的田间发生率约10%，但在降雨多的年份，重病田的发病率可高达80%，引起20%以上幼苗死亡，造成严重的缺苗断垄（彩图34-1）。在当前普遍推广单粒精量点播技术的种植方式下，局部会导致严重损失。

症状

病害发生后，幼苗叶片从叶尖开始变黄，逐渐萎蔫并干枯，最终导致枯死；拔出植株，可见根系（主根及次生根）局部或全部组织变深褐色并软腐（彩图34-2）。

病原

多种腐霉菌可引起玉米腐霉根腐病，主要有肿囊腐霉（*Pythium inflatum* Matthews），瓜果腐霉[*Pythium aphanidermatum* (Edson) Fitzpatrick]，禾生腐霉（*Pythium graminicola* Subramaniam）。

引起腐霉根腐病的致病菌有10余种腐霉。腐霉菌的主要特征为成熟菌丝较粗壮，在菌丝上产生指状、瓣状或球状的大小不一的游动孢子囊（因病菌种不同而异），藏卵器壁光滑或有刺状纹饰，雄器同丝或异丝，每个藏卵器1个或数个，卵孢子满器或非满器（彩图34-3）。在培养中，病菌生长快，形成圆形菌落，气生菌丝灰白色，菌落反面不变色（彩图34-4）。

病害循环

腐霉菌为土壤中习居菌，能够在土壤中腐生生长。其卵孢子具有很强的抗逆性，在土壤中可存活数年。腐霉菌侵染玉米的根系后，导致幼苗死亡或在生长后期引起腐霉茎腐病。病菌的游动孢子通过灌溉、降雨后形成的流水在田间传播，病菌也可通过机械耕作而传播。死亡的病苗或玉米收获后的发病根系或茎秆都可能返回到土壤中，因此病菌能够顺利在土壤中存活并不断扩大群体，形成翌年的侵染源。

防治要点

由于腐霉菌能够在土壤中生存但不通过种子传播，因此最有效的控制腐霉根腐病发生的措施是有针对性地采用种衣剂进行种子包衣处理，保护植株幼嫩根系的正常发育，避免病菌侵染。腐霉菌为卵菌，可选10%甲霜灵悬浮种衣剂包衣，或在种衣剂中添加杀卵菌药剂，如72%甲霜灵·锰锌可湿性粉剂、64%噁霜灵·锰锌（杀毒矾）可湿性粉剂等。

控制土壤湿度，苗期减少田间渍涝也能够减轻腐霉根腐病的发生。

彩图34-1　玉米腐霉根腐病严重发病田

1、2.病害造成田间严重缺苗

（1.王晓鸣摄，2.石洁摄）

彩图34-2　玉米腐霉根腐病症状

1.叶片枯黄　2.幼苗僵缩　3.幼苗枯死　4、5.主根坏死　6.根系坏死

（1～4.王晓鸣摄，5.石洁摄，6.杨知还摄）

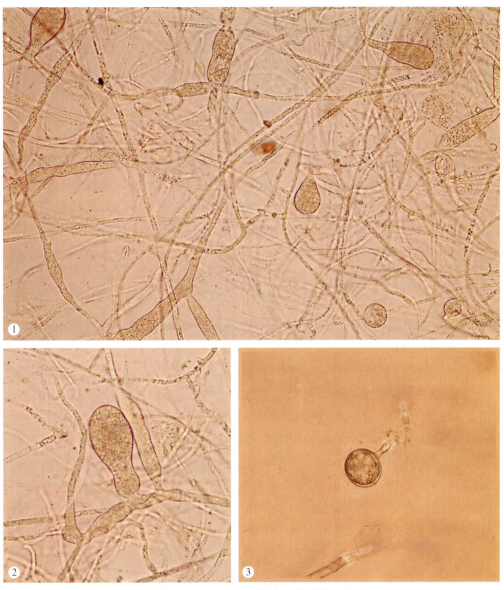

彩图34-3　玉米腐霉根腐病病原菌形态
1. 菌丝和膨大的游动孢子囊　2. 游动孢子囊　3. 藏卵器
（王晓鸣摄）

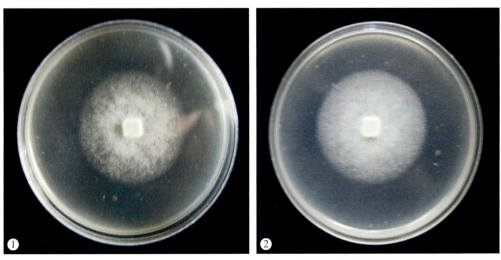

彩图34-4　玉米腐霉根腐病病原菌培养特征
1. 菌落正面　2. 菌落背面
（王晓鸣摄）

35. 玉米种腐病
Seed rot

分布与危害

玉米种腐病广泛发生，但缺乏准确的分布调查。

由于种子带有各种真菌，当种子在适宜的温、湿条件下萌动时，病菌即开始在种子上生长，利用种子中的营养，直接造成种子腐烂，幼苗不能出土或在刚出土时死亡，因此对生产有较大影响。

症状

播种后种子霉变，不发芽，籽粒腐烂（彩图35-1）；一些种子能够萌发，但由于病菌繁殖快，在幼芽尚未出土时，种子已经腐烂，无法提供营养，导致幼芽无法继续生长而死亡；较轻的种腐病发生时，幼芽可以出土，但由于种子逐渐腐烂，根系无法形成，或病菌侵染根系，引起根腐，最终导致幼苗死亡（彩图35-2）。

病原

多种真菌能够引起玉米种腐病（彩图35-3），常见的有：拟轮枝镰孢 [*Fusarium verticillioides* (Sacc.) Nirenberg]，禾谷镰孢（复合种）(*F. graminearum* Schwabe. clade)，曲霉（*Aspergillus* spp.），青霉（*Penicillium* spp.），木霉（*Trichoderma* spp.），平脐蠕孢（*Bipolaris* spp.），丝核菌（*Rhizoctonia* spp.），链格孢（*Alternaria* spp.），根霉（*Rhizopus* spp.），丛梗孢（*Monilia* spp.）。

病菌形态特征参见有关病害章节。

病害循环

引起种腐病的真菌均有较强的腐生能力，既可以种传，也可以在土壤中腐生存活。病害的发生主要是由于制种生产中后期遇到不利于籽粒脱水的环境条件，来自田间的病菌侵染种子，同时在种子收获后的加工阶段未能识别带菌种子并将带菌种子筛除，造成种子携带病菌引发种腐病。

防治要点

选用含有适宜杀菌剂的种衣剂进行种子包衣处理，可有效减轻种腐病的威胁。如以2.5%咯菌腈悬浮种衣剂（适乐时）、11%甲·戊·嘧菌酯悬浮剂、4.23%甲霜·种菌唑微乳剂、3%苯醚甲环唑悬浮种衣剂进行包衣处理。在种子生产后期的加工过程中，利用机械设备精选种子，剔除带菌种子。

第一章 侵染性病害 117

彩图35-1 不同致病菌引发的玉米种腐
1.拟轮枝镰孢引起种子腐烂 2.禾谷镰孢引起种子腐烂 3.黄曲霉引起种子腐烂
4.黑曲霉引起种子腐烂 5.木霉引起种子腐烂 6.青霉引起种子腐烂
7.平脐蠕孢引起种子腐烂 8.枝孢引起种子腐烂
（王晓鸣摄）

彩图35-2 玉米种腐病引起主根及次生根腐烂
（石洁摄）

彩图35-3 引起玉米种腐病的部分病原菌在籽粒上的形态
1. 拟轮枝镰孢 2. 黄曲霉 3. 青霉 4. 木霉 5. 平脐蠕孢 6. 链格孢 7. 根霉 8. 丛梗孢
（王晓鸣摄）

第五节 细菌病害

36. 玉米泛菌叶斑病
Pantoea leaf spot

分布与危害

初步研究表明，玉米泛菌叶斑病在我国有较广泛的分布，南方与北方均有发生，包括广东、海南、贵州、北京、河北、山西、宁夏等省份。

2003年以来，各地普遍有泛菌叶斑病的发生，严重时导致叶片干枯，对局部地区的玉米生产特别是鲜食玉米生产有一定影响（彩图36-1）。

症状

玉米泛菌叶斑病主要发生在玉米生长的前期与中期。发病初期，叶片上出现分散的大量小型、略带黄色的水渍状斑点；病斑逐渐沿叶脉扩展，呈现一些长条状的褪绿带；小病斑相连后，逐渐引起细胞坏死，在叶脉间形成黄褐色的坏死条斑，严重时造成局部组织枯死（彩图36-2）。

病原

病原为菠萝泛菌 [*Pantoea ananatis* (Serrano, 1928) Mergaert, Verdonck & Kersters, 1993]。

菠萝泛菌为兼性厌氧菌，革兰氏反应阴性，培养中产生淡黄色色素；菌体为短杆状，大小为（0.5～1.3）$\mu m \times$（1.0～3.0）μm，鞭毛周生，具运动性（彩图36-3）。

病害循环

菠萝泛菌具有较广的寄主范围，可在玉米等植物的叶片等组织中越冬，可通过种子携带进行远距离传播。翌年春季，各种带菌病残体以及种子形成病害的初侵染源，前者通过风雨传播至玉米叶片上，后者直接通过植株内部系统进入叶片。发病后，病菌主要在叶片维管束系统内繁殖与移动，植株间的相互传播作用较小。病害的发生程度主要受多雨高湿气候的影响。

防治要点

病害零星发生时不需要防治，但发病广泛时应该及时喷施4%嘧啶核苷类抗菌素水剂400倍液进行控制。

彩图36-1　玉米泛菌叶斑病田间严重发病状

1. 叶片散生病斑　2. 甜玉米制种田严重发病　3、4. 内蒙古玉米生长中期病田

（王晓鸣摄）

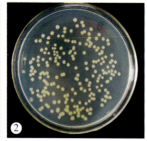
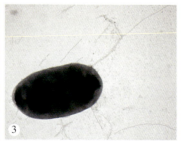

彩图36-3　玉米泛菌叶斑病病原菌形态

1. 叶片切口溢出的细菌　2. 菌落　3. 菌体

（王晓鸣摄）

彩图36-2　玉米泛菌叶斑病在叶片上的症状

1. 散生褪绿斑点　2. 叶脉间连片褪绿　3. 脉间组织开始坏死　4. 脉间组织严重坏死

（王晓鸣摄）

37. 玉米芽孢杆菌叶斑病
Bacillus leaf spot

分布与危害

目前仅在浙江东阳市鉴定发现芽孢杆菌叶斑病。

虽然在病害严重时可以引起叶片干枯，但由于该病害并未普遍发生，因此对生产的影响尚未知。

症状

发病初期，玉米叶片上散生许多小型、黄色的斑点；随着病害发展，逐渐变为边缘不明显、较大的褪绿斑，在褪绿病斑周围出现黄色晕圈；发病后期，小病斑逐渐相互连接，而导致叶片上出现大面积的坏死病斑（彩图37-1）。

病原

病原为巨大芽孢杆菌（*Bacillus megaterium* de Bary，1984）。

巨大芽孢杆菌革兰氏反应阳性，好氧，但也能在厌氧条件下生长；菌落白色；菌体呈杆状，两端钝圆，单生或短链状，大小为（1.2～1.5）μm×（2.0～4.0）μm，无鞭毛，但具运动性（彩图37-2）。

病害循环

巨大芽孢杆菌可以在土壤中存活与繁殖，其他参见玉米泛菌叶斑病一节。

防治要点

参见玉米泛菌叶斑病。

彩图 37-1　玉米芽孢杆菌叶斑病症状
1. 叶片布满黄色病斑　2. 放大的病斑
（王晓鸣摄）

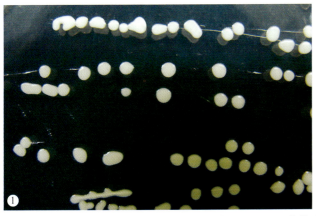
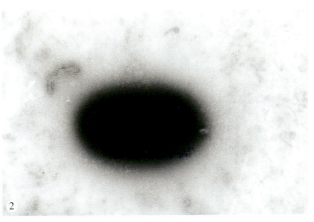

彩图 37-2　玉米芽孢杆菌叶斑病病原菌
1. 培养特征　2. 菌体细胞
（王晓鸣摄）

38. 玉米细菌性褐斑病
Holcus spot

分布与危害

玉米细菌性褐斑病仅在少数省份发现，如海南、北京等，可能与种子带菌后引发病害有关。

迄今，我国尚未有玉米细菌性褐斑病引发生产问题的报道，但由于发病植株叶片枯死，因此存在一定的生产风险（彩图38-1）。

症状

发病初期，叶片散生许多水渍状小斑，很快扩大为褐色、长椭圆形、大小为2～8mm的病斑；病斑中央组织逐渐坏死而呈白色，边缘为红褐色，有时形成黄色晕圈；环境适宜时，大量的小型病斑相连，在叶片上形成较大片的组织坏死（彩图38-2）。

病原

病原为丁香假单胞菌丁香致病变种（*Pseudomonas syringae* pv. *syringae* van Hall）。

丁香假单胞菌丁香致病变种革兰氏反应阴性，好氧，在KB培养基中培养时菌落产生黄绿色荧光；菌体杆状，大小为（0.7～0.9）μm×（1.4～2.0）μm，有鞭毛1～5根，产生荚膜，无芽孢（彩图38-3）。

病害循环

病菌可以在土壤及植株病残体中越冬。翌年随田间灌溉或降雨形成的水流传播，从根系侵染玉米并通过维管束组织进入叶片，引起发病。秋收后，病菌随病残体返回土壤，成为翌年的侵染源。

防治要点

参见玉米泛菌叶斑病。

彩图38-1　玉米细菌性褐斑病田间发病状

1.全株叶片发病　2.叶片上布满病斑

（王晓鸣摄）

彩图38-2 玉米细菌性褐斑病症状
1.叶脉间具有褐色边缘的坏死斑 2.脉间组织坏死
（王晓鸣摄）

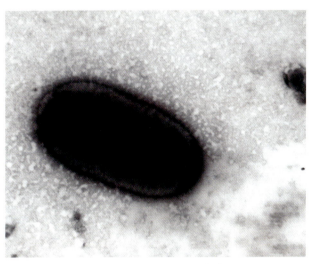

彩图38-3 玉米细菌性褐斑病病原菌
（王晓鸣摄）

39. 玉米细菌性顶腐病
Bacterial top rot

分布与危害

玉米细菌性顶腐病是近年发生的新病害，已知在河北、河南、山东、云南、新疆等地有发生。

玉米细菌性顶腐病如仅发生在叶尖部位时，对生产影响较小，但常常由于田间发病面积大，易引起农民的恐慌。在局部地区，细菌性顶腐病曾对生产产生过严重影响，如2010年，新疆伊犁哈萨克自治州新源县因该病导致部分农田玉米毁苗重播；博乐市精河县一农场有的品种田间发病率高达50%，一些地块减产约40%（彩图39-1）。

症状

在喇叭口期，如果病害发生早，心叶快速腐烂和干枯，易形成枯心苗；一般情况下，新叶叶尖失绿，发病部位呈透明状；很快叶尖组织褐色腐烂，发病部位逐渐沿叶尖边缘向下部扩展；有时发病叶片形成组织缺损；发病严重时，多个叶片的叶尖黏合在一起，新生叶片无法从喇叭口中伸出；由于病叶相连紧裹，后期影响雄穗的发育与抽出；如果病害一直持续发展，能够引发新生雄穗的腐烂以及不能形成果穗（彩图39-2）。发生腐烂的组织散发出臭味，有别于真菌引发的顶腐病。对玉米细菌性顶腐病敏感的品种患病植株常常生长矮小（彩图39-3）。

病原

引起顶腐病的多数细菌为条件致病菌，包括肺炎克雷伯氏菌 [*Klebsiella peneumoniae* (Schroeter, 1886) Trevisan, 1887]，铜绿假单胞杆菌 [*Pseudomonas aeruginosa* (Schroeter, 1872) Migula, 1900]，鞘氨醇单胞菌属（*Sphingomonas* sp.），黏质沙雷氏菌（*Serratia marcescens* Bizio, 1819）。

肺炎克雷伯氏菌：革兰氏反应阴性；菌体杆状，大小为 (0.3~0.6) μm× (0.6~6.0) μm；单生或呈短链状，有荚膜，无鞭毛；菌落黏稠。

铜绿假单胞杆菌：革兰氏反应阴性；菌体长短不一，杆状或线状，大小为 (0.5~0.8) μm× (1.5~3.0) μm，一端生单鞭毛；在培养基上产生水溶性荧光素。

黏质沙雷氏菌：革兰氏反应阴性；菌体短杆状，大小为（0.7～1.0）μm×（1.0～1.3）μm；鞭毛周生，无荚膜和芽孢；菌落边缘不规则，产生红色色素。

鞘氨醇单胞菌属：革兰氏反应阴性；菌体短杆状，大小为（0.3～0.8）μm×（1.0～2.7）μm，极生单鞭毛；菌落黄色（彩图39-4）。

病害循环

细菌可以附着在种子上或在病残体中越冬。春季借助风雨从玉米表面的气孔、水孔或伤口侵入。当玉米喇叭口期遇到持续35℃以上高温和高湿环境，易诱发细菌性顶腐病。秋季，带菌病残体可经秸秆还田重新进入土壤，成为翌年病害发生的初侵染源。

防治要点

若田间普遍发生细菌性顶腐病，应及时喷施4%嘧啶核苷类抗菌素水剂400倍液并加入多菌灵、代森锰锌或烯唑醇等杀菌剂，控制病害。若田间为散发病害，可以不施药，对少数重病植株可用刀片挑开黏合在一起的叶片，确保雄穗正常抽出，以免影响授粉。

彩图39-1　玉米细菌性顶腐病田间发病状

1. 生长前期的细菌性顶腐病
2. 生长中后期的细菌性顶腐病

（1.董金皋摄，2.王晓鸣摄）

彩图39-2　玉米细菌性顶腐病发病植株

1. 叶尖腐烂　2. 心叶腐烂　3. 叶尖向下褪绿并逐渐腐烂　4. 无法形成雄穗　5. 病株无雌穗

（1、2. 董金皋摄，3～5. 王晓鸣摄）

彩图39-3　玉米不同品种对细菌性顶腐病的抗（左）、感（右）差异

（董金皋摄）

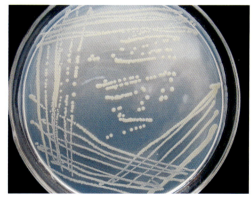

彩图39-4　玉米细菌性顶腐病致病菌鞘氨醇单胞菌菌落

（杨知还摄）

40. 玉米细菌性茎腐病
Bacterial stalk rot

分布与危害

玉米细菌性茎腐病在我国有较广泛的分布，已知发生该病害的省份有：河北、天津、吉林、山东、河南、安徽、浙江、福建、海南、广西、四川、云南、陕西、甘肃等。

由于玉米细菌性茎腐病发病后引起果穗下方茎秆折断，因此对生产威胁较大（彩图40-1）。1996年，吉林省桦甸市部分严重发病田块有71.4%的植株发病；2005年，天津蓟县该病害重发田块病株率达30%～40%。

症状

玉米细菌性茎腐病主要发生在玉米生长中期，但有时在拔节期也有发生。在拔节期，叶片基部出现严重腐烂，病斑黄褐色、不规则，腐烂部位有大量黏液，有时心叶可从中部腐烂处拔出（彩图40-2）。在玉米吐丝灌浆期，首先在穗位下方的茎秆表面出现水渍状、圆形或不规则形、边缘红褐色的病斑，病健交界处有明显的水渍状腐烂，发病节位以上的叶片呈灰绿色萎蔫；病害进一步发展，导致发病茎节组织崩解，茎秆倒折，从腐烂组织中溢出大量腐臭的菌液（彩图40-3）。

细菌性茎腐病发生在玉米生长中期，发病节位较高，易从病节折断。而由卵菌引起的腐霉茎腐病发生在玉米生长后期，腐烂发生在茎基部2～3节位，后期植株倒伏（彩图40-4）。

病原

病原为玉米迪基氏菌（*Dickeya zeae* Samson et al.）。玉米迪基氏菌革兰氏反应阴性；菌体为杆状，两端钝圆，大小为（0.5～0.8）μm×（0.8～3.2）μm，无荚膜和芽孢，鞭毛周生6～8根；在肉汁蛋白胨蔗糖培养基上，菌落圆形，乳白色。

病害循环

细菌性茎腐病菌均可在植株病残体、种子上越冬，成为翌年病害发生的初侵染源。病菌通过风雨传播，从茎秆表面的气孔、水孔、伤口侵入，在一定条件下引起茎腐病。发病植株倒折，直接将病残体遗留在田间。

防治要点

生产中要淘汰易感细菌性茎腐病的品种，选择田间抗病性强的品种。

病害发生初期，应在茎秆发病节位喷施4%嘧啶核苷类抗菌素水剂等杀细菌药剂，控制病害扩展。

对严重发病植株，应及时拔出并带至田外进行处理。

彩图40-1　玉米细菌性茎腐病田间发病状
（石洁摄）

彩图40-2　玉米细菌性茎腐病苗期症状

1.叶片变黄　2.叶片萎蔫　3.局部病叶枯死

（石洁摄）

彩图40-3　玉米细菌性茎腐病成株期症状

1.叶片局部组织坏死　2.病节叶片失绿干枯　3、4.茎节出现不规则褪绿斑　5.病节倒折　6.全株枯死

（1～3、5.石洁摄，4、6.王晓鸣摄）

彩图40-4　玉米细菌性茎腐病与腐霉茎腐病的区别

1.细菌性茎腐病在中上部茎节发病并倒折　2.腐霉茎腐病在基部茎节发病，后期倒折

（王晓鸣摄）

41. 玉米细菌干茎腐病
Bacterial dry stalk rot

分布与危害

玉米细菌干茎腐病仅在甘肃、新疆和北京有发生的记录。

玉米细菌干茎腐病是2006年发现的新病害，仅在制种田的少数玉米父本自交系上发病。由于病株变得矮小，严重影响花粉的传播，因此对种子生产有很大的影响（彩图41-1）。

症状

幼苗生长缓慢，茎节较正常株短，叶片出现局部皱缩、褪绿条带、紫红条斑或枯死的症状，在叶鞘上产生小而不规则的褐色斑点（彩图41-2）；在抽雄期，植株逐渐弯曲，去除叶鞘后，在茎下方的节上可见不规则黑褐色病斑，病斑向茎内缢缩，严重时导致一侧坚硬的茎表皮及部分髓组织消解，茎节呈现似被害虫啃食的缺刻（彩图41-3）；发病部位黑褐色，无细菌产生的黏稠菌液，而呈现干腐；剖开病节，髓组织与维管束呈紫黑色（彩图41-4）；当一侧茎节组织缺失后，导致茎秆向发病侧倾斜或扭曲，植株矮化（彩图41-5）；发病茎秆脆，易折断。

病原

病原为成团泛菌 [*Pantoea agglomerans* (Ewing and Fife, 1972) Gavini, Mergaert, Beji, Mielcarek, Izard, Kersters & De Ley, 1989]。

成团泛菌革兰氏反应阴性；在NA培养基上菌落淡黄色，略凸起，半透明，有黏性；菌体短杆状，端钝圆，单细胞，大小为 (0.5～1.0) μm × (1.0～3.0) μm，鞭毛周生（彩图41-6）。

病害循环

成团泛菌为土壤习居菌，可在土壤或玉米种子中越冬。翌年，土壤中的病菌侵染萌动的玉米种子并逐渐进入植株体内，或种子中的病菌直接进入植株，病菌通过维管束到达茎秆并可进入果穗和籽粒中。发病植株常被遗留在田间，导致病菌直接进入土壤并越冬。

防治要点

在植株发病初期，喷施4%嘧啶核苷类抗菌素水剂400倍液等杀细菌药剂，具有一定的控制效果；也可以采用杀细菌药剂进行拌种处理，可减轻发病。

彩图41-1　玉米细菌干茎腐病严重发病田

1.前期发病状况　2.中期因严重发病，部分病株被拔除　3.后期大量发病扭曲的植株

（王晓鸣摄）

彩图41-2　玉米细菌干茎腐病叶片及叶鞘症状

1.叶片皱缩　2.叶片褪绿或发红　3.叶片枯死　4、5.叶鞘上的褐色病斑

（1～4.奥瑞金公司摄，5.王晓鸣摄）

彩图41-3　玉米细菌干茎腐病在茎秆上的症状

1.茎秆变色　2.轻微变褐　3.褐色病斑　4.茎皮轻微缺刻　5.茎秆严重缺损

（王晓鸣摄）

彩图41-4　玉米细菌干茎腐病病茎秆横切面

1.从茎表皮向内变黑　2.髓组织变色

（王晓鸣摄）

彩图41-5　玉米细菌干茎腐病整株症状

1.喇叭口期植株上部侧弯　2.茎秆严重弯曲

（王晓鸣摄）

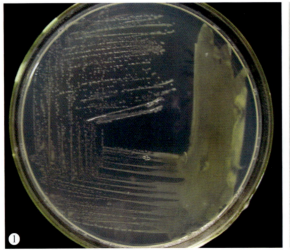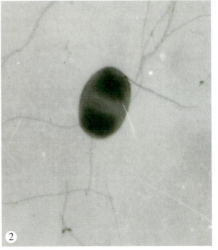

彩图41-6　玉米细菌干茎腐病病原菌

1.菌落特征　2.菌体

（曹慧英摄）

42. 玉米细菌茎基腐病
Bacterial stalk basal rot

分布与危害

该病害仅2010年在内蒙古赤峰市有发生记载。

玉米细菌茎基腐病在2010年6月初在赤峰市发现，发病面积超过6 500hm^2，田间部分幼苗萎蔫，重病幼苗从基部折倒，对生产产生较大影响（彩图42-1）。病害发生的原因是该区域在玉米播种出苗后，突然遇到持续多天的15℃以下低温，由此诱发了该病害。

症状

发病植株首先在茎基部产生淡褐色、周缘不规则的水渍状病斑；随着病害发展，病斑颜色加深为褐色，形状发展至近菱形；病害逐渐向茎组织内部扩展，导致幼苗近地表的茎组织开裂；由于茎组织被侵染和破坏，引起幼苗叶片萎蔫，重病植株枯死；同时，由于近地表的茎组织被破坏，幼苗遇风极易倒折死亡（彩图42-2）。

病原

病原为短小芽孢杆菌（*Bacillus pumilus* Meyer and Gottheil，1901）。

短小芽孢杆菌革兰氏反应阳性；在NA培养基上菌落白色；菌体细杆状，大小为（0.6～0.7）μm×（2.0～3.0）μm（彩图42-3）。

病害循环

短小芽孢杆菌为土壤习居菌，广泛分布在农田中，一般不引起植物病害。在玉米苗期遇到持续低温时，病菌引发茎基腐病，发病后植株枯死、倒伏，病菌又自然回到土壤中。玉米苗期发生低温，在有病菌存在的条件下，有可能暴发此病害。

防治要点

由于玉米细菌茎基腐病的发生与气候条件及农事操作对植株的伤害有关，如果气温很快将恢复正常，则田间不需做其他处理；如果病害发生较重，可向病株基部喷施77%氢氧化铜可湿性粉剂500倍液或4%嘧啶核苷类抗菌素水剂400倍液进行控制。

彩图42-1　玉米细菌茎基腐病严重发病田
1.幼苗生长弱发育迟　2.病苗倒伏、萎蔫死亡
（王晓鸣摄）

彩图42-2　玉米细菌茎基腐病田间发病状

1～3.发病初期,茎基节逐渐出现褐色病斑　4、5.发病中期,褐斑扩大,茎节横裂　6.发病后期,植株倒折死亡

(王晓鸣摄)

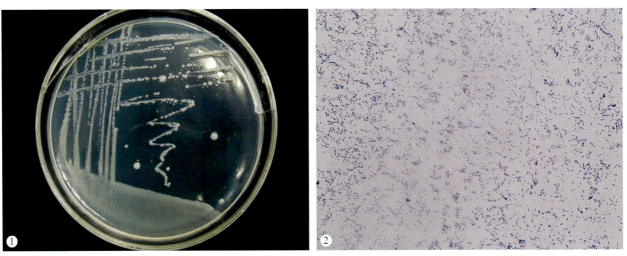

彩图42-3　玉米细菌茎基腐病病原菌

1.菌落特征　2.革兰氏反应阴性

(曹慧英摄)

43. 玉米细菌穗腐病
Bacterial ear rot

分布与危害

玉米细菌穗腐病分布于我国各地，特别在甜玉米生产地区是常见病害之一，如广东等省。

玉米细菌穗腐病引起局部籽粒腐烂，严重时连片腐烂，因而对甜玉米生产影响重大（彩图43-1），也对籽粒加工带来影响。我国南方地区，如广东省，普遍种植甜玉米，由于品种籽粒含糖量高，易吸引害虫为害并造成伤口，因此，细菌穗腐病发生更为普遍；同时高温多雨的气候有利于细菌的繁殖，为病害的发生创造了适宜的环境条件。

症状

玉米细菌穗腐病引发果穗中单一籽粒或连片籽粒腐烂。发病籽粒颜色变深，由于籽粒中营养物质被细菌快速利用，因此病籽粒皱瘪、凹陷，并因腐烂散发臭味（彩图43-2）；细菌穗腐病的发生也常与害虫为害取食籽粒有关。

病原

多数引起细菌穗腐病的细菌属于条件致病菌，包括嗜麦芽寡养单胞菌 [*Stenotrophomonas maltophilia* (Hugh) Palleroni et Bradbury，1993]。

嗜麦芽寡养单胞菌革兰氏反应阴性；菌体短杆状，大小为（0.4～0.7）μm×（0.7～1.8）μm，鞭毛极生，1至数根（彩图43-3）。

病害循环

嗜麦芽寡养单胞菌能够在土壤、水流中存活，不属于专化性植物致病菌，仅在玉米籽粒有伤口时，直接定殖在籽粒中并因利用淀粉和糖分而引起穗腐病。细菌可从病残体释放进入环境中。

防治要点

由于细菌穗腐病的发生具有隐蔽性，因此通过防治害虫、保护果穗可减轻病害，但对于甜玉米生产，必须选择对果穗质量无影响的物理或生物防治措施控制穗部害虫为害。具体防虫措施参见玉米螟。

彩图43-1　玉米细菌穗腐病发病状
（王晓鸣摄）

彩图43-2　玉米细菌穗腐病在果穗上发病状况

1～3.外部苞叶腐烂　4.内侧苞叶褐腐　5、6.籽粒腐烂

（1、4、5.石洁摄，2、3、6.王晓鸣摄）

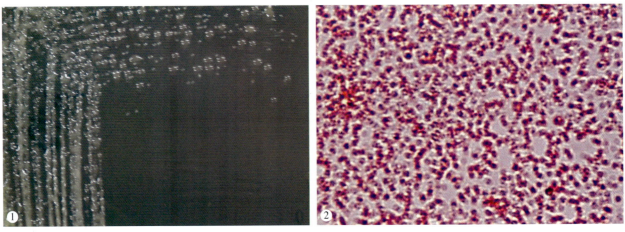

彩图43-3　玉米细菌穗腐病病原菌

1.菌落特征　2.革兰氏反应阴性

（曹慧英摄）

第六节 病毒病害

44. 玉米矮花叶病
Maize dwarf mosaic

分布与危害

玉米矮花叶病在我国各地普遍发生，有报道或记载的省份包括北京、天津、河北、山西、黑龙江、吉林、辽宁、内蒙古、河南、山东、江苏、上海、浙江、广东、广西、海南、四川、重庆、云南、陕西、甘肃、新疆等。

玉米矮花叶病易在局部暴发流行。1968年，河南辉县因该病减产2 500万kg；20世纪70年代中期与90年代中期玉米矮花叶病两次在全国流行，1975年在山东泰安市造成减产1 000万kg，1998年在山西造成减产50 000万kg；2010年后，该病在山西、重庆等地局部严重发生（彩图44-1）。

症状

玉米被甘蔗花叶病毒侵染后，幼苗阶段即开始发病。首先在心叶下部的叶脉间出现褪绿，并逐渐扩展至全叶，在脉间形成大量的绿色、小岛状分布的斑点，形成典型的花叶症状，严重失绿叶片逐渐枯死；在不同玉米品种间叶片症状不同，有些表现为黄绿相间的条纹（彩图44-2）；发病早的植株生长矮小，无法正常抽雄和结实（彩图44-3）；若病害发生较晚，在秋季气候冷凉时，在叶片和苞叶上逐渐出现花叶及斑驳症状，顶部叶片花叶症状尤为明显，果穗较未发病株的瘦小（彩图44-4）。白草花叶病毒引发的症状与甘蔗花叶病毒相似，但叶片上的褪绿斑点更小而细密（彩图44-5）。在玉米品种间存在抗病性差异（彩图44-6）。

病原

多种病毒引起玉米矮花叶病，在我国主要病原为甘蔗花叶病毒（*Sugarcane mosaic virus*），局部地区存在白草花叶病毒（*Penniserum mosaic virus*），欧洲主要为玉米花叶病毒（*Maize dwarf mosaic virus*）。

甘蔗花叶病毒为无包膜的单链RNA病毒。粒子弯曲线状，大小为750nm×13nm。在寄主组织中可见病毒形成的风轮状、管状和卷叶状内含体（彩图44-7）。病毒不同株系的钝化温度为53～57℃，稀释限点为10^{-3}～10^{-5}，27℃下体外存活期为17～24h，紫外分光光度计下A_{260}/A_{280}比值为1.20。分离自中国玉米的甘蔗花叶病毒基因组全长为9 610个核苷酸，编码3 063个氨基酸组成的多聚蛋白。

白草花叶病毒为无包膜的单链RNA病毒。粒子略弯曲线状，长度为500～750nm。在寄主组织中形成风轮状、柱状、片层状等多种形状的内含体。病毒的体外钝化温度为53℃，稀释限点为10^{-2}，体外存活期为48h，紫外分光光度计下A_{260}/A_{280}比值为1.693 2。白草花叶病毒基因组全长为9 613个核苷酸，编码306个氨基酸组成的多聚蛋白。

病害循环

甘蔗花叶病毒在禾本科植物中有广泛的寄主，因此能够在不同的多年生禾本科植物上越冬而成为翌年最重要的初侵染源。同时，玉米种子也能够带毒而成为田间的发病中心。带毒种子形成的病株或由多种蚜虫（彩图44-8）传毒形成的病株为田间发病中心。由于玉米幼苗阶段是田间蚜虫活动的第一个高峰，蚜虫的刺吸取食和迁飞，使病毒在玉米幼苗间扩散。秋季，蚜虫将病毒传至其他禾本科植物上，从而病毒得以越冬。

防治要点

在苗期要结合田间害虫治理，喷施一次杀虫剂，如用3%啶虫脒乳油1 000倍液或10%吡虫啉可湿性粉剂2 000倍液进行叶面喷雾，以控制蚜虫种群，避免病害传播扩散。如有条件，应人工去除田间发病幼苗，铲除病害传播中心。常发区要淘汰感病品种，减少病害暴发的风险。

彩图44-1　玉米矮花叶病田间发病状

1. 成株期田间病株（山西交城）　2. 病株叶片干枯（重庆涪陵）

（王晓鸣摄）

彩图44-2　玉米矮花叶病苗期症状

1.心叶基部褪绿　2.全叶脉间褪绿　3.叶脉间大量的"绿岛"　4.下部病叶逐渐干枯

（王晓鸣摄）

彩图44-3　玉米矮花叶病成株期症状

1.病株矮小（箭头所指）　2.植株不能正常授粉与结实

（王晓鸣摄）

彩图44-4　玉米矮花叶病晚期侵染后秋季症状

1.上部叶片褪绿及花叶　2.苞叶呈"绿岛"斑　3.下部叶片正常，果穗小

（王晓鸣摄）

彩图44-5　白草花叶病毒引起的玉米矮花叶病症状

1. 病株　2. 细密的褪绿斑

（王晓鸣摄）

彩图44-6　玉米品种对矮花叶病的抗性差异

（王晓鸣摄）

彩图44-7　引起玉米矮花叶病的甘蔗花叶病毒粒子

（李向东摄）

彩图44-8　传播玉米矮花叶病病毒的蚜虫

1. 麦二叉蚜　2. 玉米蚜　3. 禾谷缢管蚜

（1. 陈巨莲摄，2. 王振营摄，3. 苏前富摄）

45. 玉米粗缩病
Maize rough dwarf

分布与危害

玉米粗缩病在我国分布广泛，北京、天津、河北、山西、黑龙江、辽宁、河南、山东、安徽、江苏、福建、湖南、四川、云南、陕西、甘肃、宁夏、新疆等地均有发生。

玉米粗缩病具有毁灭性，严重发病田块颗粒无收（彩图45-1）。该病害曾多次在我国暴发流行，如20世纪60年代和90年代曾两次流行，2004—2008年在夏玉米区持续流行，对生产影响极大。1996年全国发病面积达233万hm^2，毁种绝收4万hm^2；2008年，仅山东发病面积就达73.3万hm^2，5.9万hm^2被迫改种，绝产田1.7万hm^2。

症状

幼苗阶段是玉米粗缩病侵染的高峰。玉米5～6叶期明显显症。侵染初期，玉米幼嫩心叶基部叶脉出现透明褪绿条点，逐渐发展为长2～3mm的条斑，专业上称为"明脉"，后期在成熟叶片的叶脉上转化为断续、粗糙的白色突起（脉突），这种突起在叶鞘、果穗苞叶上也能够形成（彩图45-2）；病株由于茎节不能正常伸长，导致茎节短、叶鞘聚缩在一起，形成叶片叠加状，顶叶呈簇生状，叶变短、宽厚、色泽浓绿、质地脆（彩图45-3）；严重发病植株高不足50cm，轻病株高也仅100cm，茎秆粗壮，在苗期或乳熟期前全株枯死（彩图45-4）；病株根系发育不良，常呈黑色腐烂（彩图45-5）；多数病株不抽雄，不分化果穗，略轻的病株雄穗发育不良或无法形成有效小穗并缺少花粉，果穗畸形，结实很差（彩图45-6）；病株根系发育受阻形态短粗，根茎交界处纵裂，植株易拔出。玉米自交系或品种间存在抗病性差异（彩图45-7）。

病原

多种病毒引起玉米粗缩病，在我国为稻黑条矮缩病毒（*Rice black-streaked dwarf virus*）和南方稻黑条矮缩病毒（*Southern rice black-streaked dwarf virus*），在欧美主要为玉米粗缩病毒（*Maize rough dwarf virus*），而在阿根廷主要为夸尔托病毒（*Mal de Río Cuarto virus*）。

稻黑条矮缩病毒的粒子直径为70～75nm，为等轴二十面体，球形。病毒的钝化温度为50～60℃，稀释限点为10^{-5}～10^{-6}，体外存活期为5～6d。稻黑条矮缩病毒基因组全长为29 141个核苷酸。

南方稻黑条矮缩病毒的粒子直径为70～75nm，等轴二十面体结构，球形。南方稻黑条矮缩病毒基因组全长为29 123个核苷酸。

病害循环

稻黑条矮缩病毒的主要传播媒介为灰飞虱（彩图45-8），而南方稻黑条矮缩病毒的主要传播媒介为白背飞虱。病毒由传毒介体传至玉米幼苗上，引起一系列症状。病毒既不通过种子传播，也不通过病残体传播，只能通过昆虫介体在不同植物间传播，形成周年循环。以稻黑条矮缩病毒为例：在春季，麦田中越冬的灰飞虱将小麦植株上的病毒传至玉米，并很快又将玉米上的病毒传至水稻及其他禾本科杂草上越夏；秋季水稻及禾本科杂草上的病毒又通过灰飞虱传至冬小麦幼苗上并越冬。如此构成灰飞虱在小麦→玉米→水稻及禾本科杂草之间的迁飞，将病毒在这些植物间传播，构成周年循环。

防治要点

玉米粗缩病的防控重点为对传毒媒介的控制，飞虱一旦被控制，则能够切断病毒的传播。因此，首先，春季在麦田中及时施药控制越冬灰飞虱群体至关重要，可选用25%噻嗪酮可湿性粉剂2 000倍液、25%吡蚜酮悬浮剂每667$m^2$24mL用量进行喷施；其次，调整玉米播种期，避开玉米苗期与麦田灰飞虱迁飞高峰期的重叠，可形成有效的避病；最后，推广抗粗缩病品种能够在病害流行时有效减轻损失。

彩图45-1 玉米粗缩病严重发病田
1.苗期严重矮缩,形成僵苗 2.后期病株矮小,结实差
(董金皋摄)

彩图45-2 玉米粗缩病发病植株叶片及苞叶症状
1.发病初期出现"明脉" 2.叶脉上的白色小突起 3.叶脉上显著的蜡条状突起 4.苞叶上的蜡条状突起
(王晓鸣摄)

彩图45-3　玉米粗缩病发病植株症状

1. 病苗粗矮　2～4. 病株上部节间严重缩短　5. 叶片宽大　6. 叶色浓绿

（1、3、4、6. 王晓鸣摄，2、5. 石洁摄）

彩图45-4　玉米粗缩病植株后期症状

1. 病株极矮　2. 茎秆粗壮　3. 植株枯死

（1. 石洁摄，2、3. 王晓鸣摄）

彩图45-5　玉米粗缩病发病植株根系症状

（箭头所指为正常植株）

（郝俊杰摄）

彩图45-6　玉米粗缩病植株结实状

1. 雄花不育　2. 健株与病株的果穗　3. 不同发病程度植株所结果穗

（箭头所指为健株果穗）

（1. 王晓鸣摄，2. 石洁摄，3. 董金皋摄）

彩图45-7　玉米粗缩病品种间抗性差异

1. 抗病（高）与感病（矮）植株比较　2. 抗病品种的果穗

（王晓鸣摄）

彩图45-8　玉米粗缩病病毒的传毒媒介——灰飞虱

1. 雌虫　2. 雄虫

（1. 王晓鸣摄，2. 石洁摄）

46. 玉米红叶病
Maize red leaf disease

分布与危害

玉米红叶病在我国主要发生在甘肃、陕西、河南、河北、山东、山西等省份。

发病植株株高降低、籽粒数量减少，有时能够引起植株不育，可造成15%～20%的减产（彩图46-1）。

症状

玉米进入拔节期后，病株叶片尖端出现红色条纹，并从叶尖向下扩展，导致叶片的1/3～1/2变红，病害严重时因发病的脉间组织坏死而引起叶片干枯（彩图46-2）。

病原

在中国，病原为小麦黄矮病毒-GPV（*Wheat yellow dwarf virus*-GPV）；在美国，病原为玉米黄矮病毒-RMV（*Maize yellow dwarf virus*-RMV）。

小麦黄矮病毒的粒子为等轴对称二十面体，呈六边形，直径25～28nm。病毒的钝化温度为65～70℃，稀释限点为10^{-3}。

病害循环

小麦黄矮病毒通过多种蚜虫在小麦与玉米之间传播。春季，麦田蚜虫携带麦株上的病毒迁飞进入玉米田，通过刺吸汁液传播病毒，也可以传至其他禾本科植物；秋季，蚜虫又从玉米田和其他带毒的禾本科杂草上将病毒传至小麦上，形成周年毒源与病害的循环。

防治要点

与玉米矮花叶病的防治策略相似，首先要控制传毒介体蚜虫，春季在麦田和玉米苗期通过施用杀虫剂的方式，控制蚜虫种群数量，具体用药参见蚜虫一节；其次是选择种植抗红叶病的品种，避免生产损失。

彩图46-1　玉米红叶病发病田
1. 中度发病田　2. 严重发病田
（王晓鸣摄）

彩图46-2　玉米红叶病病株
1. 发病中期　2. 全叶发红　3. 红叶病从叶尖向叶片基部发展　4. 叶脉间组织逐渐坏死
（王晓鸣摄）

47. 玉米致死性坏死病
Corn lethal necrosis

分布与危害

玉米致死性坏死病是玉米褪绿斑驳病毒与马铃薯Y病毒科的病毒复合侵染引起的病害。该病害目前主要分布于云南的一些市（州）及广西南宁市、四川攀枝花市的局部地区。

在云南元江县，该病害周年发生，2010年发生面积约1 000hm^2，其中有近200hm^{2}绝收（彩图47-1）；云南元谋县低海拔地区发生也严重，2008年和2009年共有1 200hm^{2}几近绝收；2014年在华坪县和弥勒县有近300hm^{2}玉米损失达60%以上，部分田块绝收。由于玉米致死性坏死病病株几乎不形成果穗，因此造成的损失相当严重。

症状

玉米出苗后15d即可见病株，因发病早，这些植株多在未抽穗前死亡，未死亡植株生长矮小，不结实（彩图47-2）。发病植株的叶片、叶鞘、雄穗、雌穗、苞叶和茎秆都可呈现症状。最初从心叶上产生褪绿小斑点，并逐渐连成条状斑，扩展至全叶。病叶叶脉渐变枯白，叶肉组织失绿并呈淡黄色，从叶尖向叶基部逐渐枯死（彩图47-3）。若植株被侵染较迟，则下部叶片仍维持绿色，枯死发生在上部叶片（彩图47-4）。病株雄穗难以抽出，或能抽出但不同程度失绿，呈枯白色，花粉少或无，甚至雄穗枯死（彩图47-5）。如植株发病较晚，部分病株能够产生雌穗，但苞叶多失绿变为淡黄色，有时也可见褪绿斑驳；花丝变干，不能正常黏附花粉和受精，导致结实差、籽粒不饱满（彩图47-6）。病株茎秆外层的叶鞘失绿或产生斑驳，茎秆发病后导致植株上部枯死并引发各种腐生菌的生长（彩图47-7）。

玉米致死性坏死病引发的叶片斑驳与矮花叶病的细小斑驳不同，发病叶片具有局部或全部枯死的特征，而矮花叶病较少引起叶片枯死（彩图47-8）。

病原

玉米致死性坏死病由2种病毒复合侵染引起，分别为玉米褪绿斑驳病毒（*Maize chlorotic mosaic virus*）和马铃薯Y病毒科（*Potyviridae*）的任一种病毒。

玉米褪绿斑驳病毒为无包膜的单链RNA病毒。粒子为等轴对称二十面体，直径约30nm，病毒的钝化温度为80～85℃，稀释限点为10^{-6}～10^{-8}，20℃下体外存活期为12d。传毒介体为蓟马（彩图47-9）。

能够与玉米褪绿斑驳病毒共同引起致死性坏死病的马铃薯Y病毒科病毒有甘蔗花叶病毒（*Sugarcane mosaic virus*）、玉米矮花叶病毒（*Maize dwarf mosaic virus*）及小麦线条花叶病毒（*Wheat streak mosaic virus*）。在我国最普遍存在的是甘蔗花叶病毒。

病害循环

玉米致死性坏死病主要发生在温度较高的区域，在云南海拔1 800m以下地区是病害主要发生区。

与该病害发生相关的两类病毒中，玉米褪绿斑驳病毒既可通过种子携带传播，也能够通过摩擦传播，同时多种昆虫是其田间传播的介体。在云南，西花蓟马（*Frankliniella occidentalis*）是该病毒的传播介体。甘蔗花叶病毒能够通过多种蚜虫在田间传播，种子携带也是该病毒的主要传播方式之一。一些禾本科作物能够被玉米褪绿斑驳病毒侵染，但症状不明显。

发生玉米致死性坏死病的区域周年温度较高，多种禾本科作物如玉米、甘蔗多有种植，同时蓟马、蚜虫活动频繁，因此形成周年发生的条件。

防治要点

首先，应使用内吸性杀虫剂包衣种子，如70%噻虫嗪粉剂、60%吡虫啉悬浮种衣剂，或在苗期喷施

10%吡虫啉可湿性粉剂2 000倍液、25%噻虫嗪水分散剂3 000倍液，防控玉米褪绿斑驳病毒传毒介体蓟马、甘蔗花叶病毒传毒介体蚜虫，减轻病害；其次，田间发现病苗后，应立即拔除和销毁，减少传毒中心；加强进境玉米种子中玉米褪绿斑驳病毒的检疫至关重要，因为我国多数地区存在甘蔗花叶病毒，而玉米褪绿斑驳病毒是随着种子引进带入相关地区并引发玉米致死性坏死病，控制玉米褪绿斑驳病毒的传播则能够控制该病害的发生。

彩图47-1 玉米致死性坏死病严重发病田

1.病田远望 2.玉米生长前期的病田 3.玉米生长后期的病田

（何月秋摄）

第一章　侵染性病害　147

彩图47-2　玉米致死性坏死病苗期发病植株死亡
（王晓鸣摄）

彩图47-3　玉米致死性坏死病叶片上的症状
1.心叶褪绿　2、3.叶片脉间褪绿斑驳　4、5.从叶尖逐渐向下发生坏死
（1、2.何月秋摄，3~5.王晓鸣摄）

彩图47-4　玉米致死性坏死病在不同时期侵染的症状

1. 心叶期后侵染　2. 拔节期后侵染

（王晓鸣摄）

彩图47-5　玉米致死性坏死病引起雄穗不育

1. 雄穗小梗斑驳褪绿　2. 小花不育　3. 雄穗枯死

（1、2. 王晓鸣摄，3. 何月秋摄）

彩图47-6　玉米致死性坏死病雌穗上的症状

1. 褪绿斑驳苞叶　2. 几无籽粒的雌穗

（王晓鸣摄）

彩图 47-7　玉米致死性坏死病茎秆上的症状

1. 茎秆上叶鞘褪绿与斑驳　2. 病株干枯　3. 枯死茎秆腐烂

（王晓鸣摄）

彩图 47-8　玉米致死性坏死病与矮花叶病的区别

1. 致死性坏死病的大型斑驳　2. 致死性坏死病普遍引起组织坏死　3. 矮花叶病的细小花叶　4. 矮花叶病一般不引起组织坏死

（王晓鸣摄）

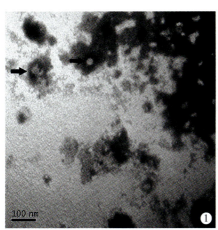

彩图 47-9　玉米褪绿斑驳病毒及传毒介体

1. 玉米褪绿斑驳病毒粒子（箭头所指）　2. 西花蓟马雄虫　3. 西花蓟马雌虫

（何月秋摄）

第七节 线虫病害

48. 玉米线虫矮化病
Maize nematode stunt disease

分布与危害

玉米线虫矮化病在我国北方发生，如黑龙江、吉林、辽宁、内蒙古、山西、河北、北京等省份。

玉米线虫矮化病早在20世纪80年代末曾被认为是地下害虫为害所致，被称为"老头苗""君子兰苗"。2008—2009年，线虫矮化病在辽宁和吉林局部暴发，田间病株率达21%～67%（彩图48-1），其中吉林省发病面积约37万hm^2。由于发病植株停止生长，株高仅1m，几乎不结穗，因此对生产影响极大。

症状

病株在苗期即表现异常，叶片上出现平行于叶脉的褪绿变黄或发白条带，有时叶片扭曲；从土中拔出幼苗，将茎组织基部的1～2层叶鞘剥除后，能够清晰看到有很小的变褐并轻微开裂的病斑（彩图48-2）；随着植株长大，叶片上的黄条纹逐渐明显，有的叶片或叶鞘边缘出现缺刻，茎基部组织在为害点形成开裂，似被害虫取食，但开裂组织基本可对合而非虫害取食形成的不规则缺失（彩图48-3）；至植株10～13叶时，病株因节间缩短明显矮于正常株，茎基部组织开裂，后期不能结实或果穗短小、籽粒瘦瘪（彩图48-4）。

病原

致病线虫为长岭发垫刃线虫 [*Trichotylenchus changlingensis* (Xu, Xie, Zeng, Chen & Zhou, 2011) n. comb.]。

雌虫体较长，圆筒状，体表有明显环纹，具3条侧线；唇区高，有明显缢缩和5～6条唇环；口针细长；中食道球卵圆形，食道腺长梨形；虫尾圆锥形至亚圆柱形，末端光滑无环纹。雄虫体略短于雌虫；交合刺发达，弧形，末端具环纹（彩图48-5）。

病害循环

长岭发垫刃线虫以卵、幼虫或成虫在土壤中存活并越冬，而卵成为翌年初侵染源。春季温湿度适宜时卵孵化，以二龄幼虫破壳进入土中，玉米播种萌芽后二龄幼虫从幼芽或胚轴侵入。该线虫为外寄生线虫，寄生于根或茎基部的皮层中，在皮层或靠近表皮根毛细胞上取食。随玉米生长，线虫不断繁殖，但其具体生活史还缺乏信息。

防治要点

由于线虫在土壤中越冬并侵染玉米萌动后尚在土壤中的幼嫩茎基部组织，因此最有效的防控手段是用含有杀线虫剂的种衣剂包衣种子。目前常用杀线虫剂为丙硫克百威和噻唑磷，田间防治效果可达90%以上。

玉米品种间对线虫矮化病抗性差异显著，可以选用抗病品种，如龙单29、龙单49、龙单46、龙丰2、吉单27、合玉21、大民3309、先玉335等。

彩图48-1　玉米线虫矮化病田间发病状

1. 幼苗期　2. 喇叭口期　3. 吐丝期（红线所示为病株）

（1～3. 分别为石洁、董金皋和晋齐鸣摄）

彩图48-2　玉米线虫矮化病幼苗期症状

1.叶片褪绿条带　2.内层茎组织有小孔　3.内层茎组织褐色条状裂隙　4.健苗和病苗纵剖面（箭头所指为病苗组织变褐）

（1、3.王晓鸣摄，2.石洁摄，4.晋齐鸣摄）

彩图48-3　玉米线虫矮化病苗期症状

1、2.叶片上有明显黄色条纹　3.叶片出现缺刻　4.茎基部开裂　5.开裂处茎组织变褐

（1、3、4.王晓鸣摄，2、5.石洁摄）

彩图48-4　玉米线虫矮化病成株期症状

1.病株矮缩不长（箭头所指为健株茎秆）　2、3.茎表皮纵向开裂　4.根系发育不良（箭头所指为健株根系）
5.拔除的不结实病株　6.病株所结果穗

（1、2.石洁摄，3～5.王晓鸣摄，6.晋齐鸣摄）

彩图48-5　长岭发垫刃线虫形态特征

1.线虫虫体　2.线虫头部　3.线虫体前部　4.虫体上的侧线　5.雌虫尾部　6.雄虫尾部

（郭宁摄）

49. 玉米根结线虫病
Root-knot nematode

分布与危害

玉米根结线虫病在我国有零散发生，缺乏系统调查，已知发生地区有陕西、山东等。

尽管我国尚无大面积发生玉米根结线虫病的记录，但一旦该病发生，将严重影响玉米产量（彩图49-1）。

症状

玉米被线虫侵染后，初期地上部无明显症状，但随着植株长大，叶片逐渐发黄，植株生长缓慢，病害发展快时，引起叶片萎蔫甚至整株枯死（彩图49-2）；病株根系发育受阻，须根短粗，缺少根毛，长满瘤状白色凸起，即根结，并逐渐变为浅褐色（彩图49-3）。

病原

致病线虫为南方根结线虫 [*Meloidogyne nicognita* (Kofoid & White，1919) Chitwood，1949]。

南方根结线虫二龄幼虫体长350～450 μm，尾细，长43～65 μm；透明尾长6～14 μm，前端有明显环纹，尾端圆。雌虫呈梨形，会阴花纹为一个高的方形背弓，尾端区具旋转纹，无明显侧线；口针长15～17μm；基部球圆，缢缩。雄虫头部不缢缩，头区常具2～3个不完全环纹，口针长23～25 μm；基部球圆至卵圆形，缢缩（彩图49-4）。

病害循环

南方根结线虫以卵或二龄幼虫随病组织在土壤中或直接在土壤中越冬。二龄幼虫侵染玉米后，在寄主根结内生长发育，至四龄雌虫和雄虫交尾，雌虫在根结中产卵；雄虫钻出寄主组织进入土中自然死亡。卵孵化后，二龄幼虫进入土壤中，随水流扩散，再侵染根尖并进入根组织。田间的流水及农事活动是线虫扩散的主要因素。由于秋季作物收获时根系往往遗留在土壤中，因此造成线虫群体的不断扩大和初侵染源数量的增加。

防治要点

作为土传病害，由于南方根结线虫寄主非常广泛，很难用轮作的方式加以控制。因此，除及时施用杀线虫剂外，目前尚无更好的控制技术。

彩图49-1　玉米根结线虫病田间发病状
（赵娜摄）

彩图49-2　玉米根结线虫病植株发病状

1.叶缘发黄　2.叶片萎蔫

（1.赵娜摄，2.石洁摄）

彩图49-3　玉米根结线虫病引起的根结

1.根系上的根结　2.根结形成初期为白色　3.根结发展至浅褐色

（石洁摄）

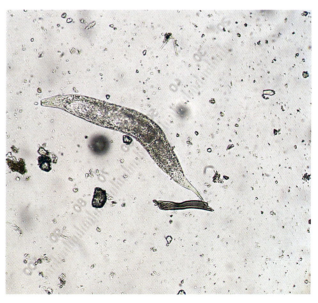

彩图49-4　南方根结线虫幼虫形态

（石洁摄）

第二章 非侵染性病害

第一节 缺　　素

50. 缺氮
Nitrogen deficiency

原因

土壤含氮量＜0.2%即可能造成玉米植株缺氮，而我国大部分耕地的土壤全氮含量都在0.2%以下，需要在玉米生长期间补充化学氮肥。我国严重缺氮的地区是西北和华北，尤其是山东、河北、河南、陕西和新疆。因此，缺氮症在我国各玉米产区均有发生，其中沙土地、酸性土壤更易发生。

症状

玉米苗期缺氮，植株生长缓慢、矮小瘦弱，茎秆细弱，叶色黄绿，根系细弱但数量较多，生育期延迟，常发生于贫瘠土壤；有的品种苗期缺氮心叶的叶鞘呈紫红色，并沿叶脉向叶片扩展，叶尖干枯。成株期缺氮，一般在玉米授粉后出现典型症状，植株从基部老叶片开始显症，由叶尖沿中脉向叶片基部逐渐变黄枯死，枯黄部分呈V形，叶缘仍保持绿色而略卷曲，当枯黄范围扩展至叶鞘时，整个叶片枯死（彩图50-1）；严重缺氮时，雌穗发育延迟甚至空秆，果穗瘦小，籽粒败育或缺粒，秃尖严重，影响玉米产量（彩图50-2）。

预防及减害措施

合理施用氮肥：播种时施足以氮肥为主的复合肥作为种肥（基肥）。

补施氮肥：苗期缺氮，可喷施1%尿素水溶液，或直接在玉米一侧沟施尿素，也可在生长中期追施氮肥。

加强田间管理：及时中耕除草，合理灌溉，雨后尽快排除田间积水，防止土壤脱肥。

彩图50-1　玉米缺氮在叶片上的症状

1. 缺氮初期　2. 缺氮中期　3. 缺氮后期

（王晓鸣摄）

彩图50-2　玉米缺氮对植株的影响
1.缺氮引起空秆　2.缺氮引起下部叶片枯死
（石洁摄）

51. 缺磷
Phosphorus deficiency

原因

当土壤中有效磷含量＜10mg/kg时即可引起作物缺磷症，我国缺磷农田面积约6 600万 hm²。我国农田中全磷含量很高，但由于其中绝大部分磷素以难溶性磷酸盐和有机磷形式存在，导致作物吸收利用困难。同时，由于作物在低温、干旱、盐碱、渍涝时造成根系发育受阻或破坏，也引发对磷的吸收障碍而表现出缺磷的症状。玉米春播区易见缺磷症，酸性土壤、盐碱地、地下水位高的地块、前茬作物需肥较多的地块均易引起玉米缺磷。

症状

苗期缺磷，在玉米3叶前症状不明显，3叶后则对植株地上部和根系生长产生影响（彩图51-1）。地上部首先表现为生长速度明显迟缓，苗弱矮小，叶色暗绿；随后从基部叶片上开始出现紫色到红黄色条纹，继而叶缘或叶背面可见少量紫红色斑块；随着病情发展，叶尖、叶缘开始变为明显的紫红色，严重时整个叶片包括主叶脉均为紫红色；植株缺磷时，根系变细变长，根毛数量和密度增大，根干重、根冠比增加（彩图51-2）。

成株期缺磷，从下部叶片开始显症，叶片尖端和边缘产生紫红色，缺磷加重时植株叶片的叶鞘和中脉呈紫红色，严重时植株从下部叶片开始枯死（彩图51-3）；株高、雄花分枝数、雄穗长度均减少；抽雄期、抽穗期、吐丝期和散粉期都显著延迟，还能造成花期不遇，结实不良，秃尖严重；成株期缺磷还能造成果穗弯曲畸形，籽粒行列歪曲不齐，籽粒不饱满，成熟期推迟。

预防及减害措施

合理施用磷肥：磷肥可作基肥或种肥施用，以保证玉米的生长发育。

补充磷肥：发生缺磷时，应喷施1%～2%的重过磷酸钙、过磷酸钙或磷酸铵、磷酸二氢钾溶液，也可用农家肥或磷肥做追肥。

改良土壤，提高土壤肥力：合理施用石灰和磷肥及种植大豆可改良酸性土壤；对于盐碱地要增施有机肥，降低地下水位压碱。

种植耐低磷品种：玉米品种间对低磷的耐受差异明显，可种植耐低磷品种。

彩图51-1　低温引起的玉米苗期缺磷田间发病状

（石洁摄）

彩图51-2　玉米苗期缺磷症状

1.叶脉呈现紫红色　2.叶背出现紫红色斑块　3.缺磷植株（左）与正常植株（右）比较

（石洁摄）

彩图51-3　玉米成株期（同田不同自交系）缺磷症状

1.轻度缺磷　2.中度缺磷　3.严重缺磷　4.正常植株

（王晓鸣摄）

52. 缺钾
Potassium deficiency

原因

土壤中有两种类型的钾元素可以被植物吸收利用，一种是水中的可溶性钾，另一种是被土壤颗粒或有机质吸附的交换性钾，当土壤中交换性钾＜100mg/kg时就可能引起作物的缺钾症状。玉米是禾谷类作物中需钾量较大、对钾肥反应敏感的作物，缺钾不仅可造成严重的产量损失，还能降低品质。在缺钾状态下，玉米的耐冷、耐旱、耐涝、抗倒伏能力和抗病性均下降。近年，有机肥施用量的不断减少，导致农田中钾含量的持续下降。玉米缺钾在我国各玉米产区均有发生，以及沙土地、石漠化地区和土壤有机质含量少的地块易发生。

症状

玉米缺钾为全田性症状（彩图52-1）。由于植物体内的钾离子具有从衰老组织中向正在发育的组织中转移的特点，因此玉米缺钾时首先从下部老叶出现症状，从叶尖开始沿叶缘变黄，从点状黄化发展为连片，变黄部位逐渐枯萎，并向叶基部扩展，形成黄色烧焦状干枯叶缘，故称为"镶金边"或"焦边"。苗期缺钾，植株根系比正常植株的发达，根长、根条数、根毛数量和根冠比增加（彩图52-2）。随着植株的生长和病情的发展，叶片面积变小，光合作用减弱，并由于叶绿素含量上升，叶色呈现暗绿或蓝绿色，下部叶片逐渐枯死；植株生长缓慢，节间变短，茎秆细而柔弱；支撑根减少，易倒伏；玉米果穗瘦小，顶端尖细，顶部籽粒发育不良或秃尖；缺钾严重时不能结实而形成空秆，甚至枯死（彩图52-3）。

预防及减害措施

合理施用无机钾肥：播种时用150kg/hm² 钾肥作种肥。当土壤中速效钾含量低于100mg/kg时，每年应补施钾肥225～300kg/hm²；苗期缺钾时，可叶面喷施浓度为1%～2%的磷酸二氢钾溶液。

增施农家肥或有机肥：农家肥和有机肥既可以改良土壤结构，也能够有效增加土壤中钾元素含量；秸秆还田也有利于使秸秆中的钾元素得以再利用。

选择耐低钾品种：玉米品种间对低钾的耐受性有明显差异，可选择适宜当地种植的耐低钾品种。

彩图52-1　玉米严重缺钾田间发病状

（王晓鸣摄）

162　中国玉米病虫草害图鉴

彩图52-2　缺钾对玉米叶片与根系的影响
1.叶片边缘黄化（镶金边）　2.叶片边缘枯死　3.缺钾植株幼苗侧根增多（箭头所指）
（石洁摄）

彩图52-3　玉米成株期缺钾症状
1.灌浆初期症状　2.灌浆中期症状　3.灌浆后期症状
（胡月摄）

53. 缺锌
Zinc deficiency

原因

玉米为对锌元素敏感的作物，而我国内蒙古、黑龙江、山西、陕西、河南、安徽、湖北、四川、西藏以及沿海地区的土壤中普遍缺锌。锌元素参与植物的新陈代谢和蛋白质的合成，一旦缺少，将影响植物体内的氮素运输，导致蛋白质合成受阻。同时，锌能增强玉米的抗寒性、耐盐性和耐涝性，缺锌会降低植株抗逆性。

症状

缺锌症状在玉米出苗后1～2周即可表现。轻微缺锌时，新生幼叶从基部沿主脉两侧出现淡黄色或黄白色脉间失绿区，叶片基部发白；中后期在叶脉间形成浅黄色与浅绿色相间条纹（彩图53）；气生根生长缓慢，入土层浅。随着根系吸收能力的增强，植株可以逐渐恢复正常。严重缺锌时，心叶叶片呈白色半透明膜状，叶肉坏死并逐渐干枯开裂；叶尖卷曲呈受旱状，主茎枯死；根系发黑；随着时间推移，被害植株茎变扁，节间缩短，矮小，抽雄和吐丝延迟，部分植株秆空或果穗秃尖，严重影响产量。

预防及减害措施

增施锌肥：对缺锌的地块可沟施硫酸锌，15～23kg/hm²，注意切忌与磷肥混合施用；也可取1～3g硫酸锌用少量水溶解，再用清水稀释后拌500g种子；还可用0.02%～0.05%的硫酸锌溶液与种子按1∶1浸泡9～12h后捞出晾干播种。

叶面喷施锌肥：苗期出现症状后，于清晨或傍晚叶面喷施0.1%～0.2%的硫酸锌溶液，每公顷地750kg，注意不要让肥液过多地流入心叶中，以免造成灼伤。

彩图53 玉米缺锌症状

1.幼苗下部叶片脉间出现大量黄点　2.叶脉间黄绿相间条纹

（王晓鸣摄）

54. 缺镁
Magnesium deficiency

原因

缺镁的土壤主要分布在福建、江西、广东、广西、贵州、湖南和湖北等省份。南方红壤、质地偏轻的砂页岩及河流冲积母质发育的土壤、有机质贫乏且pH小于5.5的土壤、氮素和钾素肥料用量过大的土壤中缺镁较严重。因此，玉米缺镁主要发生在南方种植区。缺镁降低叶片中叶绿素含量，使光合作用受阻，也影响细胞中线粒体的发育，影响能量的产生，延缓玉米的生长发育。镁还对植物体内多种代谢活动有促进作用，缺镁会加速植物衰老，从而影响产量和质量。

症状

镁在植株体内易移动，因此玉米苗期不易出现症状。缺镁症状一般在拔节期出现，最先在下部老叶片上从叶尖开始向基部扩展，叶脉间叶肉失绿，叶片呈现黄绿相间条纹，植株生长缓慢、矮小（彩图54-1），严重时或阳光强烈时，脉间失绿部分出现褐色或灰白色斑点或条斑；随着病情的发展，叶片仅叶脉保持绿色，下部老叶端部和叶缘变为紫红色，从叶尖开始逐渐干枯；根系由白变褐色（彩图54-2），果穗发育不良，产量低。

预防及减害措施

补施镁肥：在确认玉米植株缺镁后，用1%～2%的硫酸镁溶液叶面喷施2～3次，每次间隔7～10d。

改良土壤：翻耕前每667m²施用300～500kg有机肥，改善土壤环境；对酸性较大的土壤，可增施含镁石灰，提高土壤供镁能力。

增施镁肥，合理施用钾肥：选择适当的镁肥作为基肥，酸性土壤宜选用碳酸镁、氧化镁，中性与碱性的土壤宜选用硫酸镁；钾元素对镁元素的吸收具有拮抗作用，造成玉米对镁元素吸收降低，在缺镁的地区，要合理平衡施用钾肥和镁肥。

彩图54-1 玉米缺镁症状
1.幼苗缺镁 2.缺镁植株矮小 3.缺镁植株生长前期 4.缺镁植株生长后期
（1、2.石洁摄，3、4.姜玉林摄）

彩图54-2　缺镁对玉米生长的影响
1. 叶片仅叶脉保持绿色　2. 根系变褐
（姜玉林摄）

55. 缺硼
Boron deficiency

原因

缺硼土壤在我国分布较广，主要有南方红壤区，即广东、福建、江西南部、浙江西部和南部；黄土高原和华北平原黄土区，即陕西、山西、甘肃东部、青海东部、河南西部；排水不良的草甸土和浆土区，即黑龙江中部和东部及内蒙古东部；片麻岩土壤区，即大别山脉南北两麓如湖北东北部和河南东南部。硼元素参与碳水化合物运输和蛋白质代谢，影响细胞伸长与分裂，刺激花粉萌发，参与花粉管伸长，对雄穗和雌穗发育有重要作用。硼元素能增强玉米抗旱、耐涝和抗病能力。

症状

硼在植株体内移动性差，缺硼时首先在幼嫩组织表现症状。玉米生长前期缺硼导致新叶狭长，幼叶难展开；茎节短，植株矮，叶片簇生；脉间组织变薄，呈白色透明状。开花期缺硼时，雄穗不易抽出且退化，甚至败育；雌穗畸形，弯曲，籽粒排列不齐，着粒稀疏，秃尖，结实率低（彩图55）；严重缺硼导致果穗退化，形成空秆；根部变粗，根系不发达，茎变脆。

预防及减害措施

补施硼肥：出现较严重的缺硼症状时，应用0.1%～0.2%的硼酸溶液喷雾，每隔5～7d喷施1次，连续喷2～3次。

合理施肥：常出现缺硼的地区应施用硼砂7.5kg/hm^2，同时每667m^{2}撒施或沟施有机肥4 000～5 000kg，改良土壤结构，促进硼元素吸收。适当降低土壤酸碱值有利于硼的溶解吸收。

彩图55　缺硼对玉米果穗发育的影响
（陈新平摄）

第二节 环境伤害

56. 干旱
Drought

发生原因

干旱可以分为大气干旱和土壤干旱。当空气温度过高湿度过低时，玉米叶片水分蒸发过度，导致叶片因过度失水而卷曲甚至出现伤害；当土壤中缺水时，植株地上部因缺乏水分供应而造成生理紊乱，甚至枯死。玉米干旱造成的减产幅度除与干旱程度、持续时间有关外，还与干旱发生时期密切相关，其中，小花分化期至散粉期＞灌浆期＞小穗分化期＞苗期。

症状

干旱可以发生在玉米生长的各阶段，是玉米生产的最大威胁（彩图56-1）。播种后至出苗前干旱，芽鞘枯死，不能出土，俗称"芽干"。幼苗期也会因土壤干旱而导致幼苗枯死。玉米拔节至抽雄前干旱，受旱短暂、轻微时，叶片卷起，暗绿色，无光泽，但品种间对干旱的抵抗能力有差异；旱情持续，常导致植株矮化、细弱，下部叶片快速老化，叶片较窄，敏感品种叶片干枯（彩图56-2）。在成株期也会因干旱引起叶片严重卷曲，但在夜晚可恢复正常；干旱持续时，植株下部叶片逐渐枯黄，雄穗不能正常抽出，甚至引起全田植株枯死，但品种间耐旱性不同（彩图56-3）。严重受旱时，导致植株过早枯死；当成株期受旱时，能够严重影响结实或籽粒灌浆（彩图56-4）。少数玉米种质具有极强的耐旱性（彩图56-5）。

预防及减害措施

选择种植耐旱品种：玉米品种间耐旱性有差异，可种植经过筛选的耐旱品种。

及时深耕，提高土壤蓄水能力：每2～3年对土壤进行一次深耕，打破犁底层，增加土壤的蓄水能力，促使根系向土壤深层发育以提高吸收地下水的能力。

彩图56-1 干旱的玉米田

（王晓鸣摄）

彩图56-2　玉米营养生长阶段干旱

1. 苗期干旱　2. 干旱敏感品种　3. 耐旱品种　4. 持续干旱的影响

（1. 石洁摄，2、3. 王晓鸣摄，4. 刘成摄）

彩图56-3 玉米成株期干旱

1.叶片卷曲 2.下部叶片干枯 3.雄穗不伸出 4.耐旱与敏感品种 5.植株枯死

（1、3.王晓鸣摄，2、5.石洁摄，4.刘成摄）

彩图56-4　玉米受旱后敏感与耐旱植株结实状况

（刘成摄）

彩图56-5　玉米极端耐旱自交系的田间表现

1.严重干旱胁迫下的极端耐旱自交系　2.极端耐旱自交系的结实表现

（刘成摄）

57. 渍害
Waterlogging

发生原因

渍害又称为涝害。当田间因暴雨、洪涝造成多日土壤湿度过大或水淹时，由于土壤中长时间缺氧，玉米根系的正常生理代谢受到破坏，包括根系呼吸功能被严重抑制、根毛因长期无氧而坏死等，从而引起植株的渍害。

症状

渍害常发生在玉米苗期。渍害初期，玉米叶色由深绿变为浅绿，下部叶片叶尖开始发黄，边缘干枯，并由局部干枯扩展至全叶枯死；严重时，穗位叶也可因渍害而枯死（彩图57-1）。当苗期渍害发生时间较长时，常引起幼苗死亡、植株倒伏（彩图57-2）。如果在成株期发生渍害，一般会引发植株下部叶片快速衰老和枯死，果穗发育迟、结实不良、秃尖或形成"半边脸"果穗，严重时导致植株完全枯死（彩图57-3）。

预防及减害措施

选择种植耐渍品种：在渍害常发区，可根据田间的观察，选择种植耐涝性强的品种。

加强田间管理，提高植株耐涝能力：建立田间排水沟系，南方易涝区应采用起垄种植的方式，使玉米生长期间的田间无明涝暗渍；增施有机肥，提高植株耐涝能力；对发生渍害田块应及时排除积水，降低土壤湿度，中耕散墒，提高土壤通气性，促进根系恢复生长。

灾后措施：发生渍涝后，除强化田间管理外，可增施尿素和复合肥，补充土壤养分；或在叶面喷施1%尿素+0.2%磷酸二氢钾水溶液、喷施芸薹素内酯、赤霉素、多效唑等植物生长调节剂，能够有效缓解涝害的影响，促进植株恢复正常生长。

彩图57-1 玉米渍害症状

1.喇叭口期渍害 2.下部叶片失色 3.叶尖失绿并出现黄斑 4.下部叶片枯死

（石洁摄）

彩图57-2　玉米苗期渍害田间发生状
（石洁摄）

彩图57-3　玉米成株期渍害
1. 叶片枯黄　2. 植株矮、果穗小
3. 植株枯死
（1、2. 石洁摄，3. 王晓鸣摄）

58. 高温热害
High temperatures

发生原因

植物生长需要适宜的温度，玉米的生长适宜在38℃以下，如果气温超过38℃并持续多日，就会造成玉米的高温热害。一般从拔节期后就可能遇到高温热害的威胁，但在抽雄吐丝期发生热害，对产量影响极大。

症状

喇叭口期植株受到热害，刚抽出的心叶较易受害，叶片微卷，从叶尖开始呈水渍状干枯（彩图58-1）。如热害持续时间较长，叶片受害加剧，能够引起叶片长度约1/2的面积发生组织坏死、叶片干枯（彩图58-2）。热害严重时也能够引起叶鞘局部坏死（彩图58-3），并导致授粉受到影响而引起籽粒败育、籽粒灌浆终止或果穗发育畸形（彩图58-4）。玉米品种或材料间对热害反应有差异（彩图58-5）。

预防及减害措施

选择种植耐热品种：在热害常发区，应种植适于当地生产、耐热的品种，减少热害对结实的影响。

喇叭口期热害后的管理：如果热害发生在喇叭口期，应在受害后，及时喷施植物生长调节剂，如赤霉素、激动素、水杨酸等，同时加喷0.2%的磷酸二氢钾溶液，缓解热害，促进叶片生长。

彩图58-1 高温热害初期玉米叶片症状

1.热害初发生阶段（新疆伊犁）
2.热害初发生阶段（甘肃张掖）

（1.王晓鸣摄，2.杨学章摄）

彩图58-2 高温热害后期玉米叶片症状

1、2.叶片上部变为青灰色干枯　3.叶片上半部枯死

（1、2.王晓鸣摄，3.石洁摄）

彩图58-3　热害引起的叶鞘组织坏死

1. 单一叶鞘受损　2. 多个叶鞘受损　3. 叶鞘坏死引发叶片枯死

（张东霞摄）

彩图58-4　热害引起的果穗症状

1. 花丝未受精引起缺粒　2. 籽粒败育　3. 籽粒发育终止

（1、3. 石洁摄，2. 王雪腾摄）

彩图58-5　玉米不同自交系对热害的反应

母本自交系敏感造成叶片干枯（箭头所指），父本自交系耐热

（陈茂功摄）

59. 日灼
Sunscald

发生原因

玉米在幼苗期由于夜间温度较低，易在喇叭口中积存露水。如果次日早晨为晴天，阳光强烈，而喇叭口中的露水未蒸发，在强烈的阳光照射下露水温度快速升高，伤害了处于露水中的幼嫩叶片组织。

症状

日灼常发生于种植在地头田边、沟渠一侧的向阳面植株上，有时也发生在田块中间（彩图59-1）。日灼初期，多在刚从喇叭口中伸展出来的叶片中部横向出现一横跨叶片的褪绿斑点或斑块，有时喇叭口夜间聚集露水而次日晴天的情况连续多日发生，导致叶片上出现多条受害的褪绿斑（彩图59-2）；当被伤害严重时，褪绿斑点逐渐枯死，在叶片上形成一片坏死，甚至受害组织死亡引起上部正常叶片枯死（彩图59-3）。不同品种或材料日灼伤害程度不同（彩图59-4）。

预防及减害措施

选择种植日灼发生轻的品种：在日灼常发区，应选种发病轻的品种，避免日灼对生产的影响。

药剂处理：发现田间出现日灼时，及时在叶面上喷施光呼吸抑制剂亚硫酸氢钠200mg/kg 水溶液750kg/hm^2，或喷施0.1%～0.2%磷酸二氢钾水溶液600～750kg/hm^2。

彩图59-1 玉米田日灼发生状

（王晓鸣摄）

彩图59-2 日灼初期玉米叶片症状

1、2.日灼引起的褪绿条斑 3.褪绿斑点 4.大片褪绿 5、6.多日连续日灼

(王晓鸣摄)

彩图59-3　日灼后期玉米叶片症状

1. 坏死初期　2. 局部坏死　3. 受害组织上部叶片坏死

（王晓鸣摄）

彩图59-4　不同材料对日灼敏感性存在差异

（王晓鸣摄）

60. 低温寒害
Low temperature

发生原因

低温寒害是玉米生产中的气象灾害之一，是指大气温度低于玉米生长阶段的适宜温度所造成的伤害。低温寒害主要发生在夜间，早春玉米和晚播玉米容易受害。在苗期，气温低于15℃易发生低温寒害，生殖分化期为17℃，开花期为18℃，灌浆期为16℃。低温寒害造成玉米生长发育停滞，甚至导致植株死亡。

症状

玉米苗期遭受低温寒害，叶鞘和叶片变为浅红色，虽然植株不会因寒害而枯死，但影响幼苗的生长发育（彩图60-1）；玉米在吐丝至成熟期遇到低温寒害，叶片变为紫红色，影响籽粒的发育进程，使其不能正常成熟而造成减产（彩图60-2）。

预防及减害措施

选择种植耐低温品种：玉米品种间对低温寒害的耐受性存在明显差异，在低温寒害常发区，应根据生产经验选择种植耐低温品种。

合理施肥，提高植株耐寒性：增施磷、钾肥能明显提高玉米的抗寒性。

受害后及时喷施植物生长调节剂：在低温来临前或玉米受害后，叶面喷施植物生长调节剂，如乙烯利和矮壮素，能提高植株对低温的耐受性，缓解低温寒害对玉米造成的影响。

彩图60-1 玉米苗期低温寒害症状
1. 寒害引起幼苗叶片局部失绿 2. 受害叶片变为紫红色
（1.陈茂功摄，2.山东省农业科学院玉米研究所摄）

彩图60-2 玉米成株期低温寒害症状
（王晓鸣摄）

61. 霜害
Frost

发生原因

霜害是指大气温度降至0℃左右，空气湿度高，玉米叶片表面在低温条件下结霜（冰晶）后引起的伤害。按照季节可分为秋霜害和春霜害，对玉米影响较大的是秋季的霜害。秋霜发生早，气温骤降至0℃左右，此时如果玉米品种因生育期偏长或播种偏晚，正处于乳熟后期，在秋霜后叶片出现局部或大部枯死，严重影响玉米产量和品质。秋季初霜来得越早，降霜时气温越低，对玉米的危害也越大。

症状

玉米苗期遭受霜害，心叶因幼嫩更容易受害。受霜害叶片初期呈水渍状，叶面有冰晶，日出后在叶片上出现暗绿色至灰白色的点状坏死，若受害组织连片，可出现萎蔫下垂或局部坏死，叶片也会呈现透明状（彩图61-1）。玉米成株期遭受霜害，植株叶片萎蔫，快速脱水呈灰绿色或黄色干枯，严重时全株枯死；茎秆容易倒折，果穗灌浆进程终止，籽粒含水量高，不易脱水干燥（彩图61-2）。

彩图61-1　玉米苗期霜害状

1.早霜害田间发生状　2.弥散的点状斑　3.叶片局部坏死　4.叶片失水呈透明状

（1.郭延平摄，2～4.石洁摄）

预防及减害措施

选择种植早熟品种：品种生育期过长是霜害发生的重要原因，因此，选择早熟品种，能够有效避免秋霜为害。

加强苗期霜害后的田间管理：苗期遭受霜害，应及时灌水、追肥、喷施叶面肥和植物生长调节剂，促进叶片尽快恢复正常生长。

彩图61-2　玉米后期霜害状
1. 叶片霜害症状　2. 霜害后籽粒脱水（果穗上）减慢
（1. 王晓鸣摄，2. 石洁摄）

62. 冻害
Freezing

发生原因

冻害是指大气温度突然降至0℃以下，玉米细胞间隙中的水分迅速结冰引起的伤害。冻害主要发生在早春，玉米幼苗叶片幼嫩，含水量高，严重冻害造成幼苗死亡，对生产影响大。

症状

玉米苗期遭受冻害后，一般呈现大面积受害（彩图62-1）。叶片初期呈灰绿色水渍状，由于叶片幼嫩，细胞组织将会快速死亡，导致叶片呈灰白色或黄白色透明状枯死；冻害较轻的植株会出现叶片发紫，老叶死亡，心叶可以存活（彩图62-2）；若受害时玉米植株较大，生长点已在地面以上，0℃以下低温持续较长时，生长点易被冻死，整个植株将停止生长。

预防及减害措施

适期播种并控制播种深度：在适宜的时期播种，可有效避开冻害高发时间段。播种深度应控制在5～7cm，这样即使发生冻害，也不易冻死生长点，植株仍可恢复生长，减轻对生产的影响。

加强灾后田间管理：对受冻害的玉米干枯叶片要及时摘除，以利于新叶的顺利长出和生长；及时进行中耕，以提高地温，促进根系生长；喷施叶面肥，以补充营养，促使植株正常生长；若冻害造成大面积缺苗，需要及时移栽和补种。

彩图62-1　玉米冻害田间发生状

1. 覆膜玉米苗受害　2. 未覆膜玉米幼苗冻害状

（1. 张中东摄，2. 苏前富摄）

彩图62-2　玉米冻害症状

1. 叶片失绿　2. 叶片组织失水坏死　3. 受害叶死亡　4. 受害后长出的新叶

（1. 石洁摄，2～4. 苏前富摄）

63. 酸雨（烟害）
Hydrogen fluoride

发生原因

工厂排放的含二氧化硫的气体是构成酸雨的主要成分，因此有时又被称为"烟害"。酸雨的发生区域与排烟工厂所处位置有关，位于排烟下风口处的农田易受伤害。酸雨由于雨滴的pH较低，降落在玉米叶片上后直接引起表皮细胞坏死，同时也通过叶片的角质层和气孔进入组织内部，损害内部结构，使叶片表现出受害症状。玉米授粉期降酸雨还能使花粉细胞受到不同程度的伤害，严重抑制花粉萌发，使花丝组织发生损伤，引起减产。

症状

酸雨的为害常常有较大的面积，受害严重时导致作物全部枯死（彩图63-1）。酸雨降落在玉米叶片上后，初期叶片上出现大量褪绿、黄色、大小不一的斑点，雨滴大时斑点较大（彩图63-2）。随受害时间延长斑点连接成片，同时叶片出现卷缩、褪色及黄化、干枯等明显伤害现象，同时叶片受损后引起果穗发育不良，造成减产（彩图63-3）。

预防及减害措施

选择生产地，避开烟囱的下风口：在酸雨常发区，要避免在排烟的下风口区种植包括玉米在内的作物。一旦酸雨为害发生后，由于叶片细胞及组织受到的伤害是不可逆的，因此一般无法进行补救。

彩图63-1 酸雨为害玉米状
1.酸雨为害初期状 2.酸雨为害后引起植株枯死
（王晓鸣摄）

彩图63-2　酸雨为害玉米叶片状

1. 细密的褪绿点　2. 小型褪绿斑　3. 大型褪绿斑

（王晓鸣摄）

彩图63-3　酸雨为害玉米症状

1. 叶片枯死　2. 果穗发育不良

（王晓鸣摄）

64. 盐害
Salt

发生原因

玉米耐盐能力比较低，属于盐敏感作物，能够忍耐的极限盐度为0.102% NaCl，每超过极限盐度0.06% NaCl单位，产量降低12%。对玉米的盐胁迫主要来自土壤中盐离子的作用。盐胁迫对玉米生长的影响分为两个阶段：第一阶段，由于在盐胁迫下土壤中的水势低于玉米根细胞的水势，导致玉米从土壤中吸收水分困难，发生水分胁迫；第二阶段，在盐胁迫条件下，玉米植株吸收过多的 Na^+，造成 K^+ 和 Ca^{2+} 吸收减少，发生 Na^+ 毒害，进一步导致离子失衡、光合作用降低、根系和茎的生长受到抑制。

症状

盐害首先降低种子萌发率和发芽率，阻碍幼苗生长，导致缺苗、苗不齐（彩图64-1）；盐胁迫严重时芽、根生长受到极强的抑制，主胚根短、根系不发达、须根数目减少、根毛少，部分根黑褐色坏死；幼苗受害后植株矮小瘦弱、叶片狭窄、基部黄叶多、叶色黄绿、叶梢呈紫红色，随着时间的推移叶片失水萎蔫、卷曲枯萎（彩图64-2），植株株高、茎粗降低，严重时植株死亡。

预防及减害措施

科学灌溉，以水压盐：对盐碱化较重的田块，灌溉要均匀一致，避免造成高处积盐、低处积碱的状况。对于受盐碱影响较重的地块，要提前深翻土地，然后进行灌水，达到较好的洗盐作用。

培育耐盐品种：培育耐盐品种是在盐化土壤种植玉米的最有效措施之一，不仅可以提高土地的生产能力，降低高质量灌溉水的成本，还有利于盐碱地农业生态环境的改善。

彩图64-1 玉米盐害田间发生状
1.盐害造成幼苗矮小和缺苗 2.玉米种质耐盐性鉴定
（1.石洁摄，2.胡正摄）

彩图64-2 玉米盐害对幼苗的影响

1.叶片卷曲 2、3.根系发育不良，根毛少 4.玉米苗期耐盐性差异

（1、4.胡正摄，2、3.石洁摄）

65. 风害
Wind

发生原因

玉米生产中常会遇到大范围或局地大风，当风力较大时，会引起玉米倒伏或倒折。由于大风具有方向性，因此玉米因风害倒伏后就会出现倒伏植株重叠在一起，导致群体结构被破坏，叶片在空间的正常分布秩序被打乱，引起叶片的光合效率下降，同时玉米倒伏还会对机械收获造成严重障碍。如果风害引起茎秆折断，则切断了植株的主要运输系统，既影响根系向叶片输送水分和营养物质，也影响叶片向果穗输送光合产物，造成减产；如果茎折严重，则折断部位以上组织干枯死亡，光合作用和籽粒灌浆停止，减产更为严重，甚至绝产。

症状

在苗期，大风能够将植株吹倒或大角度倾斜，但植株在向光性生长的作用下，可以逐渐恢复直立，因此对生产影响较小，但遇到根倒，则必须人工扶起（彩图65-1）。在成株期，风害轻者造成叶片撕裂，严重时导致植株倒伏或倒折（彩图65-2）。

预防及减害措施

选择种植抗倒能力强的品种：玉米品种间抗倒伏能力不同，在风害常发地区应该选择种植抗倒能力强的品种。

控制种植密度：玉米群体密度与倒伏有密切关系，若种植密度过大，遭遇风害，会发生严重倒伏，对生产影响极大。因此，根据品种特性，选择适宜的密度在生产中非常重要。

生产调控：合理施肥，减施氮肥，增施钾肥，增强茎秆的机械组织，提高抗倒能力；对于株型高大的品种，通过喷施生长调节剂，降低株高和穗位高，提高茎秆粗度，可增强抗倒能力。

彩图65-1　玉米苗期风害发生状

1. 植株倾倒　2. 植株根倒

（石洁摄）

彩图65-2　玉米成株期风害发生状

1.叶片撕裂　2.倒伏　3.严重倒伏　4.茎折

（1、3.王晓鸣摄，2、4.石洁摄）

66. 雹害
Hail

发生原因

冰雹是玉米生长期间较常见的一种自然灾害，无规律地发生在温热气候地区。当冰雹密度大、下降速度快时，常击穿玉米的叶片组织，导致叶片撕裂，引起植株受害，从而影响生产。

症状

在苗期或拔节期，冰雹为害较轻时，叶片上出现不规则伤口或撕裂状；为害较重时部分或全部叶片被击穿或被打成线条状，披在植株上，叶鞘和茎秆被打后出现斑痕，植株残缺不全；严重时田间植株茎秆部分或全部折断，仅剩下基部，生长点部分破坏或完全损伤（彩图66-1）。成株期，雹灾主要造成叶片严重撕裂，光合作用严重减弱，但对生产的影响不及苗期和拔节期（彩图66-2），对产量影响较小。

预防及减害措施

加强田间管理，促进受害植株恢复生长：植株苗期受害或拔节后受害较轻时，应及时排除田间积水、中耕松土，破除板结，改善土壤通透性，使植株根系尽早恢复正常的生理活动；受害植株应酌情追施尿素90～150kg/hm^2，叶面喷施磷酸二氢钾水溶液或植物生长调节剂，促进植株长势的恢复；喷施5%菌毒清水剂500倍液，减少病原菌从受损的伤口侵入引发病害和植株坏死。

若受灾严重，植株生长点受损，则应及时毁苗重种。

彩图66-1 玉米拔节期雹害发生状
1. 植株叶、茎被毁坏 2. 植株倒伏死亡
（石洁摄）

彩图66-2 玉米成株期雹害发生状

1. 顶部叶片撕裂　2. 全株叶片严重撕裂

(王晓鸣摄)

第三节 除草剂药害

67. 百草枯药害
Paraquat injury

发生原因

百草枯属于联吡啶类非选择性触杀型除草剂，其作用机理是药剂进入细胞内，在紫外光照射下还原为联吡啶游离基，在经过自氧化作用和在过氧化物歧化酶的参与下产生羟基，迅速破坏植物细胞膜和叶绿素，可使沾上药液的植物绿色部分迅速枯萎死亡。药剂无传导作用，接触土壤后会被土壤黏粒及有机质吸附而丧失活性，无挥发性和残留药害。因此，利用百草枯进行玉米行间除草时雾滴飘移、反射飞溅，是造成玉米药害的主要原因。另外，误喷、施药器械未清洗干净致使药液残留也会使玉米产生药害，且损失远大于飘移药害。

症状

由于施药过程中的飘移作用，常常造成局部玉米植株叶片被伤害或误喷引起严重的伤害（彩图67-1）。在阳光充足的条件下（气温25℃左右），一般在叶片、茎秆着药后5h内即可出现药害斑。叶片或叶鞘着药部位迅速产生水渍状、灰绿色、不规则型斑点，很快发展成黄褐色、黄白色的坏死斑，边缘褐色或紫色，有灰绿色水渍状晕圈，后期药害斑中心呈灰白色薄膜状，易破裂，严重时可连接成片，导致叶片枯萎下垂（彩图67-2）；叶鞘与苞叶上的药害斑连片后似云纹状，与纹枯病病斑相似，但能见到独立的无连续性枯斑（彩图67-3），枯斑不会进一步扩展，而未着药的叶片、叶鞘及新长出的叶片表现正常。

预防及减害措施

安全使用药剂，避免误施：将施用后剩余的百草枯药液封装在有标签的容器中，以免误用；对施用除草剂的器械必须用洗衣粉反复清洗多次，以免残液造成药害。

改进喷雾技术，减少药滴飘移：使用粗雾喷头，防止雾滴飘移。在喷雾器上安装定向防护罩，避免百草枯药液飞溅到玉米植株上。草害严重的田块，一定要把杂草先镇压一遍，使其贴近地面再进行行间定向喷雾。

百草枯药害后的田间管理：玉米发生药害后要及时浇水，增施碳酸氢铵、硝酸铵、尿素等速效肥料，促进根系发育，增强根系对养分和水分的吸收能力，使植株尽快恢复正常生长；药害较轻时，可喷施促进生长的植物生长调节剂，如芸薹素内酯、赤霉素等，同时可加喷叶面肥、微肥等，促进植株生长，以减轻药害；对药害较重的地块，应在查明药害原因的基础上，抓紧时间补种毁种，以减少损失。

彩图67-1　玉米百草枯药害田间发生状
1.药液飘移造成的轻微伤害　2.药剂误喷引起的严重伤害
（1.王晓鸣摄，2.石洁摄）

彩图67-2　百草枯对玉米叶片的伤害
1.伤害初期　2.坏死病斑　3.大片枯死　4.病斑上腐生菌生长
（1~3.石洁摄，4.王晓鸣摄）

彩图67-3　百草枯对玉米茎秆和叶鞘的伤害
1.对茎秆的伤害　2.对叶鞘的伤害
（王晓鸣摄）

68. 烟嘧磺隆药害
Nicosulfuron injury

发生原因

烟嘧磺隆属于磺酰脲类选择性内吸传导型除草剂，其作用机理是通过抑制植株体内乙酰乳酸合成酶的活性，阻止蛋白质的合成，从而抑制植物细胞的有丝分裂和生长，造成植株死亡。该药剂对玉米较安全，但当药剂纯度较低、与有机磷药剂混用、施药量过大或局部着药量大、施药期未在玉米3～5叶的安全期内及施药时遇到高温、高湿或者低温、多雨、高湿天气时均易造成药害。不同玉米品种对烟嘧磺隆的耐受性差异显著，其耐性顺序为硬粒型普通玉米＞其他粒型普通玉米＞甜玉米＞爆裂玉米。

症状

施药后5～10d植株出现药害症状。药害较轻时，仅在新展开的心叶基部呈现脉间组织褪绿、叶脉绿色条纹状（彩图68）；药害稍重时，心叶基部出现小面积黄白色不规则形褪绿斑，5～7d能自主缓解；药害严重时，叶片和心叶黄化，或产生大面积块状黄白色褪绿斑，叶缘皱缩，易破裂，心叶卷缩呈筒状，不能抽出和展开，植株生长停滞，矮化，后期可部分恢复生长，能结实但穗小，影响产量和籽粒品质；药害最严重时，玉米心叶腐烂，用手可拔出，由于主茎生长点坏死而产生分蘖和次生茎等，根系发育严重受阻，根量、根毛减少，根短、老化加速，根尖坏死，甚至引起植株死亡。

预防及减害措施

喷水淋洗去残留：对初期药害，可用喷雾器械淋水3～5次，洗除植株上的农药残留物，减轻药害。

避免与有机磷药剂混用：有机磷药剂与烟嘧磺隆的安全使用间隔期为7d；避免过量用药和在非玉米安全期（3～5叶期）施药。

除草剂敏感性测试：在玉米新品种推广前，应进行除草剂敏感性测试，确定新品种对药剂耐受的最高剂量。

使用烟嘧磺隆时添加除草剂安全剂：在喷施时，添加环丙磺酰胺和双苯噁唑酸等，可有效避免药害。

其他措施参见百草枯药害一节。

彩图68　玉米烟嘧磺隆药害状

1、2.轻微药害——褪绿　3、4.严重药害——叶片皱缩和心叶卷缩　5、6.植株矮小和生长停滞

（石洁摄）

69. 苯磺隆药害
Tribenuron-methy injury

发生原因

苯磺隆为磺酰脲类选择性、内吸传导型、苗后茎叶处理除草剂，通过植物的根、茎、叶吸收后，向上、向下传导，抑制植株体内乙酰乳酸合成酶（ALS）的活性，导致不能合成异亮氨酸、缬氨酸等，影响蛋白质合成，最终抑制植物的生长。该药主要用于麦类作物田中防除阔叶杂草，残效期约为30d，但一般认为在施药后60d内不能种植阔叶作物。玉米对苯磺隆有很好的耐药性，但在苯磺隆用药量过大（纯品每667m^2用量2.5g以上）、用药过晚的情况下，导致土壤中该药的残留量增加，会对后茬玉米产生不良影响。苯磺隆对玉米的药害主要以土壤残留药害为主。玉米不同品种对苯磺隆耐药性存在明显差异。

症状

一般情况下苯磺隆土壤残留不影响玉米出苗，但苯磺隆残留量较大或品种高度敏感时，玉米出苗缓慢，根系发育受阻，须根及根毛数量减少（彩图69-1）。药害初期，玉米出苗后心叶脉间褪绿，呈现黄绿相间的花叶条纹状，随后叶片从叶尖开始整体变黄、逐渐变褐枯萎，玉米苗黄弱、细小、生育缓慢，受害严重时植株枯死；有的品种叶基部呈现紫红色，继而整株变为红色枯死；多数玉米植株在5叶期后可逐渐缓解恢复正常，但植株明显矮化，果穗扭曲畸形、瘦小，秃尖严重，籽粒大小不均，单穗粒数和粒重下降，产量受到严重影响（彩图69-2）。

预防及减害措施

加强麦田除草剂用药安全：施药时严格掌握苯磺隆用量，禁止随意加大药量，在小麦玉米连作区，3月10日后不在麦田使用苯磺隆；施药后需把喷雾器清洗干净，以免对后茬玉米产生药害。

其他措施参见百草枯药害一节。

彩图69-1　玉米幼苗苯磺隆药害状

1.出苗缓慢（左正常，右药害）　2.根系发育受阻

（苏前富摄）

彩图69-2　玉米苯磺隆药害状

1.叶片局部褪绿　2.叶片局部坏死　3.受害植株发育缓慢

(苏前富摄)

70. 2,4-滴丁酯药害
2,4-D Butylate injury

发生原因

2,4-滴丁酯，化学名称为2,4-二氯苯氧乙酸丁酯，属于苯氧羧酸类除草剂。2,4-滴丁酯具有高选择、较强的内吸传导性，被广泛用于玉米田防除阔叶杂草及莎草、鸭跖草等恶性杂草。2,4-滴丁酯是激素类选择性除草剂，其作用机理是，药剂被植物吸收后，全株传导，打破植物体内原有的激素平衡，影响核酸酶等多种酶的合成与活性，抑制呼吸作用和光合作用，抑制分生组织的分化和伸长生长，促使细胞横向生长，阻碍木质部和韧皮部的生长发育，导致根、茎膨胀堵塞输导组织，扭曲、畸形并导致死亡。同时，2,4-滴丁酯也是一种生长调节剂，低浓度使用时对玉米有刺激生长发育、增加产量的作用，还能提高玉米的抗倒及抗旱能力，但高浓度使用时也抑制玉米植株生长，出现各种畸形药害症状，甚至死亡。

2,4-滴丁酯是苗前土壤处理和苗后茎叶处理均可使用的玉米田除草剂，茎叶处理在玉米3～5叶期进行，过早或过晚均易产生药害。施药后降中到大雨、遭遇10℃以下低温等也易发生药害；酸性土壤、沙土地、低洼地易发生药害。玉米不同品种间、同一品种不同叶龄期对2,4-滴丁酯的敏感性存在差异。

症状

土壤处理药害症状：胚轴和胚芽、胚根畸形，出苗困难。胚轴弯曲、变细、伸长长出土外；胚轴和胚芽交接处膨大；胚芽弯曲、胚芽鞘紧卷致心叶不易长出；胚根缩短或无，无根毛。出苗后，药害较轻时，仅心叶出现暂时扭卷，可逐渐自然恢复舒展状态；药害较重时，叶片变窄、褶皱、卷曲；心叶常扭成马鞭状不能展开，甚至基部叶缘相互粘连成葱管状；茎节处膨大、弯曲、变脆，易倒伏；地下根系变短、变粗不下扎而呈毛刷状；气生根畸形，板状，短粗，向上卷曲，无法扎入土壤（彩图70）；植株矮缩；雄穗小、分支少，不易抽出；雌穗畸形或无。

预防及减害措施

严格按规定使用药剂：必须按说明书推荐剂量进行药剂配制，不随意增加药量；因地制宜选择不同的施药方法；在2叶前和6叶后不施用该药剂；2,4-滴丁酯挥发性强，应选择在晴朗无风天气、选用适宜的喷头喷施，避免药液飘移。

药害发生后的处理：无快速有效的补救方法。可采用人工辅助技术剖开心叶；摘除受害植株褪绿、畸形的叶片，以减少药剂在植株体内的传导；喷施植物生长调节剂如细胞分裂素、赤霉素、吲哚乙酸、芸薹素内酯等药剂减轻药害；及时追施速效肥或喷施叶面肥，促进植株生长发育。

喷雾器械专管专用：2,4-滴丁酯吸附性强，喷雾器即使经过反复清洗，残存其上的药剂仍能对敏感作物产生药害。因此，喷雾器械和用具用后需用稀碱水多次冲洗，专管专用。

彩图70　玉米植株2,4-滴丁酯药害状
1、2.心叶不展，呈现葱管状　3.无心叶伸出　4.气生根板状
（石洁摄）

71. 乙草胺药害
Acetochlor injury

发生原因

乙草胺属于酰胺类除草剂，在玉米田可做苗前土壤处理剂和苗后茎叶处理剂使用。乙草胺药害主要发生在苗前土壤封闭处理情况下。单子叶植物萌发后长出的胚芽鞘或双子叶植物的下胚轴在出土过程中吸收乙草胺，经导管向上传导，抑制长链脂肪酸及蛋白质的合成，或通过干扰卵磷脂的合成，破坏细胞膜的结构与功能，最终抑制幼芽与根的生长。乙草胺过量施用、施药不均匀时，玉米易产生药害；玉米种子在萌动期接触药剂易发生药害，如喷药后遇雨或用药剂量过大时，致使药液随水下沉而产生药害；种子萌动后遇到低温延迟出土、播种后等雨打药、打药时间偏晚等情况下，致玉米种子发芽至出土前吸收过量的乙草胺而产生药害；土壤瘠薄地力较差的地块、低洼易积水地块容易产生药害。不同玉米品种和自交系对乙草胺敏感性存在差异。

症状

玉米胚芽鞘紧裹生长点，致使生长点不能穿透胚芽鞘，造成新叶顶端无法正常生长展开，严重时直接枯死。药害较轻时胚芽鞘干枯破裂，新叶扭曲展开，但心叶顶端仍和胚芽鞘相互粘连，植株呈D形畸形（彩图71）。随着植株生长发育，部分受害植株能够恢复正常生长，部分植株形成弱小苗，后期易造成空秆或小穗。根系生长受到抑制，须根和根毛数量减少。

预防及减害措施

科学用药：乙草胺播后苗前使用时，要在播种后1～2d内（必须在杂草出土前）及时喷施。

药害发生后的处理：参照百草枯药害一节。

彩图71 玉米出苗期乙草胺药害状
1.田间药害状 2.心叶不展，呈D形
（石洁摄）

72. 莠去津药害
Atrazine injury

发生原因

莠去津属于三氮苯类内吸传导型除草剂，在玉米田既可以做土壤处理剂也可以做茎叶处理剂使用。莠去津作用机理是在有光的条件下，阻碍电子传递，使电子与细胞膜中的油脂产生反应，破坏细胞膜，致使植物叶片褪绿，造成营养供应枯竭而停止生长。由于玉米体内含有的玉米酮能使莠去津迅速地产生脱氯反应生成毒性很低的羟基衍生物——羟化莠去津，因此，该药剂对玉米较安全。当用作土壤处理剂时，有机质含量偏低的沙壤土易发生药害；在施药后遇到大雨则可造成淋溶性药害；用作茎叶处理剂时，喷药后遇低温多雨、高温多雨、与有机磷药剂使用间隔时间短、午时高温施药、喷药过量或重喷、6叶期后用药、植株长势弱等情况下，也会产生药害，但一般会逐渐恢复正常生长。不同玉米品种对莠去津敏感性差异非常显著，特别是甜、糯类型品种间及自交系间差异较大。

莠去津在土壤中分解慢、残留期长，过量使用或者过晚使用均会造成土壤中残留量高，对下茬敏感作物如小麦及瓜类等造成药害。

症状

莠去津做土壤处理一般不影响玉米种子发芽出土。药害发生在出苗后，但不造成植株明显畸形。发生药害植株叶肉组织变黄褪绿，叶脉为淡绿色；心叶尖端失水状萎蔫，有时心叶不展（彩图72）；株高变矮，下部叶片逐渐从叶尖、叶缘开始黄枯，严重时整株枯死。玉米苗后使用时，药害轻微，症状与土壤处理后的药害症状相似，但可恢复正常。

预防及减害措施

安全用药：严格按照使用说明配制药剂，不随意加大药量；苗后使用时需注意玉米叶龄，6叶后使用莠去津除草，须在喷雾器上加防护罩，避免喷至心叶；与有机磷农药的使用间隔期应在7d以上；避免在高温、干旱、高湿条件下喷药。

彻底清洗施药器械：施药器具在喷施杀虫剂、杀菌剂后应进行清洗，写好标签，避免造成药害。

药害发生后的处理：参照百草枯药害一节。

降低土壤中残留量，提高对后茬作物的安全性：土壤中施敌磺钠、生物炭可以降低莠去津的残留量；后茬作物为小麦的地块，在玉米7叶后不可喷施莠去津，以防造成小麦药害。

彩图72 玉米莠去津药害状

1. 叶片基部褪绿　2. 黄条斑　3. 叶片黄化　4. 心叶失水萎蔫　5. 心叶卷曲

（1～3. 王晓鸣摄，4、5. 石洁摄）

73. 草甘膦药害
Glyphosate injury

发生原因

草甘膦是一种内吸传导型非选择性芽后除草剂，能通过茎、叶、根吸收并传导至全株组织，也可在同一植株的不同分蘖间传导。草甘膦通过抑制植物体内烯醇丙酮基苯草素磷酸合成酶活性，干扰蛋白质的生物合成，使植物枯死。草甘膦在土壤中残留期很短，一般在施用20～30d后播种不会产生药害。因此，草甘膦在玉米上的药害主要是在喷雾过程中因操作不规范或田间风速过大使得药液飘移而致，或者由于喷药器械使用不当或除草剂施用时期、剂量和范围不当而致，或因在高温天气用药，使玉米吸收一部分高温蒸发的药液而产生药害。如果施药时土壤过湿或施药后不久出现降雨，将药液渗透至根际，通过根系吸收输导也会产生药害。

症状

在玉米幼苗期，可因草甘膦飘移造成药害。初期在植株着药部位出现灰绿色斑块，有时叶片卷曲似干旱状；叶片逐渐从叶尖或叶缘开始枯死，叶脉坏死，叶片卷缩下垂。轻微受害的植株，仅基部叶片呈灰白色或黄白色枯萎。受害严重的植株，新生叶片变黄，并很快枯萎（彩图73-1）；基部叶片叶脉和叶鞘初期为红色，后变黄褐色枯死；根部发育停滞，初为褐色，后变黑色，最后腐烂死亡。当受害发生在成株期，整株叶片呈灰绿色失水状萎蔫，随后茎秆及叶鞘褪绿，叶片黄白色枯死（彩图73-2）。

预防及减害措施

田间标准化作业：严格按说明剂量使用；选用窄幅喷头，在喷嘴上方加防护罩，调整液滴为粗喷模式；尽量压低喷位，特别注意风力与风向，顺垄定向喷施，避免药液飘移至玉米叶片上产生药害；如行间杂草过高，可用草袋顺垄沟拖压后再喷药。喷后对喷雾器具要反复清洗，以免在喷施其他药剂时对作物产生药害。为避免草甘膦药害，可以在喷施时加入烯效唑。

药害发生后的处理：参照百草枯药害一节。

彩图73-1　玉米幼苗草甘膦药害状

（苏前富摄）

彩图73-2　玉米植株草甘膦药害状
1.叶片主脉旁组织褪绿　2.叶片主脉旁组织坏死　3.叶片枯死　4.全株枯死
(苏前富摄)

74. 异噁草酮药害
Clomazone injury

发生原因

异噁草酮是一种有机杂环类选择性苗前除草剂，通过根、幼芽吸收，经过木质部向上传导到植物体各部分。药剂通过干扰叶绿素和胡萝卜素的生物合成，抑制光合作用，导致植株死亡。异噁草酮主要用于大豆、花生等作物田防除1年生禾本科杂草和阔叶杂草，玉米是其敏感作物。异噁草酮为长残效除草剂，若玉米前茬使用、与其他除草剂混用不当、超量或超范围使用、使用时期不当、作业不规范、喷施不均匀，都会造成后茬玉米的药害。另外，除草剂本身质量和环境因素，如制剂中含有其他活性成分、天气异常或土壤条件不良等，也会影响该除草剂在土壤中的降解速度或在降解过程中产生有毒物质，造成后茬玉米的药害。异噁草酮易挥发，在喷施过程中，如果形成的雾滴过小、温度过高（>28℃）、空气相对湿度低（<65%）、风力过大（>3级）、光照过强、喷头位置距地面或叶面过高、液泵压力过大等，均易造成临近玉米田飘移药害。

症状

前茬残留药害症状：玉米出苗缓慢，初期植株发黄，类似营养缺乏症；伴随玉米生长，幼苗茎叶局部或几乎完全褪绿变白，有的幼苗从叶基沿叶脉向上变黄或变紫，植株矮缩，发育不良（彩图74-1）。该症状与遗传性白化病不同，白化病植株是完全白化，并且在田间是稀疏分布。

飘移药害状：受害轻时，叶脉褪绿变黄色、白色，叶片出现不同大小的白色、黄色和紫色药害斑（彩图74-2），后期可逐渐恢复绿色；受害严重时叶片上药害斑连片变白，局部透明状，甚至全株变为黄白色枯死。

预防及减害措施

预防措施：首先，选用质量检验合格的除草剂。其次，在前茬作物田施用时做到适时、适量、均匀；施药时作业要标准化，施药后彻底清洗施药器具；尽量在作物前期施用，严格控制用药量，避免对后茬作物造成残留药害。

生长调节剂拌种：玉米与大豆混作区，可用赤霉素、芸薹素内酯、吲哚乙酸复配药剂拌种，以增强玉米耐药能力。

药害发生后的处理：参照百草枯药害一节。并可浇水灌溉，稀释淋洗土壤中的残留药剂。

彩图74-1　玉米异噁草酮土壤残留药害状
1.田间药害　2.叶片褪绿　3.叶片黄化枯死
（1、3.石洁摄，2.王晓鸣摄）

彩图74-2　玉米异噁草酮飘移药害状

1、2.叶片上的褪绿斑块

(石洁摄)

75. 异丙甲草胺药害
Metolachlor injury

发生原因

异丙甲草胺属于酰胺类除草剂，是一种重要的选择性芽前除草剂，广泛应用于玉米、大豆、棉花、花生、甘蔗等旱田作物除草。异丙甲草胺通过抑制发芽种子内蛋白酶活性，破坏蛋白质合成，同时抑制胆碱渗入磷脂，干扰卵磷脂形成，从而抑制幼芽与根的生长。异丙甲草胺在土壤中持效期为20～50d，对玉米的安全性优于乙草胺。玉米出苗前通过胚芽鞘、出苗后通过根吸收土壤中的药剂，并向上传导。因此，当异丙甲草胺用量过大、喷药不均、施药后降雨、施药后遇低温高湿天气时，易引起玉米幼苗的药害，导致植株生长发育缓慢。另外，有机质含量低的田块、沙壤土田、盐碱地、低洼地易发生药害。玉米品种间对异丙甲草胺的敏感性也存在显著差异。

症状

幼苗出土困难，严重的胚芽鞘干枯、紧缩，幼芽顶土困难，形成僵芽（彩图75-1）。幼苗出土后茎叶弯曲、扭转、皱缩，次生根和根毛减少（彩图75-2）；新叶卷曲成鞭状，生长受抑制；严重时，外叶与心叶紧包在一起，致心叶不能抽出；根系变褐；生长发育缓慢，造成植株严重矮缩（彩图75-3）。

预防及减害措施

科学用药：按照药剂使用说明书，掌握药剂用量、使用时期和方法，避免引起药害。

药害发生后的处理：参照百草枯药害一节。

加强管理：提倡秸秆还田，增施有机肥，培肥地力，提高土壤的有机质含量，可抑制异丙甲草胺在土壤中向根系迁移，有利于异丙甲草胺的降解。

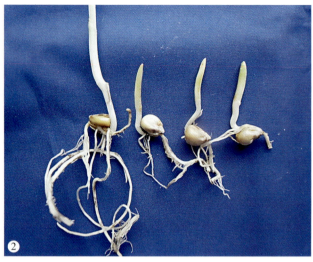

彩图75-1　玉米出苗期异丙甲草胺药害状

1. 出苗困难（左正常，右药害）　2. 芽与根发育慢（左起第一株为正常株）

（苏前富摄）

彩图75-2　玉米幼苗期异丙甲草胺药害状

1. 叶片边缘坏死　2. 幼苗发育迟缓（左起第一株为正常株）

（苏前富摄）

彩图75-3　玉米异丙甲草胺药害田间发生状

（苏前富摄）

76. 硝磺草酮药害
Mesotrione injury

发生原因

硝磺草酮是能够抑制羟基苯基丙酮酸酯双氧化酶的芽前和苗后广谱选择性除草剂，可被植物的叶、芽、根和种子快速吸收，并通过木质部和韧皮部向顶部、基部传导至整个植株。硝磺草酮用于防除大部分1年生阔叶杂草和稗草、马唐等禾本科杂草，尤其对磺酰脲类抗性杂草有效，具有触杀作用和持效性。该除草剂主要用于玉米，亦可用于草坪、甘蔗、水稻、洋葱、高粱和其他小宗作物。硝磺草酮对玉米和杂草有很强的选择性，可安全地使用茎叶处理法防除玉米田杂草，但若施药浓度过大，会对玉米生长造成抑制；施药时环境温度过高或过低都易产生药害（彩图76-1）；山区或降雨多的地区不宜使用；施药时药液飘移，也会对豆类作物和十字花科蔬菜等敏感作物造成危害；硝磺草酮不能与有机磷类、氨基甲酸酯类杀虫剂混用，可在间隔7d后使用，与乳油剂型的苗后茎叶处理剂混用也易造成药害。不同玉米品种对硝磺草酮敏感性差异显著，甜玉米和糯玉米对硝磺草酮较敏感。

症状

玉米受害后，轻者叶片褪绿变黄、出现轻微白化斑点、心叶白化，后期能够逐渐恢复；重者叶片变黄、变褐，叶尖白化透明并干枯，心叶枯死；植株生长受抑制、枯萎甚至死亡（彩图76-2）。

预防及减害措施

科学用药：按照使用说明书，掌握好用药剂量，喷施时避免局部浓度过高或重复喷施；掌握施药时期，以玉米3～5叶期、杂草2～4叶期用药为佳。若在高温季节，施药应在晴而无风的11时前及16时后；低温季节应在10～15时；温度高于27℃应停止喷药。

把握施药环境：山区及降雨多地区不宜施用；高温、多雨天气不宜施用。

防止飘移引发药害：机械喷雾时应保证喷孔方向与风向一致，先喷上风处再喷下风处；宜选用扇形喷头顺垄喷雾，不要左右摇摆喷雾。

避免药剂间不当混用：硝磺草酮不能与任何有机磷类、氨基甲酸酯类杀虫剂混用，可在间隔7d后使用，也不要与乳油剂型的苗后茎叶处理除草剂混用。

药害发生后的处理：一旦发生药害，可以解毒剂萘二甲酸酐为基础，分别添加赤霉酸、复硝钾、尿素+磷酸二氢钾和芸薹素内酯进行灌根处理，能够有效缓解硝磺草酮药害。

彩图76-1 玉米硝磺草酮田间药害状
(石洁摄)

彩图76-2　玉米幼苗期硝磺草酮药害状
1. 药害初期　2. 轻微受害植株　3. 药害后期
（石洁摄）

77. 氟磺胺草醚药害
Fomesafen injury

发生原因

氟磺胺草醚属于苯醚类除草剂，是一种具有高度选择性的大豆、花生田苗后除草剂。氟磺胺草醚是一种原卟啉原氧化酶抑制剂，破坏叶绿素合成，导致植物叶片细胞坏死。氟磺胺草醚在土壤中残效期长，半衰期达100d以上，易对后茬的水稻、甜菜、玉米等敏感作物产生药害。一旦大豆田发生施药不均匀、用药量偏大等操作，后茬玉米易发生药害。冬季气候寒冷干燥，不利于氟磺胺草醚的降解，使其在土壤中的积累量加大，易出现药害；久旱不雨、土壤有机质低、沙土等豆茬地容易发生和加重药害。不同玉米品种对氟磺胺草醚敏感性有较大差异。

症状

药害严重植株的芽鞘、胚芽顶端枯死，不能正常出苗。出苗后，叶片不能正常伸展（彩图77-1）。受害植株心叶基部黄白色，常弯向一侧，因扭曲而难以伸出；叶脉失绿为白色、淡黄色或紫色，基部叶片平展或下垂，茎变扁（彩图77-2）。根系生长受到抑制，严重的逐渐枯死，较轻的后期常形成小弱苗。

预防及减害措施

规范施药：仔细阅读说明书和标签，推广喷雾机械和田间作业标准化和使用技术规范化，以免对后茬作物造成药害。

及时毁种和改种：药害严重的改种其他非敏感作物。

药害发生后的处理：参照百草枯药害一节。

彩图77-1　玉米氟磺胺草醚药害状

（石洁摄）

彩图77-2　玉米叶片氟磺胺草醚药害状

1. 基部叶片下垂　2. 叶脉发白　3. 上部叶片弯曲

（石洁摄）

第四节　杀菌剂药害

78. 戊唑醇药害
Tebuconazole injury

发生原因

戊唑醇具有高效、广谱、低毒和内吸传导性强等特性，是对作物具有保护和治疗作用的杀菌剂。戊唑醇被植物吸收后，经木质部单向向上传导，易在顶端位置如植物体的幼嫩组织或生长点累积，并通过抑制植物体内赤霉素的合成，降低赤霉素和吲哚乙酸的含量，消除植物顶端优势，导致作物生长异常而产生药害症状。戊唑醇引起的玉米药害主要为两种，一种是其作为种衣剂的成分在遭遇低温时（常见于东北春玉米区）引起玉米出苗困难，严重时缺苗率可达70%；另一种是作为叶面喷雾剂时引起的植株发育异常，拔节期发生药害容易导致植株空秆和雄穗败育，严重时空秆率可达80%以上，造成的产量损失显著高于其他时期药害。

症状

种衣剂药害：玉米种子的上胚轴短粗，无法将胚芽鞘送至地表，导致幼苗在土中展叶，但无法进行光合作用而造成植株死亡；根系发育受到抑制，胚根短粗，根条数少；能够出土的幼苗生长缓慢，根系不发达（彩图78-1）。

喷雾剂药害：症状表现时间具有延后性，从施药至田间可见的果穗发育不良或畸形的时间一般在30d以上。受害植株矮化，穗位降低；茎节附近常有细碎的黑色纵裂纹，秸秆柔韧性降低，遇风易折断；雄穗发育不良，短小，分枝少，花粉部分或完全败育；雌穗发育不良，果穗短小畸形，籽粒稀缺，整个果穗或尖端常歪向一侧，呈香蕉状或鹰嘴状；有时苞叶过短，果穗顶端外露，最长可达果穗的4/5；或苞叶正常，内部果穗完全不发育并有时腐烂；严重时植株无果穗而形成空秆；雌、雄穗发育明显不协调，散粉和吐丝时间间隔增大，致使花期不遇，形成空穗、缺粒、秃尖或偏秃（彩图78-2）。

预防及减害措施

科学用药：按照药剂使用说明，掌握使用注意事项。在春玉米区作为种衣剂使用时应添加安全剂；避免在玉米对该药剂的敏感期（6~9叶期）作为喷雾剂使用。

药害发生后的处理：发生药害后，严重的要及时毁种或改种，避免更大损失。发生较轻时，要及时浇水，施用速效肥料，促进植株生长发育，使植株尽快恢复正常。叶面喷雾后一旦观察到发育停滞，要及时喷施赤霉素、芸薹素内酯、吲哚乙酸等生长调节剂以减轻损失。

彩图78-1　低温下玉米戊唑醇种子包衣药害对萌发的影响

（晋齐鸣摄）

彩图78-2　玉米戊唑醇喷雾施药药害状

1. 植株空秆（箭头所指）　2. 果穗发育异常（箭头所指）　3. 籽粒未分化　4. 果穗短粗
5. 不同浓度戊唑醇对果穗发育的影响（从上至下：未喷雾，正常浓度的2倍、4倍和8倍）

（石洁摄）

79. 丙环唑药害
Propiconazole injury

发生原因

丙环唑是一种具有保护和治疗作用的内吸性杀菌剂。丙环唑在玉米上引起药害主要与其喷施时期有关。玉米受害后，主要表现为植株生长异常和产量损失等慢性症状，药害隐匿性强，常被误判为环境胁迫或者品种自身因素造成。丙环唑在海南玉米南繁育种田、制种田较常见，原因在于玉米南繁时常常用此杀菌剂防治南方锈病，在一个生长季节内多次使用后造成药害。近年来，该药剂由于价廉、持效期长而被推荐用作玉米前期喷雾防治后期发生的叶斑病，由于施药不当，造成大田生产中丙环唑药害频发。玉米品种间对丙环唑的耐药性存在明显差异，不同生育期对丙环唑的耐药性也存在很大差异，其中6～9叶期为高度敏感期，此时发生药害，一般造成雌、雄穗分化受到抑制及发育畸形，严重的空秆率达到80%以上。如果在施药后5d内遇到低温，或者遇到降雨后的晚间低温，则容易发生药害。

症状

轻微受害植株，仅出现短暂生长停滞；有的品种心叶发黄，植株上部茎秆扭曲，叶片变厚并变宽短，呈疯顶状，但随后大部分植株能恢复正常生长。受害较重的植株则明显矮化，节间缩短，穗位降低；茎秆发脆，遇风易折断；后期雄穗发育不良或败育；雌穗发育不良，果穗短小畸形，籽粒行列不齐，着粒稀疏；有时整个果穗或尖端歪向一侧，呈香蕉状或鹰嘴状；有时苞叶过短，果穗顶端外露；雌、雄穗发育时间明显不协调，花期不遇，形成空穗、缺粒、秃尖或偏秃（彩图79）。

预防及减害措施

参见戊唑醇药害一节。

彩图79 玉米丙环唑药害状
1、2.植株矮小（箭头所指） 3.节间缩短（箭头所指） 4.因花期不协调导致严重缺粒

（石洁摄）

第五节 杀虫剂药害

80. 辛硫磷药害
Phoxim injury

发生原因

辛硫磷为生产中常用的触杀和胃毒型杀虫剂，为有机磷农药。当土壤施用辛硫磷颗粒剂后，有时因玉米萌发后幼芽直接接触药物，导致种子发芽受影响和出苗率下降；如果在玉米出苗后田间喷施辛硫磷，幼叶也会因局部吸收药剂过量而引起叶绿体受损，电子传导受到阻碍，光合反应被抑制，出现局部组织坏死，形成药害。出苗后发生的药害在多数情况下对植株生长影响较小。

症状

播种时当土壤中施用的药剂与玉米种子直接接触，会抑制种子发芽或幼苗出土后死亡，残存苗矮化，叶片变黄或枯死（彩图80-1）。苗期辛硫磷药害导致植株黄化，根系易受损伤，地上部叶片轻度萎蔫；喷施辛硫磷时，当药液液滴附着在玉米叶片上后，在附着部位出现白色褪绿斑点或紫色斑点，严重时药斑部位枯黄坏死，叶缘和叶脉呈条状黄化，心叶坏死，茎部变紫色（彩图80-2）。由于辛硫磷为非内吸性药剂，因此药害轻的植株心叶及生长点发育不受影响，药害重的植株生长受到抑制。

预防及减害措施

科学施药：辛硫磷在玉米上使用多采用颗粒剂剂型，尽可能避免喷施；若必须喷施，应按使用说明书进行操作，勿与碱性农药混用，喷施应选择在傍晚进行。

药害发生后的处理：应结合施肥灌水、中耕松土，促进作物根系发育，增强植株恢复能力；及时增施肥料，或叶面喷施0.1%～0.3%的磷酸二氢钾溶液，或用0.3%的尿素+0.2%的磷酸二氢钾溶液混合喷洒，每隔5～7d1次，连喷2～3次，可显著减轻药害影响；喷施植物生长调节剂，或用高锰酸钾3 000倍溶液叶面喷雾，后者是一种强氧化剂，对多种化学农药都具有氧化、分解作用。

彩图80-1　辛硫磷药害对玉米植株的影响

1. 轻微受害幼苗　2. 严重受害幼苗

（石洁摄）

彩图80-2　玉米叶片辛硫磷药害状

1～3. 药害发生初期　4～6. 药害引起叶片坏死

（石洁摄）

81. 毒·辛颗粒剂药害
Chlorpyrifos and phoxim granules injury

发生原因

毒·辛颗粒剂主要用于防治地下害虫，也可在心叶期撒施防治玉米螟。土壤施用发生药害后带来的损失大于心叶期撒施。土壤施用发生药害的原因主要是过量施用及药剂与种子直接接触。药害可降低玉米的出苗率，抑制植株生长，使根系发育不良，形成弱小苗，影响后期发育。心叶期撒施一般在药量过大及高温天气下容易造成药害，多数情况下仅导致药剂接触点的叶组织失绿变黄，严重时心叶坏死，对植株的后期发育也会造成影响。

症状

土壤施用药害症状：影响玉米出苗，叶片失绿变黄，严重时枯死；根系肿大或萎缩，须根少；植株矮小。

喇叭口期撒施药害症状：与药剂颗粒接触的心叶上出现不规则状、白色或浅黄色、不受叶脉限制的药害斑；受害叶片略皱缩，严重时病斑组织枯死，变透明（彩图81）。

预防及减害措施

药害发生后的处理：参见辛硫磷药害一节。

彩图81　玉米毒·辛颗粒剂药害状

1. 药害初期　2. 药害后期

（石洁摄）

82. 五氯酚钠药害
Sodium pentachlorophenate injury

发生原因

五氯酚钠是一种杀螺和蜗牛等软体动物药剂。近年由于五氯酚钠对动物、鱼类及人的危害，已经列入禁止使用药剂目录。五氯酚钠具有灭生性除草剂的功能，因此常常导致玉米药害。

症状

玉米长势弱，叶片接触药剂后局部失绿，严重的造成叶片组织坏死（彩图82）。

预防及减害措施

叶面喷水洗药：药害发生初期，可迅速用大量清水喷洒受害植株叶片，反复喷洒3～4次，将植株表面黏附的药液淋洗掉，可在水中加0.2%的碱面或0.5%～1%的石灰，以起中和药剂作用。

田间管理：适当增加浇水次数及浇水量，配合增施全素化肥，增强玉米长势，促生新叶，亦可叶面喷施磷酸二氢钾及中、微量元素等；若五氯酚钠施药浓度过高发生的药害，应迅速去除受害较重的叶片并灌水，防止药害继续扩展。

彩图82 玉米五氯酚钠药害状

1. 药害初期　2. 药害后期

（1. 石洁摄，2. 王晓鸣摄）

第六节 化肥伤害

83. 肥害
Nutrient toxicity

发生原因

肥害的发生有多种因素，如：种、肥同播时未做到种、肥隔离；化肥干施；使用未腐熟或腐熟不完全的有机肥；肥料质量不达标；施肥过多或施肥距玉米根系太近导致根系周围浓度高，影响根系生长，使植株水分供应不足，严重的引起水分在植株体内倒流或自细胞向土壤反渗透，植株失水而出现萎蔫，甚至死亡。

对生产的影响

玉米发生肥害影响种子发芽和出苗，造成缺苗断垄，严重时需要毁苗重新播种；发现较晚时可能错过播种期，造成绝产；肥害较轻时发生"烧苗"现象，致使幼苗生长缓慢，根系不发达，后期茎秆脆弱，易倒伏，造成减产。

症状

"烧种"肥害：由于玉米种子与化肥直接接触，导致根尖、芽梢等部位萎蔫，出苗慢或出苗不整齐，形成缺苗断垄。

"烧苗"肥害：植株矮小、生长缓慢、叶片变窄、严重的呈柱状卷曲，叶片呈黄绿或灰绿色；根系发育不良，初生根或次生根短粗，根毛少或无根毛，可见褐色或黑色坏死病斑，严重时整株死亡（彩图83-1）。

"烧叶"肥害：叶片上有大小不一的圆形、近圆形或不规则形斑点，中心白色或灰白色，很薄，易破裂，边缘具黄褐色至褐色的狭窄晕圈，后期斑块上腐生霉层（彩图83-2）；若化肥撒施到心叶中，易造成生长点死亡，形成丛生苗或畸形苗。易挥发性化肥肥害往往导致下部叶片出现失水褪绿斑块，随后沿叶脉扩展呈灰色条斑，常带有波浪边，后变成中心白色的枯死斑，茎基部出现水渍状腐烂。

成株期肥害：叶面积大，叶色墨绿、油亮，拔节后生长加快，基部节间长，植株高大，根系浅，秸秆脆弱，抗倒伏能力弱，植株青绿，玉米晚熟。

肥害分类

根系附近土壤肥料浓度过高型肥害：由于施肥部位不当、施肥量过多或有机肥未腐熟或腐熟不完全引起。

有毒有害物质型肥害：由肥料中缩二脲、游离酸、三氯乙醛（酸）和重金属元素含量控制不当引起；氨气、二氧化氮、二氧化硫等易造成气体毒害性肥害。

盐分积累型毒害：肥料在土壤中分解后，可溶性盐随地下水上升到土表，造成表土层盐分积累，使玉米产生生理障碍。

养分配比不当型肥害：因营养元素间的拮抗作用，某种元素过量造成另一元素的缺素症。

预防及减害措施

科学施肥：掌握好肥料用量、施用方法、种类选择；足墒播种，平衡施肥；避免种子与肥料直接接触；增施腐熟完全的有机肥，改善土壤结构，提高土壤吸收容量。

合理追肥：追肥时不要大范围撒施；施用易挥发速效肥后要及时覆土，避免肥料与植株直接接触。

补救措施：肥害较轻时，灌水泡田，加速肥料稀释扩散，降低浓度，减轻损害；肥害较重时要及时毁种、补种。必要时还可喷施缩节胺、多效唑等植物生长调节剂，促进根系生长。

彩图83-1　化肥撒施不当引起的肥害

1、2.化肥撒施到玉米喇叭口内引起肥害　3.肥害叶片症状　4.肥害造成根系受损

（石洁摄）

彩图83-2　化肥撒施不当引起田间大面积肥害

（石洁摄）

第七节 遗传缺陷

84. 白化病
Albinism in maize

发生原因

白化突变是玉米中较为常见的一种突变,典型特征是叶绿体不能正常发育。白化突变体属于叶绿素缺失突变体,白化由1对隐性核基因控制。在田间还可见一种白化转绿突变体,属于叶绿素合成突变体,该突变在较低温度下(18℃)表现为白化苗,在28℃表现为黄色苗,在较高的温度下(32℃以上)接近绿色。叶绿素缺失突变形成的白化苗和黄化苗最终都将枯死。白化苗为遗传缺陷所致,无有效挽救方法,且田间发生率较低,白化植株会自然死亡,不影响其他植株生长。但在选育玉米新品种时,必须注意避免选用有白化病的自交系作育种亲本材料。

症状

白化苗是指玉米出苗后全株表现为白色的现象(彩图84)。白化仅在苗期出现,幼苗无叶绿素或叶绿素含量极少,基本不能进行光合作用,只能靠种子的养分进行营养生长。因此,一般在2~3叶期消耗尽胚乳养分后,白化苗便萎蔫死亡。

彩图84 白化苗
1. 叶片黄白色 2. 叶片白色(相邻的为正常苗)
(王晓鸣摄)

85. 遗传性条纹病
Genetic stripe

发生原因

遗传性条纹病是由于玉米基因突变引起，因此属于遗传缺陷问题。该病害田间可见，但对生产没有影响。

症状

叶片上沿叶脉出现宽窄不一的褪绿条纹，黄色、金黄色或白色，边缘清晰（彩图85-1）。由于是遗传缺陷引致，因此在苗期和成株期都稳定表现（彩图85-2）。当阳光强烈时，黄色或白色褪绿部分常形成枯斑，继而叶片枯死。由于金黄色褪绿条纹较白色条纹更耐日晒，因此植株常能结实，但因叶片部分褪绿，影响光合作用，导致植株矮小，果穗发育不良，籽粒灌浆不完全。褪绿条纹的颜色和出现位置并无规律，一般从第一片叶开始，全株叶片都具条纹；有的植株三叶前叶色正常，从第四片叶开始出现条纹（彩图85-3）；有的在抽雄前新生叶片出现条纹；有的在植株一侧叶片上出现；有的仅在基部叶片上出现条纹，后期生出叶片为正常绿色。

彩图85-1　遗传性条纹病
1. 浅绿色条纹　2. 金色条纹　3. 白色条纹
（1. 王晓鸣摄，2、3. 石洁摄）

彩图85-2　苗期与成株期遗传性条纹病症状
1. 苗期　2. 成株期
（1. 石洁摄，2. 王晓鸣摄）

彩图85-3 遗传性条纹病的发生叶位

1. 第一叶为条纹叶　2、3. 第三叶为条纹叶　4. 第四叶为条纹叶（均为箭头所指）

（1、2、4. 石洁摄，3. 王晓鸣摄）

86. 遗传性斑点病
Genetic leaf spots and flecks

发生原因

遗传性斑点病是由于玉米发生基因突变所致，已知有20多个基因的突变可以造成玉米叶片出现各种斑点。突变体由于叶绿素合成受到干扰或植株体内叶绿素降解，导致出现各种类型的褪绿斑点。

症状

由于褪绿斑点的形成受遗传控制，因此，在田间表现此类褪绿斑点的植株都与品种、自交系有密切关系（彩图86-1），这种特点区别于侵染性病害田间分布的随机性和多数品种均会发生的特点；同时，褪绿斑点出现在植株所有叶片上，与侵染性病害从下部老叶开始发生，逐渐向上部叶片扩展的规律不同。遗传性斑点病在叶片上出现各种色泽和形状的褪绿斑点，颜色有白色、黄色、褐色、浅绿色等，大小不等，形状多样；斑点无侵染性病斑特征，无中心侵染点，无特异性边缘（彩图86-2）；后期褪绿斑点常受日灼而出现不规则的黄褐色轮纹，或整个斑点变为枯黄（彩图86-3），严重时影响果穗发育，穗小或无穗，结实不良。

彩图86-1 遗传性斑点病
1. 制种田亲本材料　2. 苗期表现
3. 成株期表现

（1、3. 王晓鸣摄，2. 石洁摄）

彩图86-2 遗传性斑点病前期症状
1. 大小混发的褪绿斑 2. 大型褪绿斑 3. 中型褪绿斑 4. 细密褪绿斑
（王晓鸣摄）

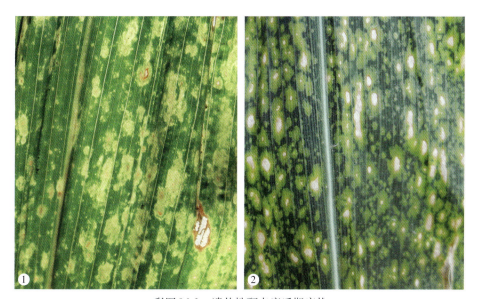

彩图86-3 遗传性斑点病后期症状
1. 斑点开始坏死 2. 斑点中心枯死
（1. 石洁摄，2. 王晓鸣摄）

87. 籽粒丝裂病
Silk-cut

发生原因

玉米籽粒丝裂病属于遗传控制的发育问题。玉米籽粒丝裂病的发生有较复杂的原因，既与遗传因素有关，也与籽粒发育过程中受精阶段的环境条件（高土壤温度、高空气温度、低土壤湿度）有关。在非正常环境下，籽粒丝裂病发生率高且严重，尤其在籽粒黑层形成的蜡熟期发生较重。也可能是籽粒灌浆时速度过快，胚乳快速膨胀，但此时种皮较薄且生长慢，导致两部分交界处出现割裂所致。当籽粒种皮开裂后，淀粉物质暴露，病菌从裂缝处侵染籽粒而导致烂粒，给制种工作常带来很大的经济损失。籽粒丝裂病还易引起种胚断裂，导致种子质量下降。籽粒丝裂病在大田生产中并不普遍，但因其是遗传性病害，对制种的威胁非常大。

症状

籽粒丝裂病常发生在籽粒的种胚一侧，在胚与胚乳的交界处有一条与籽粒顶端平行的横裂纹或环纹，似切割状（彩图87）；若病菌侵染，开裂处可见不同颜色的霉层。

彩图87　籽粒丝裂病
1.穗轴横截面　2.正常籽粒（下）与丝裂病籽粒（上）
（1.王晓鸣摄，2.玉米产业技术体系长治试验站摄）

88. 爆粒病
Popped kernel

发生原因

爆粒病是一种遗传缺陷问题，也是由于基因突变后使果皮增厚，对胚乳有加压作用，最终使果皮破裂。在玉米灌浆阶段，适宜的温度、光照、湿度能加快籽粒灌浆速度和增加籽粒内胚乳细胞数量，利于突变基因的表达和爆粒症状的发生。由于果皮是母本组织，因此，该突变性状具有母本效应。破裂的籽粒易被穗腐病菌或其他杂菌侵染，导致玉米减产。在制种田，由于果皮破裂及其遗传性，使籽粒失去种用价值。

症状

授粉20d左右，即可在果穗上观察到籽粒爆裂，果穗上籽粒冠部表皮发生开裂，裂口呈现不规则状，露出白色胚乳，似爆裂的玉米花；由于环境的差异大，不同种质材料在不同地点和不同环境下发生的爆粒数量差异很大（彩图88-1）。爆粒后，由于籽粒中淀粉的暴露，导致田间病原的侵染，在爆裂籽粒上常覆盖各色霉层（彩图88-2）。

彩图88-1　爆粒病
1. 爆粒初发阶段——灌浆中期　2. 采收时的爆粒果穗　3. 严重爆粒果穗
（1、3. 石洁摄，2. 王晓鸣摄）

彩图88-2　爆粒后引起真菌侵染
1. 轻微侵染　2. 严重侵染
（1. 石洁摄，2. 肖明纲摄）

89. 多穗
Branched ear

发生原因

玉米果穗数量的控制属于数量性状遗传。玉米多穗又分为分蘖多穗和单秆多穗，根据着生位置又将单秆多穗分为一节多穗和多节多穗，而一节多穗对生产影响最大。玉米多穗现象的发生主要由遗传因素决定，但也会受多种外界因素调控，如不良环境因素：在抽雄、开花、散粉期若遇高温干旱或连阴雨会影响授粉受精；后期营养过剩：营养物质会重新分配到下一节果穗，导致多穗发生；种植密度：植株密度过大导致田间郁闭，影响授粉，果穗发育不良，促使其他腋芽发育形成多个小穗；碳氮代谢不平衡：拔节期若肥水过多，营养过剩，也会促使多穗发育；品种差异：有些品种第一果穗分化发育优势不明显，在较适宜环境下出现多个腋芽同步分化，形成多穗；病虫为害：灰飞虱、蚜虫和粗缩病，粗缩病毒会刺激玉米体内产生激动素等，打破体内激素平衡，也会造成多穗现象。

症状

一节多穗是指玉米在同一节位上着生2个以上的小果穗，又称为娃娃穗或香蕉穗。这种多穗常导致第一果穗偏小，穗粒数少，仅有20～30粒，甚至没有籽粒，严重减产（彩图89）。

彩图89　玉米多穗症状
1. 3个无效果穗　2. 4个无效果穗
（1. 王晓鸣摄，2. 石洁摄）

90. 穗发芽
Preharvest sprouting

发生原因

穗发芽是特指玉米籽粒成熟过程中由于丧失了休眠特性而在果穗上直接萌发的特性，是一个受多个基因控制的遗传性状。目前研究认为，穗发芽与种子休眠性、种皮透气程度、胚内形成和释放赤霉素类物质的能力以及淀粉酶活性等有密切关系，并受环境中温度、湿度、氧气含量等因素的影响。穗发芽除受到遗传调控外，也与籽粒被镰孢菌侵染，导致赤霉素浓度上升而使籽粒解除休眠有关。穗发芽是一种非正常现象，发芽籽粒无法再被利用，制种田发生穗发芽造成的损失更为严重。

症状

玉米在未收获前遇到阴雨或潮湿环境，籽粒在果穗上发芽，发芽部位主要在果穗的上半部，少数也可发生在果穗下部（彩图90）。

彩图90　穗发芽症状
1. 果穗顶部籽粒发芽　2. 果穗基部籽粒发芽　3. 发生镰孢穗腐病后籽粒发芽
（王晓鸣摄）

91. 心叶扭曲
Leaf distortion

发生原因

玉米在生长过程中因对外部环境的反应而在喇叭口期后出现新生心叶紧裹、抽出后向一侧弯曲生长的现象，被称为"牛尾巴"。目前尚未有过对此表型的研究，但根据广泛的观察，该种表型受到遗传控制，发生时常常与玉米材料的遗传背景有关。

症状

玉米植株前期生长正常，在10叶期前后，出现心叶以紧卷的方式伸出的现象；同一材料各株紧卷的心叶逐渐向同一侧偏转，心叶持续紧卷不展开，导致雄穗抽出困难，茎节被包裹在叶片内，也形成侧弯，植株较正常株矮（彩图91）。

彩图91 玉米心叶扭曲症状

1、2.心叶紧裹不展、侧弯 3.同一材料侧弯方向一致 4.侧弯的茎节

（王晓鸣摄）

92. 生理性红叶
Leaf redding

发生原因

引起玉米叶片从绿色转变为红色的原因较多，如缺磷和低温寒害引发红叶，其他一些因素也能够引发红叶症状，特别是在果穗发育受阻（无果穗、果穗早期终止发育）时，由于叶片光合产物无法转运至果穗中，而在叶片中积累，并转化为花青素，导致形成红叶，这种现象可以因病害（如北方炭疽病）引起，更多是因种植密度过高或遇到特殊环境干扰后果穗停止发育后所致。

症状

生理性红叶主要发生在玉米生长中后期，有的品种从叶尖和叶缘开始变红，有的品种从主脉两侧变红，有的品种则表现为黄叶；当红叶严重时，常常因不能进行正常光合作用而引起叶片枯死（彩图92）。

彩图92　生理性红叶
1. 主叶脉两侧变红　2. 从叶尖变红　3. 黄叶　4. 红叶干枯
（王晓鸣摄）

93. 籽粒发育障碍
Grain filling stop

发生原因

玉米籽粒在正常授粉受精后开始发育，但有些品种和自交系在籽粒灌浆中期会突然停止灌浆过程，出现籽粒发育障碍，导致出现果穗中部分籽粒正常部分籽粒皱瘪的现象。这种发育障碍的发生原因及调控机理均不清楚，可能与环境诱发有关。

症状

玉米部分籽粒在灌浆中期停止灌浆过程，造成籽粒皱瘪（彩图93）。灌浆停止可以分散发生在果穗不同部位的籽粒上，也可以发生在连片的籽粒上。

彩图93　籽粒发育障碍症状

1. 分散在果穗上的皱瘪籽粒　2. 集中在果穗上部的皱瘪籽粒

(1. 河南省农业科学院摄，2. 广西壮族自治区农业科学院玉米研究所摄)

94. 果皮开裂
Pericarp cracked

发生原因

玉米籽粒的外层包裹着由两层结构形成的保护层，外层为半透明、厚而坚韧、由子房壁发育而来的果皮，而内层是由珠被发育形成的种皮，两者结合紧密，不易分离。由于果皮与种皮分别发育自不同的组织，当内层的种皮随着灌浆过程的进行而不断膨大时，若果皮发育滞后即与种皮发育不协调时，就会发生果皮开裂，但这种不协调的现象在生产中较少发生。

症状

玉米籽粒上出现果皮不规则开裂、翘起，而种皮正常；由于果皮的开裂，也会导致种子的外保护层破损，而形成易被外界真菌侵染的通道（彩图94）。

彩图94　玉米籽粒果皮开裂

(奥瑞金种业股份有限公司摄)

第三章 虫害

第一节 地下害虫

95. 蛴螬
White grubs

蛴螬是金龟子幼虫的通称，属鞘翅目金龟甲总科，俗称地蚕、土蚕、蛭虫等，是地下害虫中种类最多、分布最广、食性杂、为害最重的一大类群。在我国为害玉米的主要有华北大黑鳃金龟、东北大黑鳃金龟、暗黑鳃金龟、铜绿丽金龟等。

分布与寄主

华北大黑鳃金龟 [*Holotrichia oblita* (Faldermann)] 属鳃金龟科，在我国主要分布于东北、华北和西北等地。

东北大黑鳃金龟 [*Holotrichia diomphalia* (Bates)] 属鳃金龟科，在我国分布于黑龙江、吉林、辽宁、甘肃和河北北部，是东北地区的重要地下害虫。

暗黑鳃金龟 [*Holotrichia parallela* Motschulsky，别名 *Holotrichia morosa* (Waterhouse)] 属金龟科，又叫暗黑齿爪鳃金龟，在我国除西藏外，其他各地均有分布。

铜绿丽金龟 (*Anomala corpulenta* Motschulsky) 属丽金龟科，除西藏、新疆未发现外，遍及全国。

成虫食性杂，取食花生及蔬菜等作物和苹果、杨、柳等多种树木叶片；幼虫为害玉米、谷子、马铃薯、花生、棉及豆类等多种农作物和阔叶、针叶树的根部及幼苗。

形态特征

（1）华北大黑鳃金龟（彩图95-1）

成虫：体长21～23mm，宽11～12mm，长椭圆形，黑色或黑褐色，带有光泽。胸、腹部生有黄色长毛，前胸背板较宽，前缘钝角。每鞘翅3条纵隆线。前足胫节外侧3齿，中后足胫节末端2距。雄虫末节腹面中央呈弧形凹陷，雌虫隆起。雌虫前臀节腹板中间具下横向枣红色棱形骨片。

卵：椭圆形，乳白色，表面光滑。

幼虫：共3龄。三龄幼虫体长35～45mm。头部红褐色有光泽。臀节腹面具钩毛，三角形分布。肛孔3射裂缝状。

蛹：黄白色至橙黄色，椭圆形。尾节具突起1对。

（2）东北大黑鳃金龟（彩图95-2）

成虫：体长16～21mm，宽8～11mm；体较短阔扁圆；黑色、黑褐色或栗褐色，有光泽。鞘翅革质、坚硬、长椭圆形，每侧各有4条明显的纵隆线。前足胫节外侧有3个齿，内侧有1距。腹部臀节外露，臀节背板包住末节，腹板呈半月形。

卵：初产时长椭圆形，两头稍尖，逐渐变成卵圆形，白色略带黄绿色光泽，表面光滑。

幼虫：共3龄。三龄幼虫体长35～45mm，乳白色，肥胖，弯曲，呈C形，多皱纹。头部橙黄色或者黄褐色，每侧具有前顶毛3根。胸足3对，细长，布满棕褐色细毛。肛门孔3裂。

蛹：裸蛹。头小，体微弯曲，尾节端部有1对角状突起。

（3）暗黑鳃金龟（彩图95-3）

成虫：体长16～21mm，宽7.8～12mm；体色变幅很大，有黄褐、栗褐、黑褐至深黑色，以黑褐、深黑色为多，无光泽；长椭圆形。前足胫节外侧3根齿突较钝。鞘翅及腹部有蓝白色短小的绒毛，鞘翅有

4条明显的纵隆线。

卵：与东北大黑鳃金龟相同。

幼虫：共3龄。三龄幼虫体长35～45mm。头部前顶毛每侧1根。臀节腹面钩毛区面积小于东北大黑鳃金龟幼虫。肛门孔3裂。

(4) 铜绿丽金龟（彩图95-4）

成虫：体长15～21mm，宽8～11mm；体背铜绿色，有金属光泽。前胸背板及鞘翅侧缘黄褐色。鞘翅黄铜绿色且纵隆脊略现。

卵：白色；初产时长椭圆形，逐渐膨大为近球形。

幼虫：共3龄。三龄幼虫体长29～33mm。头部暗黄色，近圆形，前顶毛两侧各8根，后顶毛10～14根，额中侧毛列各2～4根。肛门孔横裂状。

为害特征（彩图95-5）

成虫有时取食玉米叶片，将叶片咬成缺刻状；主要以幼虫取食萌发的玉米种子，造成缺苗断垄，或将玉米茎基部、根系咬断，使植株枯死，且伤口易被病菌侵入，引起其他病害的发生。

发生规律

华北大黑鳃金龟：在我国北方两年发生1代，在华中及江、浙等地1年发生1代。以成虫或幼虫越冬，在河北越冬成虫约4月中旬出土活动。成虫有趋光性和假死性，昼伏夜出，白天潜伏土中，晚上在灌木丛或杂草丛生的路旁、田边群集取食交尾。5月下旬至8月中旬产卵，多将卵散产在灌木丛或杂草丛周围的土壤中。成虫在土中潜伏、相继越冬，直至第二年春天才出土活动。幼虫有相互残杀习性，常沿垄向及苗行移动为害，新出幼苗易受害；幼虫在土壤中随地温升降而上下移动，老熟幼虫在土深20cm处筑土室化蛹。

东北大黑鳃金龟：在我国北方两年发生1代。以幼虫和成虫交替在土壤中越冬，5～7月成虫大量出现。成虫有假死性和趋光性，并对未腐熟的厩肥有强烈趋性，昼间藏在土中，20～21时为取食、交配活动盛期。5月下旬开始产卵，6月中、下旬为产卵盛期。成虫将卵产于松软湿润的土壤内，以水浇地最多。6月中旬出现初孵幼虫，7月中、下旬出现二龄幼虫，8月进入三龄，11月越冬。第二年5月幼虫上移为害农作物，6月下旬开始化蛹，8月上旬开始羽化，不出土，在羽化处越冬。

暗黑鳃金龟：在华北、华东等地1年发生1代。绝大部分以三龄幼虫在30cm以下的土层中越冬，极少数以成虫越冬，第二年4月开始活动为害，于春末夏初化蛹。6月中旬至8月上旬羽化，成虫大量出土，然后进入产卵盛期。当年孵化的一龄幼虫发生在7月上旬至8月上旬，二龄幼虫发生在8月中、下旬，正值玉米成株期，9月上旬大部分进入三龄，大量取食玉米根系，11月下潜越冬，翌春不为害，直至5月化蛹。

铜绿丽金龟：1年发生1代。主要以三龄幼虫少数以二龄幼虫在土壤中越冬。翌年4月越冬幼虫上升至表土为害，5月下旬至6月上旬化蛹，6～7月为成虫活动期，7～8月为幼虫活动高峰期，10～11月开始越冬。

防治技术

农业防治：①严重发生田块采取秋耕、倒茬、水旱轮作等农业措施。②人工捕捉幼虫：在被害株下挖出幼虫，杀灭。

物理防治：在成虫发生盛期，利用杀虫灯诱杀成虫。

化学防治：①种子包衣或拌种：用8%氟虫腈悬浮种衣剂包衣，1kg种衣剂对水稀释3倍后包300kg种子，或者用40%辛硫磷乳油0.5L加水20L，拌种200kg。②严重发生地块，用48%毒死蜱乳油2 000倍液或40%辛硫磷乳油1 000倍液灌根处理。③毒饵诱杀，每667m²用48%毒死蜱乳油150mL，或50%辛硫磷乳油150mL、30%乙酰甲胺磷乳油200mL+80%敌敌畏乳油200mL+2kg碎青菜叶（或杂草）+5kg炒香的麦麸、米糠或棉籽饼，对水到可握成团，于傍晚顺垄放置于垄间，注意不要撒到玉米叶片上。

彩图95-1　华北大黑鳃金龟

1.成虫　2.卵　3.一龄幼虫　4.二龄幼虫　5.三龄幼虫（侧面）　6.三龄幼虫（背面）

（1、2.尹娇摄，3～5.王振营摄，6.王庆雷摄）

彩图95-2　东北大黑鳃金龟

1.成虫　2.卵　3.三龄幼虫　4.蛹

（席景会摄）

彩图95-3　暗黑鳃金龟

1.成虫　2.卵　3.二龄幼虫　4.成虫及三龄幼虫

(1、2.尹娇摄，3、4.王振营摄)

彩图95-4　铜绿丽金龟

1.成虫　2.卵　3.二龄幼虫

(1.尹娇摄，2.王振营摄，3.王庆雷摄)

彩图95-5　蛴螬为害玉米状

1.被害株枯黄　2.被害株萎蔫　3.根系被害状　4.华北大黑鳃金龟成虫为害玉米　5.铜绿丽金龟成虫取食玉米叶片

(1～3.石洁摄，4.王振营摄，5.刘顺通摄)

96. 地老虎
Cutworms

地老虎属鳞翅目夜蛾科，种类很多，为害玉米的主要为小地老虎、黄地老虎和大地老虎3种。

分布与寄主

小地老虎[*Agrotis ypsilon*（Rottemberg）]异名*Noctua ypsilon*，别名土蚕、地蚕、黑土蚕、黑地蚕、切根虫，我国各地均有分布。

黄地老虎[*Agrotis segetum*（Schiffermller）]在我国主要分布于东北、西北、华北、华中、西南地区，华东、华南除广东、海南未见外，其他省份也有分布。

大地老虎[*Trachea tokionis*（Butler）]别名黑虫、地蚕、土蚕、切根虫、截虫，我国各地均有分布。

地老虎主要为害玉米、大豆、棉花、花生、小麦、高粱、马铃薯、甜菜、芝麻及瓜菜等多种农作物。

形态特征（彩图96-1）

（1）小地老虎

成虫：体长17～23mm，翅展40～54mm，全体灰褐色。前翅有两对横纹，翅基部淡黄色，外部黑色，中部灰黄色，并有1圆环，肾纹黑色，肾纹外侧有1个尖朝外的楔形黑斑。亚基线、内横线、外横线均为暗色中间夹白的波状双线，前段部分夹白特别明显；剑纹轮廓黑色；亚缘线白色，齿状，内侧有2个尖部朝内的三角形黑斑，3个斑相对；后翅灰白色，半透明，翅周围浅褐色。雌虫触角丝状，雄虫触角栉齿状。

卵：半球形，直径0.5mm，高0.3mm，表面有纵横隆起纹，初产时乳白色，孵化前变灰褐色。

幼虫：体长37～47mm，暗褐色，表皮粗糙，密生大小不同的颗粒，背面中央有2条淡褐色纵带。腹部第一至八节背面，每节有4个毛瘤，前两个显著小于后两个；体末端臀板为黄褐色，上有黑褐色纵带两条。头部唇基形状为等边三角形。

蛹：体长18～24mm，赤褐色。腹部第四至七节基部有圆形刻点，背面的大而且色深。腹端具有臀棘1对。

（2）黄地老虎

成虫：体长14～19mm，翅展32～43mm，灰褐至黄褐色。雌蛾触角丝状，雄蛾触角双栉状。额部具钝锥形突起，中央有一凹陷。前翅黄褐色，全面散布小褐点，各横线为双条曲线但多不明显，肾纹、环纹和剑纹明显，中央暗褐色，且围有黑褐色细边；后翅灰白色，半透明。

卵：扁圆形，底平，黄白色，具40多条波状弯曲纵脊，组成网状花纹。

幼虫：体长33～45mm，头部黄褐色，体淡黄褐色，体表颗粒不明显，体多皱纹而淡。臀板上有两块黄褐色大斑，中央断开，小黑点较多。腹部各节背面毛片4个，后两个比前两个稍大。

蛹：体长16～19mm，红褐色。腹部第四节背面中央具有稀小不明显的刻点，第五至七节背面前缘中央至侧面均有密且细小刻点9～10排，第五至七节腹面亦有刻点数排；腹末端稍延长，着生1对粗刺。

（3）大地老虎

成虫：体长20～22mm，翅展52～62mm，身体暗褐色。雌蛾触角丝状，雄蛾触角双栉齿状，分枝较长，向端部逐渐变细。肾纹、环纹、剑纹明显边缘是黑褐色，肾纹外方有1条黑色条斑；亚基线、外横线为双条曲线，外缘具有1列黑点。后翅淡褐色，外缘具有很宽的黑褐色边。

卵：半球形，从开始到孵化颜色依次为浅黄色、淡褐色和灰褐色。

幼虫：老熟幼虫体长41～61mm。头部黄褐色，额区在颅顶相会处呈双峰毗连；体黄褐色，体表多皱纹，微小颗粒不明显；臀板末端除两根刚毛附近为黄褐色外，其余几乎全为深色斑，并且布满龟裂状皱纹。

蛹：长23～29mm。腹部第三至五节明显比中胸及腹部第一、二节粗，腹端有1对臀棘。

为害特征（彩图96-2）

小地老虎一、二龄幼虫取食玉米苗心叶，造成小的孔洞，三龄以上咬断玉米苗茎基部，致使幼苗死亡，造成缺苗断垄，严重时可导致毁种。黄地老虎一、二龄幼虫在植株幼苗处昼夜为害，三龄后从接近地面的茎部蛀孔为害，造成枯心苗，三龄以后为害严重。大地老虎幼虫啃食植株幼苗茎基部，将其咬断，致使幼苗死亡，造成缺苗断垄，严重时可导致毁种。

发生规律

小地老虎的生活史在各省份因地势、地貌与气候不同而异，每年发生的代数随纬度的升高而减少，1年发生2～5代。成虫白天潜伏于杂草丛中、枯叶下、土隙间，夜晚活动。成虫产卵量和产卵期在各地有所不同，产卵期随着分布地区和世代不同而异，主要取决于温度高低。卵散产于杂草中或幼苗上，少数产于枯叶和土缝中，近地面处落卵最多。幼虫共6龄，老熟幼虫大多数迁移到田埂、田边、杂草附近，钻入干燥松土中筑土室化蛹。第一代幼虫数量最多，为害最重，是生产上防治的重点。小地老虎属迁飞害虫，春季由低纬度到高纬度、低海拔向高海拔迁飞，秋季则沿着相反的方向回迁。

黄地老虎在东北、内蒙古1年发生2代，西北2～3代，华北3～4代。一年中春、秋两季为害，但春季为害重于秋季。一般以老熟幼虫在麦田、绿肥、草地、菜田、休闲地、田埂以及沟渠堤坝附近的土壤中越冬。翌春3月上旬，越冬幼虫开始活动，4月上中旬幼虫老熟后上移到土壤表层，做土室化蛹。在华北5～6月为害最重，黑龙江6月下旬至7月上旬为害最重。

大地老虎在我国各地均为1年发生1代。幼虫孵化后取食一段时间，以低龄幼虫在田埂杂草丛及绿肥田的表土层越冬。3～5月进入为害盛期，温度达到20℃以上时，以老熟幼虫滞育越夏，9～10月羽化为成虫。卵多产在土表或者幼嫩杂草茎叶上，每头雌虫可产卵1 000粒。

地老虎成虫昼伏夜出，具较强趋光性和趋化性。对黑灯光极为敏感，对糖、醋、蜜、酒等酸甜芳香气味物质和泡桐叶表现强烈正趋化性。

防治技术

农业防治：及时清园，适时中耕除草，秋末冬初深翻土壤，防止地老虎成虫产卵。加强栽培管理，合理施肥灌水，增强植株抵抗力。合理密植，雨季注意排水，保持适当的温、湿度。

物理防治：人工捕杀，清晨在断苗、断株的根际挖土捕杀幼虫。利用成虫的趋光性，可用黑光灯或者高压汞灯等诱杀越冬代成虫，也可利用发酵变酸的食物（烂水果、胡萝卜、甘薯等）加入适量的药剂，诱杀成虫。

生物防治：在幼虫期和蛹期主要是保护利用寄生性天敌昆虫，如布额短须寄蝇、伏虎茧蜂、螟蛉绒茧蜂、广大腿小蜂等。捕食性天敌昆虫主要有鞘翅目的虎甲和步甲、革翅目的蠼螋、半翅目的猎蝽以及蜘蛛和鸟类。

化学防治：采用40%毒·辛乳油1 000倍液灌根或每667m^2用5%丁硫克百威颗粒剂3～5kg撒施后浇水防治。防治的关键是使药物与虫体充分接触，所以在用药时也可结合除草、打孔、提前浇水等方式，将地老虎诱至地表，以增加防效。

234　中国玉米病虫草害图鉴

彩图96-1　五种地老虎

1. 小地老虎雌成虫　2. 小地老虎卵　3. 小地老虎幼虫　4. 小地老虎蛹及土茧　5. 黄地老虎雄成虫　6. 黄地老虎卵　7. 黄地老虎幼虫　8. 黄地老虎蛹　9. 大地老虎雄成虫　10. 八字地老虎成虫　11. 警纹地老虎成虫

（1～8、10、11. 王振营摄，9. 王泽民摄）

彩图96-2　地老虎为害玉米状

1. 小地老虎咬断幼茎　2. 小地老虎咬断根系后幼苗萎蔫死亡　3. 黄地老虎为害玉米苗

（王振营摄）

97. 金针虫
Wireworms

金针虫是鞘翅目叩头甲科幼虫的通称，是一类重要的地下害虫，在我国分布很广。常见为害玉米的有沟金针虫、细胸金针虫、褐纹金针虫和宽背金针虫。

分布与寄主

沟金针虫 [*Pleonomus canaliculatus* (Faldermann)] 俗称节节虫、铁丝虫、钢丝虫、土蚰蜒、芨芨虫等，其成虫称为沟线角叩甲、沟叩头虫。沟金针虫是中亚大陆的特有种类，在我国南至长江流域沿岸，北至山西、河北、北京和辽宁南部，西至甘肃陇中东部和陇东南部，东至东部沿海广大地区均有分布。

细胸金针虫 [*Agriotes fuscicollis* (Miwa)] 俗称铁丝虫、叩头虫，其成虫又被称为细胸锥尾叩甲或细胸叩头虫，分布范围广，南达淮河流域，北至东北地区的北部，西北地区也有分布，以水浇地、低洼过水地和有机质较多的黏土地为害较重。

褐纹金针虫 [*Melanotus caudex* (Lewis)] 又称褐纹梳爪叩头虫，国内主要分布于华北和西北，华中的湖北、西南的广西和东北的辽宁等省份也有分布。在华北地区常与细胸金针虫混合发生。

宽背金针虫 [*Selatosomus latus* (Fabricius)] 在我国新疆、甘肃、宁夏、内蒙古、黑龙江和河北有分布，是西北地区的主要金针虫种类，有时局部为害严重。

金针虫为多食性昆虫，寄主范围十分广泛，为害玉米、高粱、谷子、棉花及麦类、豆类、多种蔬菜、林木的根部。

形态特征（彩图97-1）

（1）沟金针虫

成虫：雌虫体长14～17mm，宽4～5mm，体形扁平；雄虫体长14～18mm，宽3.5mm，体形较细长。雌虫体深褐色，密生金黄色细毛，头部扁，头顶呈三角形洼凹，密生明显刻点；触角深褐色，略呈锯齿状，11节，长约为前胸的2倍。雌虫前胸发达，前窄后宽，宽大于长，向背面呈半球形隆起；鞘翅上的纵沟不明显，后翅退化。雄虫体细长，触角12节，丝状，长可达鞘翅末端；鞘翅上的纵沟较明显，有后翅。

卵：近椭圆形，乳白色，长约0.7mm，宽约0.6mm。

幼虫：初孵幼虫体乳白色，头及尾部略带黄色，后渐变黄色。老熟幼虫体长20～30mm，最宽处约4mm。体金黄色，体表有同色细毛。体节宽大于长，从头至第九腹节渐宽。前头及口器暗褐色，头部黄褐色，扁平，上唇退化，其前缘呈三叉状突起；臀节黄褐色分叉，背面有暗色近圆形的凹入，其上密生刻点，两侧缘隆起，每侧有3个齿状突起，尾端分为尖锐面向上弯曲的二叉，每叉内侧各有1个小齿。

蛹：纺锤形。雌蛹长16～22mm，宽4.5mm；雄蛹长15～19mm，宽3.5mm。前胸背板隆起呈半圆形，中胸较后胸短，背面中央隆起并有横皱纹，自中胸两侧向腹面伸出，翅端达第三腹节。

（2）细胸金针虫

成虫：体长8～9mm，宽约2.5mm，细长，暗褐色，略有光泽。触角红褐色，第二节球形。前胸背板略呈圆形，长大于宽，后缘角伸向后方。鞘翅长约为胸部的2倍，上有9条纵列的刻点，足红褐色。

幼虫：细长圆筒形。末龄幼虫体长约23mm，宽约1.3mm，淡黄色，有光泽。头部扁平，口器深褐色。第一胸节较第二、三节稍短。一至八腹节略等长，臀节圆锥形，近基部两侧各有1个褐色圆斑和4条褐色纵纹，顶端具1个圆形突起。

蛹：纺锤形。长8～9mm，化蛹初期体乳白色，后变黄色；羽化前复眼黑色，翅芽灰黑色。

（3）褐纹金针虫

成虫：体长8～10mm，宽约2.7mm，细长，被灰色短毛。头部黑色，向前突，密生刻点。触角暗褐色，第二、三节近球形，第四节较第二、三节稍长，第四至第十节锯齿状。前胸背板黑色，长明显大于宽，后角尖，向后突出。鞘翅狭长，为胸部的2.5倍，黑褐色，自中部开始向端部渐缩；上有9行纵列刻点。腹部暗红色，足暗褐色。

卵：长0.6mm，椭圆形至长卵形，白色至黄白色。

幼虫：共7龄。末龄幼虫体长25～30mm，宽1.7mm，体圆筒形细长，棕褐色，具光泽。第一胸节、第九腹节红褐色。头梯形扁平，上生纵沟并具小刻点。体背具微细刻点和细沟，第一胸节长，第二胸节至第八腹节各节的前缘两侧，均具深褐色新月形斑纹。臀节扁平且尖，近圆锥形，前缘具半月形斑2个，前部具纵纹4条，后半部具皱纹且密生粗大刻点；尖端有3个小突起，中间的尖锐，呈红褐色。

(4) 宽背金针虫

成虫：雌虫体长10.5～13mm，雄虫体长9～12mm，体形粗短宽厚。体褐铜色或暗褐色。头具粗大刻点。触角暗褐而短，端达不到前胸背板基部。前胸宽大于长，前胸背板横宽，侧缘具有翻卷的边沿，向前呈圆形变窄，后角尖锐刺状，伸向斜后方。小盾片横宽，半圆形。鞘翅宽，适度凸出，端部具宽卷边，纵沟窄，有小刻点，沟间突出。足棕褐色，腿节粗壮，后跗节明显短于胫节。

卵：乳白色，近球形。

幼虫：体宽扁。老熟幼虫体长20～22mm，棕褐色。腹部背片不显著凸出，有光泽，隐约可见背纵线，腹部第九节端部变窄，背片具圆形略凸出的扁平面，上覆有2条向后渐近的纵沟，其两侧有明显的龙骨状缘，每侧有3个齿状结节。臀节末端分叉，缺口呈横卵形，开口约为宽径之半。左右两叉突大，每一叉突的内支向内上方弯曲；外支如钩状，向上，在分支的下方有2个大结节，一个在外支和内支的基部，一个在内支的中部。

蛹：长约10mm，初蛹乳白色，后变为白色带浅棕色。

为害特征（彩图97-2）

金针虫取食玉米种子、幼芽，使其不能发芽出苗；也可钻蛀入玉米苗茎基部内取食，有褐色蛀孔，被害幼苗的主根或茎基部很少被咬断，被害部位不整齐。成虫在地上取食嫩叶。

发生规律

沟金针虫：一般3年完成1代，第一年、第二年以幼虫越冬，第三年以成虫越冬。受土壤水分、食料等环境条件的影响，田间幼虫发育很不整齐，每年成虫羽化率不相同，世代重叠严重。老熟幼虫从8月上旬至9月上旬先后化蛹，化蛹深度以13～20cm土层中最多，成虫于9月上、中旬羽化。越冬成虫在2月下旬出土活动，3月中旬至4月中旬为盛期。成虫白天躲藏在表土缝隙间、杂草间或土块下，傍晚爬至土面活动和交配。雌虫行动迟缓，不能飞翔，有假死性，无趋光性；雄虫出土迅速，活跃，飞翔力较强，只做短距离飞翔，黎明前潜回土中。成虫将卵散产在土下3～7cm深处。卵于5月初开始孵化，5月上、中旬为孵化盛期。土壤湿度大时对其化蛹和羽化有利。

细胸金针虫：一般2年完成1代，少数3年完成1代。以成虫和幼虫在20～40cm的土中越冬。越冬幼虫5月开始为害，6月中、下旬老熟幼虫开始化蛹，7月中、下旬羽化，但仍蛰伏在土室中越冬。越冬成虫在3月中、下旬开始活动，4月下旬到5月下旬产卵。卵产于表土内。华北地区多发生在水地或者湿度较大的低洼过水地及河岸淤泥地，以富含水分和有机质的黏土地较多见。

褐纹金针虫：在陕西3年发生1代。当年孵化的幼虫发育到三至四龄越冬，第二年以五至七龄幼虫越冬，第三年正常发育的幼虫7～8月化蛹，羽化为成虫后即在土内越冬。越冬成虫在5月上旬平均土温17℃、气温16.7℃开始出土，成虫活动适温20～27℃，下午活动最盛，5～6月进入产卵盛期。

宽背金针虫：每4～5年完成1代，以成虫和幼虫越冬。越冬成虫于5月开始出现，一直延续到7月，成虫出现后不久就交尾产卵。越冬幼虫于4月末至5月初开始上升活动，为害玉米种子和玉米苗。老熟幼虫在7月中下旬化蛹。

防治技术

农业防治：①冬季深耕35cm左右，破坏其生存和越冬场所，降低虫口密度。②合理轮作，做好翻耕暴晒，减少越冬虫源。③加强田间管理，清除田间杂草，减少食物来源。④发生严重时可浇水迫使害虫垂直移动到土壤深层，减轻为害。

物理防治：在成虫发生期，利用杀虫灯诱杀，有一定防治效果。

化学防治：①种子包衣或拌种：用8%氟虫腈悬浮种衣剂包衣，或用40%辛硫磷乳油500mL加水20L，拌种200kg。②土壤处理：每667m²用5%辛硫磷颗粒剂1.5kg拌入化肥中，随播种施入地下；或耕地时用50%辛硫磷乳油75mL拌细土2～3kg撒施。③用48%毒死蜱乳油2 000倍液或40%辛硫磷乳油1 000倍液灌根。

彩图97-1　金针虫

1、2.沟金针虫雄成虫和末龄幼虫　3～5.细胸金针虫成虫、末龄幼虫和蛹　6～8.褐纹金针虫成虫、幼虫侧面观和幼虫正面观

（1、3、6.王庆雷摄，2、4、7.王振营摄，5.李建平摄，8.杨利华摄）

彩图97-2　金针虫为害玉米状

1.细胸金针虫为害未萌发的种子　2.金针虫为害玉米种子和主根

（1.苏前富摄，2.石洁摄）

98. 二点委夜蛾
Athetis lepigone

分布与寄主

二点委夜蛾 [*Athetis lepigone*（Möschler）] 异名 *Proxenus lepigone*（Möschler），属鳞翅目夜蛾科。国内主要分布于河北、山东、河南、安徽、江苏、山西、北京、天津、陕西和辽宁等省份，主要为害玉米、大豆、花生、棉花、甘薯、谷子、高粱等农作物及萝卜、白菜、番茄、辣椒、油麦菜等蔬菜。

形态特征（彩图98-1）

成虫：雌蛾体长8.1～11.0mm，翅展20.5～23.5mm；雄蛾体长7.8～10.5mm，翅展18.4～20.0mm。头部暗灰色，复眼褐色，半球形，表面光滑。触角丝状，暗褐色，基部两节稍粗。前翅具金属光泽，布有暗褐色细点，基线隐约可见；中线和外线为暗褐色波浪状；环纹为暗褐色点，有时不明显；中剑纹为黑色三角形或菱形斑；肾形斑由黑点组成边缘，外侧中凹有白点；翅外缘端部有7～8个黑点排成一列。

卵：长0.45mm，宽0.63mm，圆形馒头状。初产卵淡青色或淡乳白色，逐渐变褐，孵化前上半部变成暗褐至黑色。

幼虫：共6龄，多数5龄。一、二龄幼虫腹部三、四节的第一、二对腹足缺失，仅有第三对腹足，行走方式类似造桥虫，腹背弓起，三龄后第一、二对腹足发育完全。老熟幼虫黑褐色或灰褐色，体长14.0～19.6mm，头壳宽1.5mm。头部黄褐色，由头盖缝从头顶将头部划分为三大部分，中央三角区为额，两侧为颅侧区。胸部灰褐色。腹部10节，背部两侧各具1条深褐色边缘灰白色的亚背线，气门黑色，气门上线黑褐色，气门线白色，体表光滑。每节腹背前缘隐约可见V形纹。

蛹：长7.0～10.6mm，宽2.8～3.0mm。化蛹初期乳白色，1h后蛹尾端开始变红，2.5h后蛹体变为红褐色，近羽化前，蛹体变为黑褐色。雌性生殖孔具2个邻接的开口，位于腹面第八节和第九节之间，雄性生殖孔为一裂痕状，位于第九节腹面；肛门孔位于第十节腹面，末端有臀刺2根。

为害特征（彩图98-2）

幼虫以3种方式为害玉米植株：①咬食刚出土的嫩叶，形成孔洞叶。②咬食玉米茎基部，形成1个孔洞；当小苗茎基部被咬成3～4mm圆形或椭圆形的孔洞时，疏导组织即被破坏，心叶萎蔫，植株死亡。③幼虫从一侧咬食5～8叶大苗的根部，造成玉米苗倒伏，但不萎蔫。为害的类型并不单一，常为混合发生。此外，在玉米成株期，幼虫可咬食气生根，导致玉米倒伏；偶尔也蛀茎为害和取食玉米籽粒。

发生规律

二点委夜蛾在黄淮海地区1年发生4代。4～5月为越冬代成虫发生期，一代幼虫多在麦田小麦茎基部取食枯黄落叶；6月至7月上旬为一代成虫发生期，6月中、下旬为一代成虫发生高峰期，成虫将卵散产于有麦秸覆盖的夏玉米苗基部和附近土壤表面。孵化后的幼虫在6月底至7月初躲在玉米根际还田的碎麦秸下为害夏玉米苗，多集中于植株周围30cm范围内，单株虫量最多可达20余头。幼虫具有转株为害习性，常顺垄为害，造成局部大面积缺苗断垄。7月中旬至8月上旬为二代成虫发生期，发生高峰在7月中、下旬，种群数量大，但玉米田间调查幼虫数量不大，为害不明显；8月中旬至9月下旬为三代成虫发生期。第三代老熟幼虫在10月下旬开始以休眠态老龄幼虫在多种作物田的落叶和杂草下，尤其是在棉田、豆田、花生田及林木下等场所越冬。老熟幼虫主要是在地表吐丝将周围土粒黏成一土茧，也有少量老熟幼虫可在地表直接把覆盖的落叶黏起形成一叶茧，虫茧一般为长1.5～2cm、直径0.5～1cm的椭圆形茧室，在茧内越冬。翌年春季3月下旬，老熟幼虫开始化蛹。

防治技术

农业防治：①麦收后灭茬，可减少成虫产卵，破坏二点委夜蛾幼虫的栖息环境；或清理玉米播种行的麦秸和麦糠，露出播种沟，破坏二点委夜蛾幼虫的适生场所，减轻为害。②秋耕或春耕，破坏二点委夜蛾越冬幼虫的栖息场所，降低越冬虫源基数，减轻二点委夜蛾为害。

物理防治：①二点委夜蛾成虫具有很强的趋光性，可设置杀虫灯诱杀成虫。②利用性诱盆进行诱杀。

生物防治：利用白僵菌防治，二点委夜蛾幼虫有群集性，且喜欢在麦秸下以及田间残枝落叶和杂草下栖息，在这种环境下，有利于白僵菌杀虫作用的发挥。

化学防治：①种子包衣或拌种：选用含丁硫克百威、溴氰虫酰胺成分的有内吸作用的种衣剂包衣或拌种。②播种沟撒施毒土：每667m^2用50%辛硫磷乳油200mL，稀释10～20倍后，喷洒在20kg的干细土上，拌匀后，均匀撒在播种沟内。③播后苗前全田喷施杀虫剂：可采用有机磷类、菊酯类、苯甲酰脲类等农药，喷严喷透，杀灭麦秸上的虫卵和低龄幼虫。如采用4.5%高效氯氰菊酯乳油或48%毒死蜱乳油1 000倍液或每667$m^2$20%氯虫苯甲酰胺悬浮剂10mL稀释后地面喷雾。④苗后喷雾：在玉米3～5叶期，用48%毒死蜱乳油1 500倍液、30%乙酰甲胺磷乳油1 000倍液或0.6%甲氨基阿维菌素苯甲酸盐微乳剂200～300倍液，顺垄直接喷淋玉米苗茎基部，杀死高龄幼虫。⑤撒毒饵或毒土：在玉米5叶期前，每667m^2用48%毒死蜱乳油150mL，或50%辛硫磷乳油150mL、30%乙酰甲胺磷乳油200mL+80%敌敌畏乳油200mL+ 2kg碎青菜叶（或杂草）+5kg炒香的麦麸，对水至可握成团，于傍晚顺垄放置于垄间，不要撒到玉米上；或用48%毒死蜱乳油、50%辛硫磷乳油按1∶100（药∶土或细沙土）制成毒土均匀撒于经过清垄的玉米根部周围，但要与玉米苗保持一定距离。

注意：施用除草剂烟嘧磺隆的田块，7d前后禁止施用有机磷类农药，以免产生药害。

彩图98-1　二点委夜蛾

1. 成虫　2. 卵　3. 幼虫　4. 土茧　5. 蛹

（1. 王振营摄，2～5. 石洁摄）

彩图98-2　二点委夜蛾为害玉米状

1.为害幼苗　2.钻蛀幼苗茎基部　3.蛀食茎秆　4.咬食气生根　5.取食籽粒

（1、5.王振营摄，2、3.石洁摄，4.杨利华摄）

99. 蝼蛄
Mole crickets

蝼蛄是直翅目蝼蛄科昆虫的通称，在我国为害玉米的主要有华北蝼蛄和东方蝼蛄两种。

分布与寄主

东方蝼蛄（*Gryllotalpa orientalis* Burmeister），我国各地均有分布，在北方分布于盐碱地、沙壤地，在南方为害比北方严重。

华北蝼蛄（*Gryllotalpa unispina* Saussure），又名大蝼蛄、拉拉蛄、地拉蛄、土狗子、地狗子，国内除新疆外，其余各省份均有分布，在长江以北地区，常与东方蝼蛄混合发生。

蝼蛄食性杂，为害玉米、高粱、谷子、水稻、棉花、花生、甜菜、烟草、大麻、黄麻及麦类、薯类、多种蔬菜和苗木等。

形态特征（彩图99-1）

（1）东方蝼蛄

成虫：雌虫体长31～35mm，雄虫体长30～32mm。体淡灰褐色或浅灰黄色，全身密被细毛。头圆锥形、暗褐色，触角丝状、黄褐色，复眼红褐色。前胸背板卵圆形，中间有1个明显的暗红色、长心脏形凹陷斑，长约5mm。前翅短，灰褐色，覆盖腹部达一半；后翅卷缩如尾状，超越腹部末端。腹末端有1对尾须。前足为开掘足，后足胫节内侧有3枚背刺。

卵：长椭圆形，初产时长约2.8mm、宽约1.5mm，孵化前长约4.0mm、宽约2.3mm。初产时乳白色，渐变成黄褐色，孵化前为紫褐色。

若虫：有8～9龄，初孵若虫乳白色，渐变成褐色。

(2) 华北蝼蛄

成虫：雌虫体长45～66mm，头宽约9mm；雄虫体长39～45mm，头宽约5.5mm。体黄褐色，密被黄褐色细毛。头部暗褐色，触角丝状。前胸背板盾形，中央1个心脏形、凹陷、不明显的暗红色斑。前翅较短，黄褐色，覆盖腹部不到一半；后翅长远超越腹部，纵褶成条，达尾须末端。前足扁宽，后足胫节内侧有1枚背刺。

卵：椭圆形，初产时长1.6～1.8mm、宽1.3～1.4mm，孵化前长2.4～3.0mm、宽1.5～1.7mm。初产时黄白色，渐变成黄褐色，孵化前为深灰色。

若虫：有13龄，初孵若虫乳白色，渐变成褐色。

为害特征（彩图99-2）

成虫和若虫喜在地下活动，取食播下的玉米种子和幼芽，甚至将幼苗咬断而死，受害的根颈部呈乱麻状。成虫和若虫在地下活动后，将土表窜成许多隧道，使幼苗根部脱离土壤失水而枯萎，严重时造成缺苗断垄。

发生规律

东方蝼蛄在南方1年发生1代，北方2年发生1代，以老熟若虫或成虫在土中越冬。成虫飞翔力很强，翌年4月越冬成虫为害至5月，交尾并产卵，喜在潮湿土中产卵，卵期约20d。若虫为害至9月，蜕皮变为成虫，10月下旬入土越冬，发育晚的则以老熟若虫越冬。

华北蝼蛄3年发生1代，成虫和若虫在土内深处越冬。越冬成虫于春季3～5月开始活动，5～6月产卵。喜在轻盐碱地内的缺苗断垄、干燥向阳、松软油渍状土壤里产卵。9～10月若虫经过8次蜕皮后越冬。翌年继续蜕皮3～4次，至秋季达到十二龄至十三龄时再越冬，第三年羽化为成虫越冬。

蝼蛄成虫昼伏夜出，有趋光性，对半熟的谷子及炒香的豆饼、麦麸等香甜物质有强烈趋性，有趋向马粪等有机质习性。

防治技术

农业防治：精耕细作，深耕多耙；施用充分腐熟的农家肥。

物理防治：利用杀虫灯诱杀。

化学防治：①毒饵诱杀：根据蝼蛄成虫对香甜物有强烈趋性的特点，撒施毒饵进行防治。用50%辛硫磷乳油1 000g以水稀释5倍，与30～50kg炒香的麦麸、豆饼、棉籽、碎玉米粒拌匀，在傍晚撒施于玉米田地表。②药剂灌根：可用40%毒·辛乳油1 000倍液在被害苗根部浇灌以杀死土中的蝼蛄。

彩图99-1　蝼　蛄

1. 东方蝼蛄成虫　2. 东方蝼蛄若虫　3. 华北蝼蛄成虫

（石洁摄）

彩图99-2　蝼蛄为害玉米状

1. 被害苗及地表隧道　2. 被咬断的幼苗　3. 被害根颈部呈乱麻状　4. 为害形成的隧道

（1、3、4. 石洁摄，2. 苏前富摄）

100. 耕葵粉蚧
Trionymus agrostis

分布与寄主

耕葵粉蚧（*Trionymus agrostis* Wang et Zhang）属半翅目蚧总科粉蚧科。国内分布于黑龙江、吉林、辽宁、河北、北京、山东、河南、山西、陕西。耕葵粉蚧可为害玉米、小麦、谷子、高粱等禾本科作物及狗尾草、金色狗尾草、看麦娘、稗草、马唐、大画眉草、牛筋草、虎尾草等禾本科杂草。

形态特征（彩图100-1）

成虫：雌虫扁平长椭圆形，红褐色，全身覆一层白色蜡粉。眼椭圆形，发达而突出；触角8节；足发达。雄虫较小，深黄褐色。单眼3对，紫褐色，触角10节，胸足发达，足3对，前翅白色透明，后翅退化为平衡棒。

卵：长椭圆形，初橘黄色，孵化前浅褐色；卵囊白色，棉絮状。

若虫：共2龄，一龄若虫无蜡粉；二龄若虫体表出现白蜡粉，触角7节。

蛹：长形略扁，黄褐色，触角、足、翅明显；茧长形，白色柔密，两侧近平行。

为害特征（彩图100-2）

主要为害玉米幼苗，以若虫和雌成虫群集在近地表的茎基部、根部和叶鞘内刺吸汁液。玉米受害后茎基部变黑，根尖变黑腐烂，严重时根及茎基部变粗畸形；地上部植株生长矮小细弱，叶片发黄，叶尖和叶缘干枯，逐渐扩展至全叶枯死，严重时不结实或整株死亡，对产量影响很大。种群数量大时，耕葵粉蚧甚至在成株期的玉米叶鞘、茎节聚集为害，引起茎节腐烂、植株倒折。

发生规律

在河北1年发生3代，以卵囊附着在田间的玉米根茬或秸秆上越冬。夏玉米区第一代在小麦上为害，第二代6月中旬孵化，正是夏玉米2～3叶期。不喜高温，早晚聚集在根及茎基部为害，炎热时躲避到较深的土壤中。小麦与玉米套种田、免耕田、管理粗放杂草丛生的田块发生较重。而在春玉米区，第一代为害春玉米苗。

防治技术

农业防治：①实行轮作。在耕葵粉蚧连年发生严重的地块，建议与双子叶作物轮作倒茬，减少虫源。②清除田边杂草。减少寄主，降低虫源基数，减轻为害。③加强栽培管理。小麦、玉米等作物收获后，及时深耕灭茬，并将根茬带出田外集中处理。④增施有机肥和磷、钾肥，促进玉米根系发育；及时中耕除草。⑤选用抗虫品种。玉米品种间对耕葵粉蚧的抗性存在较大差异，应选用苗期发育快的品种，可有效减轻该虫为害。

化学防治：①可用35%丁硫克百威种子处理干粉剂按种子量的2%～3%进行拌种处理。②玉米耕葵粉蚧一龄若虫期是其扩散活动期，且体表无蜡粉覆盖，是防治的关键时期。应根据当地虫情测报及时施药防治。可选用48%毒死蜱乳油800～1 000倍液或40%辛硫磷乳油1 000倍液、25%氰戊·辛硫磷乳油1 000倍液、80%敌敌畏乳油1 000倍液灌根，防治效果可达到90%以上。

彩图100-1　耕葵粉蚧

1.雌成虫　2.雄成虫　3.卵　4.一龄若虫　5.二龄若虫　6.蛹茧

（1、5、6.石洁摄，2～4.屈振刚摄）

彩图100-2　耕葵粉蚧为害玉米状

1.为害根部　2.被害幼苗叶片枯黄　3.为害茎基部　4.为害地上部茎节　5.为害叶鞘　6.为害茎秆

（石洁摄）

101. 异跗萤叶甲
Apophylia flavovirens

分布与寄主

异跗萤叶甲 [*Apophylia flavovirens* (Fairmaire)] 属鞘翅目萤叶甲亚科，又名旋心虫、玉米枯心叶甲，俗称玉米蛀虫、黄米虫。国内分布于吉林、辽宁、内蒙古、河北、山东、山西、陕西、安徽、浙江、湖北、江西、湖南、福建、台湾、广东、海南、广西、四川、贵州及西藏等省份。幼虫为害玉米、高粱、谷子，成虫为害紫苏、白苏、冬凌草、丹参和野蓟等。

形态特征（彩图101-1）

成虫：雄虫体长3.9~6.1mm，宽1.5~2.1mm；雌虫体长5.9~6.8mm，宽1.8~2.6mm。体长形，全身被短毛。头后半部、小盾片黑色；头前半部、前胸和足黄褐色，中胸、后胸和腹部黑褐至黑色；鞘翅翠绿色，有时带蓝紫色。复眼大。触角丝状，11节，基部4节黄褐色，其余黑褐色；雄虫触角长，几乎达翅端；雌虫触角伸至鞘翅中部。前胸背板倒梯形，前、后缘微凹，表面具细密刻点，中央微凹，两侧各有一个较深凹窝。小盾片舌形，密布小刻点和毛。鞘翅两侧近于平行，翅面刻点密。

卵：椭圆形，长约0.8mm，表面光滑，初产淡黄色，后呈黄色，部分为褐色。

幼虫：末龄幼虫体长10~12mm，体黄色至黄褐色，头部深褐色，体节11节，中胸至腹部末端每节均有红褐色毛片，中、后胸两侧各有4个，腹部第一至八节两侧各有5个，尾片黑褐色。

蛹：长4~5mm，黄色，为裸蛹。

为害特征（彩图101-2）

幼虫在近地表面2~3cm的茎基部或根、茎交界处钻入植株取食。被害株心叶产生纵向黄色条纹；严重时生长点受害形成枯心苗或植株矮化畸形，分蘖增多。茎基部被害处有明显的褐色虫孔或虫伤，在被害株根部或茎基部很容易找到旋心虫，一般每株有虫1~6头。玉米受异跗萤叶甲为害后，8~10d叶片开始出现黄绿条纹症状，此症状与玉米缺锌症状相似，它们的主要区别为旋心虫为害后在玉米茎基部留有褐色蛀孔，根也常被幼虫取食，根系不发达。

发生规律

北方1年发生1代，以卵在土中越冬，翌年6月下旬幼虫开始为害，7月上中旬进入为害盛期，幼虫蛀食玉米苗，在玉米幼苗期可以转移多株为害。老熟幼虫在地表做土茧化蛹；成虫白天活动，夜晚栖息在株间；成虫有假死性，将卵产在疏松的玉米田表土中。

防治技术

农业防治：①实行轮作。严重发生地区可与马铃薯、豆类等非寄主作物轮作，有条件的地区可实行水旱轮作。②及时清除田间、地埂、渠边杂草。③秋季深翻灭卵，降低越冬基数，上年发生严重的地块，将表土中的卵捡出集中处理，不要将根茬旋耕在地里，可减轻翌年为害。

化学防治：①用含吡虫啉、氟虫腈或丁硫克百威成分的种衣剂包衣。②为害初期，用40%辛硫磷乳油1 000~1 500倍液或40%乐果乳油500倍液、15%毒死蜱乳油500倍液灌根；也可每667m^{2}用25%甲萘威可湿性粉剂或2.5%敌百虫粉剂1~1.5kg，拌细土20kg，搅拌均匀后，顺垄撒在玉米根周围，杀灭转移为害的幼虫。

彩图101-1　异跗萤叶甲

1.雌成虫　2.雄成虫　3.幼虫　4.蛹

（王振营摄）

彩图101-2　异跗萤叶甲为害玉米状

1.被钻蛀的玉米根系　2.钻蛀茎基部　3.钻蛀形成的孔洞　4.为害后形成的丛生苗

（王振营摄）

102. 弯刺黑蝽
Scotinophara horvathi

分布与寄主

弯刺黑蝽（*Scotinophara horvathi* Distant）属半翅目蝽科，俗称屁斑虫。在我国分布于四川、陕西、湖北、湖南、贵州、云南等省的部分山区，为害玉米、旱稻、高粱、小麦、薏苡等作物以及旱稗、雀稗、狗尾草、牛筋草等禾本科杂草。

形态特征（彩图102-1）

成虫：雄虫体长8～9mm，雌虫9～10mm。前胸背板暗黄色，后足胫节中部黄褐色，身体其余部分黑色。成虫头部黑色，前端呈小缺刻状。前胸背板前角尖长而略弯，指向前方，其侧角伸出体外，端部略向下弯。体表密被短毛，成虫常沾满泥土，呈黑褐色。

卵：杯状，卵盖隆起。初产时为灰绿色或蓝灰色，后变为暗灰色，孵化前呈暗紫色。

若虫：有4～6龄。一龄时腹部背面突出如小瓢虫状，上有桃红色斑。头部中叶比侧叶长，端部较侧叶略宽。二龄与一龄相似，头部中叶较侧叶长，但前端与侧叶等宽。三龄若虫深褐色，头部中叶与侧叶前端几乎等长，翅芽可见。四龄若虫黄褐色或黑褐色。头部中叶较侧叶略狭、略短，翅芽短，超出后胸侧缘。五龄若虫头部中叶较侧叶略短，宽约为侧叶之半。六龄若虫体色似四龄若虫，头部中叶比侧叶短、狭，翅芽伸至腹部第三节背面。

为害特征（彩图102-2）

以成虫和若虫在玉米苗茎基部和根部刺吸汁液。2～5叶期玉米苗被害后，心叶萎蔫、叶片变黄、植株枯死。5～10叶期被害，叶片出现排孔，生长点受刺激，新叶卷曲、色浓、皱缩、纵裂，植株矮化、扭曲、分蘖丛生、呈畸形状而无收。拔节后玉米被害较轻。

发生规律

1年1～2代。以成、若虫在玉米根部、茎基部及禾本科植物、杂草根际表土中越冬。翌年气温回升后开始活动，卵块产于表土土块下或近地叶背面，成双排状，每块卵5～10粒。若虫和成虫有假死性、畏光性，喜食幼嫩的叶片和嫩茎的汁液。成虫有翅，但未见飞行。

防治技术

农业防治：①合理轮作。弯刺黑蝽重发区域建议推广水旱轮作或玉米与大豆、甘薯、烟草等非禾本科作物的轮作制度。②清洁田园。破坏弯刺黑蝽的越冬场所，压低虫口基数。玉米收获后，连根拔除玉米秸秆，带出田外集中处理，并及时翻耕，有条件的进行一次灌水，恶化害虫越冬环境。③人工捕杀。当田间零星出现为害状时，结合第一次中耕，用竹片轻轻刨开被害玉米苗根部表土，查找弯刺黑蝽的成、若虫，人工捕杀。

化学防治：防治弯刺黑蝽应在玉米5叶期之前进行，因为早期该虫为害较轻，只见排孔，而无皱缩畸形植株，被害株还可继续生长结实。可用600g/L吡虫啉悬浮种衣剂或35%丁硫克百威种子处理干粉剂拌种，或在播种时用3%辛硫磷颗粒剂施入玉米穴中。当田间出现被害株时，用48%毒死蜱乳油1 500倍液或10%氯氰菊酯乳油2 000倍液灌根。

彩图102-1　弯刺黑蝽

1. 成虫　2. 卵　3. 卵和若虫

（1、3. 李晓摄，2. 王振营摄）

彩图102-2　弯刺黑蝽为害玉米状

1. 刺吸为害　2. 被害植株呈丛生状

（王振营摄）

103. 蛀茎夜蛾
Helotropha leucostigma

分布与寄主

蛀茎夜蛾 [*Helotropha leucostigma* Laevis（Buer）] 异名 *Celaena leucostigma*（Hübner），属鳞翅目夜蛾科，别名大菖蒲夜蛾、玉米枯心夜蛾，国内分布在黑龙江、吉林、辽宁、内蒙古和河北等地，为害玉米、高粱、谷子等禾本科作物以及菖蒲、稗草等杂草。

形态特征（彩图 103-1）

成虫：体长 15～70mm，翅展 37～44mm。前翅深褐色，有一乳黄色肾状纹，翅顶角有一椭圆形浅黄斑，前缘有黑色弧形纹。

卵：长 0.7mm，黄白色，扁圆馒头形；卵块为不规则形条状。

幼虫：体长 28～35mm，头部深棕色，前胸盾板黑褐色，胸足浅棕色，腹部背面灰黄色，腹面灰白色，毛片、臀板黑褐色，臀板后缘向上隆起，上面具向上弯的爪状突起 5 个，中间一突起最大，是该幼虫主要特征。

蛹：体长 17～23mm，背面第四至七腹节前端具不规则刻点，腹部末端钝，两侧各具浅黄色钩刺 2 个。

为害特征（彩图 103-2）

幼虫多由近地表下的玉米幼苗茎基部咬孔蛀入，蛀入后向上取食，有时也从玉米根部蛀入为害，被害玉米幼苗心叶萎蔫或全株枯死，极少数切断玉米幼茎，被害苗根部可见明显蛀孔。有转株为害习性。

发生规律

1 年发生 1 代，以卵在杂草上越冬，翌年 5 月中旬孵化，6 月上旬为害玉米苗。幼虫有相互残杀的习性，一般 1 株仅 1 头幼虫。成虫有趋光性，在田间杂草上产卵。气候温暖湿润，利其发生；靠近荒地的田块或免耕田、套播田、低洼地受害重。

防治技术

农业防治：①清除田边杂草，消灭越冬寄主，可减轻为害。②增加播种量，结合玉米间苗、定苗拔除有虫株。

化学防治：发现玉米苗受害时，可用 75% 辛硫磷乳油 500mL 对水喷拌 120kg 细土或 80% 敌百虫可溶性粉剂 2～3kg 对水稀释后加 20～30kg 细土拌成毒土，顺垄撒在幼苗根际处，也可用 48% 毒死蜱乳油或 40% 辛硫磷乳油 1 500 倍液、1.8% 阿维菌素乳油 2 000 倍液根际喷雾。

彩图103-1　蛀茎夜蛾

1、2.雌成虫　3.幼虫

(1、2.常雪摄　3.王振营摄)

彩图103-2　蛀茎夜蛾为害玉米状

1.蛀茎夜蛾幼虫蛀孔　2.钻蛀为害　3.被害苗萎蔫　4.被害苗心叶枯死

(王振营摄)

104. 根土蝽
Root bug

分布与寄主

根土蝽（*Stibaropus formosanus* Takado et Yamagihara）属半翅目土蝽科，曾定名为麦根椿象（*Stibaropus flavidus* Signorot），也称作麦根蝽，俗名地臭虫、土臭虫。国内分布在华北、东北、西北和台湾，为害小麦、玉米、谷子、高粱及禾本科杂草，常年栖息于土壤内，在地下为害植物根。

形态特征（彩图104-1）

成虫：体长4～5mm，宽2.4～3.4mm，略呈椭圆形，橘红至深红色，有光泽。头向前方突出，头顶边缘黑褐色，有1列刺；触角4节。前胸宽阔，小盾片为三角形，前翅基半部革质端半部膜质，后翅膜质。前足腿节短，胫节略长，跗节黑褐色变为爪钩。

卵：长1.2～1.5mm，横宽约1mm，椭圆形，乳白色。

若虫：共5龄。一龄体长约1mm，乳白色。三龄体长约2.2mm，黄白色，头、胸部色较深，腹部背板上有3条黄色横纹，翅芽出现，臭腺隐约可见。末龄若虫体长与成虫相近，头部、胸部、翅芽黄色至橙黄色，腹部白色。

为害特征（彩图104-2）

以成虫和若虫在土壤中以口针刺吸寄主植物的毛根、次生根汁液，受害玉米植株从下部叶片开始发黄，苗弱，植株矮小，发育不良；被害根系生长不良，根稀疏，根毛较少或无，常褐色腐烂；植株果穗瘦小或不结实；严重时全部叶片枯死，果穗下垂，植株早衰，似茎腐病症状。

有假死性，能分泌臭液，在根土蝽严重发生地块能闻到臭味。

发生规律

根土蝽一般两年发生1代，个别年份东北有两年半至3年完成1代的，经常发生世代重叠。以成虫或若虫在土壤中越冬。在黄淮海地区，4月中旬出土为害小麦，在小麦灌浆期形成为害高峰。受害麦田过早成熟，明显降低小麦千粒重。小麦收获后，转移到玉米上为害，在玉米苗期又形成一个为害高峰，造成玉米幼苗长势衰弱，植株果穗瘦小或不结实。根土蝽喜透气性较好的沙壤土，旱地、沙土地、免耕地块、小麦与玉米连作地块发生重。

防治技术

农业防治：①合理轮作是简便易行、经济有效的防治措施。可与棉花、花生、马铃薯、甘薯、甜菜、西瓜等非禾本科作物轮作。同时，要加强禾本科杂草防除，以断绝根土蝽的食物来源。②秋季深耕，破坏根土蝽的适生环境，减少越冬基数。

化学防治：①种子包衣或施用颗粒剂。用70%噻虫嗪种子处理可分散粉剂或8%氟虫腈悬浮剂包衣，或在播种时施用5%辛硫磷颗粒剂，每667m^2用量2kg。②药剂喷雾。在雨后或灌水后于害虫出土活动时及时喷洒菊酯类农药或50%辛硫磷乳油1 000倍液。③撒毒土。40%辛硫磷乳油500mL高毒农药对水后拌干细土20kg，撒施在根际后浇水。④灌根。发生严重地块，可采用48%毒死蜱乳油或40%辛硫磷乳油1 000倍液灌根，或每667m^2用48%毒死蜱乳油3kg随水浇灌。

彩图104-1　根土蝽

1. 成虫　2. 卵

（1. 石洁摄，2. 杨利华摄）

彩图104-2　根土蝽为害玉米状

1. 成虫和若虫在苗期玉米根系上刺吸　2. 被害幼苗　3. 成株期土壤中的成虫
4. 健康株（左）与被害株（右）根系　5. 耐根土蝽为害的品种（左）和严重被害的品种（右）

（1、2、4. 石洁摄，3、5. 王晓鸣摄）

第二节 刺吸害虫

105. 蚜虫
Aphids

我国为害玉米的蚜虫主要有玉米蚜、禾谷缢管蚜、荻草谷网蚜、麦二叉蚜、棉蚜。此外,高粱蚜也可为害玉米,均属半翅目蚜科,俗称腻虫、蚁虫,其中以玉米蚜为害最严重。

分布与寄主

玉米蚜 [*Rhopalosiphum maidis* (Fitch)] 又称玉米缢管蚜。广泛分布于东北、华北、华东、华南、中南、西南等各玉米产区,在北方春玉米区的辽宁和吉林及黄淮海夏玉米区为害日趋严重。主要为害玉米,也为害高粱、小麦、大麦、水稻等。

禾谷缢管蚜 [*Rhopalosiphum padi* (Linnaeus)] 又名黍蚜、小米蚜。分布较广泛,在国内主要分布于东北、华北、华东、华南等地区。为害玉米、高粱、大麦、小麦、黍、水稻、苹果、梨、山楂等。

荻草谷网蚜 [*Macrosiphum* (*Sitobion*) *miscanthi* (Takahashi)] 在我国常称为麦长管蚜 [*Sitobion avenae* (Fabricius)],主要分布在全国各产麦区。为害玉米、小麦、大麦、燕麦、水稻、甘蔗等作物。

麦二叉蚜 [*Schizaphis graminum* (Rondani)] 异名为 *Toxoptera graminum* Rondani,在我国各小麦栽培区有分布。

棉蚜(*Aphis gossypii* Glover)在我国除西藏未见报道外,广布全国各地,特别在华北及西北的半干旱地区发生严重。主要为害棉花、瓜类等作物及多种观赏植物,近年来发现在黄淮海夏玉米区为害玉米。

此外,在我国为害玉米的还有高粱蚜 [*Longiunguis sacchari* (Zehntner)]、端木短痣蚜(*Anoccia corni* Fabricius)、麦拟根蚜 [*Paracletus cimiciformis* (von Heyden)]、红腹缢管蚜 [*Rhopalosiphum rufiabdominalis* (Sasaki)]、高粱根蚜 [*Tetraneura ulmi* (L.)] 等。

形态特征(彩图 105-1)

玉米蚜:①有翅胎生雌蚜。体长为 1.6～2.0mm,长卵形,深绿色或黑绿色,无显著粉被。头、胸黑色发亮,复眼红褐色,中额瘤及额瘤稍微隆起。翅展约为 5.5mm,翅透明,前翅中脉分为 3 叉。头部触角 6 节,长度为体长一半;触角第三节不规则排列着圆形感觉圈 12～19 个,第四节感觉圈 2～7 个,第五节 1～3 个;腹部第三、四节两侧各有 1 个黑色小点;腹管为圆筒形,端部呈瓶口状,上具覆瓦状纹;尾片圆锥形,中部微收缩,两侧各有 2 根刚毛,足黑色。②无翅孤雌蚜。体长 1.8～2.2mm,暗绿色,被薄白粉,附肢黑色,复眼红褐色。触角 6 节,较短,约为体长的 1/3,第三、四、五各节无次生感觉圈,第六节鞭节长度为基部的 1.5～2.5 倍。腹管长圆筒形,端部收缩,具覆瓦状纹。尾片圆锥状,具毛 4～5 根。

禾谷缢管蚜:①有翅孤雌蚜。体长约 2.1mm,头胸部为黑色,腹部为墨绿色或深绿色。翅中脉 3 支,分叉较小,触角第三节上有小圆至长圆形次生感觉圈 19～28 个。②无翅孤雌蚜。体长约 2mm,体色为橄榄绿至墨绿色。触角约为体长的 2/3,腹部基部有褐色或铁锈色斑。腹管圆筒形,端部缢缩呈瓶口状,约为尾片长度的 1.7 倍。尾片长圆锥形,长约 0.1mm,中部收缩,上有 4 根曲毛。

荻草谷网蚜:①有翅孤雌蚜。体长 1.4～2.8mm,头胸部多为暗褐色或暗绿色,腹部黄绿色至绿色。翅中脉 3 支,分叉较大,尾片有 8～10 根曲毛。②无翅孤雌蚜。体长 2.3～3.1mm,宽约 1.4mm,体呈纺锤形,有体色分化现象,有深绿、淡绿、黄、褐、赤褐色等多种。触角 6 节,黑色,与体长大致相等,第三节基部附近有小圆形次生感觉圈 1～4 个。额瘤显著突出。腹管长圆筒形,黑色,端部 1/3～1/4 处有网状纹，长为尾片的2倍。尾片长锥形，长约0.22mm，有曲毛6～8根。

麦二叉蚜：①有翅孤雌蚜。体长1.5～1.8mm，长卵形，体绿色，背中线深绿色。头、胸黑色，腹部色浅。触角黑色，共6节，比体长稍短。前翅中脉分为二支，所以叫二叉蚜。腹部背面中央有深绿色纵线，侧斑灰褐色。②无翅孤雌蚜。体长1.5～2.0mm，卵圆形，淡绿色，背中线深绿色。头部额瘤不显著。触角比体长短。腹背中央有深绿色纵线。腹管浅绿色，长圆筒形，顶端黑色。

棉蚜：①有翅孤雌蚜。体长1.5～1.9mm，体黄色或深绿色。腹部第六至八节各有背横带，第二至四节有缘斑。腹管后斑绕过腹管基部前伸。触角第三节有小环状次生感觉圈4～10个，排成一列。喙末节为后跗节第二节的1.2倍。②无翅孤雌蚜。虫体黄色，卵圆形，体长1.9mm，体宽1.0mm。触角6节，第一至六节长度比例为19∶18∶100∶75∶75∶(43+89)。腹管长圆筒形，有瓦纹、缘突和切迹；长0.39mm，为体长的0.21倍，为尾片的2.40倍。尾片圆锥形，近中部收缩，有微刺突组成瓦纹，有曲毛4～7根。

为害特征（彩图105-2）

玉米蚜和禾谷缢管蚜的成、若蚜群集于叶片背面、心叶、花丝和雄穗取食。能分泌"蜜露"并常在被害部位形成黑色霉状物，影响光合作用，叶片边缘发黄；发生在雄穗上会影响授粉并导致减产；被害严重的植株果穗瘦小，籽粒不饱满，秃尖较长。此外，蚜虫还能传播玉米矮花叶病毒和红叶病毒，导致病毒病造成更大产量损失。荻草谷网蚜、麦二叉蚜多只在玉米抽雄前心叶中为害，玉米主要是作为中间寄主。棉蚜多在玉米中下部叶片叶背面为害。

发生规律

玉米蚜：在中国从北到南1年发生8代至20余代，在东北发生8代至10余代，在华北及以南地区可发生20余代。玉米蚜在北方春玉米区，以成、若蚜在禾本科植物心叶、叶鞘内或根际处越冬。4～5月，随着气温不断上升，开始在越冬寄主上活动、繁殖为害。5月底至6月初玉米蚜产生大批有翅蚜，玉米出苗后迁飞到玉米上为害，条件适宜时为害可持续至9月中、下旬（玉米成熟前），植株衰老后，产生有翅蚜飞至越冬寄主上繁殖越冬。

禾谷缢管蚜：1年发生10～20代。以卵在桃、李、榆等植物上越冬。虫体黑绿色，经常被有薄粉。在华北地区从春玉米小喇叭口期开始迁入，在整株玉米上均匀分布，随着玉米不断生长，自玉米灌浆期开始向玉米中部雌穗及相邻叶片上聚集为害，以玉米雌穗为主，为春玉米田主要为害蚜虫。在夏玉米田，主要于生长后期发生，且集中在玉米中部雌穗及其相邻叶片上为害，同时有少量扩散到玉米的上部和下部为害。禾谷缢管蚜秋后产生性蚜，交配后以卵在李属植物上越冬，在南方可以以胎生雌蚜的成、若虫在冬麦或禾本科杂草上越冬。

荻草谷网蚜：1年发生20～30代，在多数地区以无翅孤雌成蚜和若蚜在麦株根际或四周土块缝隙中越冬。当春玉米出苗后，荻草谷网蚜迁至幼苗上为害，同时也传播玉米矮花叶病毒病。当气温超过22℃时，荻草谷网蚜产生大量有翅蚜，并从玉米田迁至冷凉地区的植物上越夏，秋季迁入麦田为害。

麦二叉蚜：与荻草谷网蚜相似，发生世代短，繁殖快，每年可繁殖20～30代。多数地区以无翅孤雌成蚜和若蚜在小麦根际或四周的土块缝隙中越冬。麦二叉蚜仅在春玉米苗期为害幼苗，且种群数量较小，田间温度升高后转移至冷凉处越夏，秋季再迁入小麦田为害。

棉蚜：在玉米田有两个为害高峰，一个是在玉米小喇叭口期聚集在玉米下部叶片为害，一个是后期集中在玉米中、下部为害。玉米生殖生长后期由于下部叶片老化脱落，棉蚜逐渐向玉米中部蔓延为害，主要集中在雌穗相邻叶片背面为害，对玉米产量影响不大，为玉米田的次要害虫。

防治技术

农业防治：应及时清除田边及路、沟旁的禾本科杂草，消灭玉米蚜虫的寄主，尽可能压低向夏玉米田转移的虫源基数。合理施肥，加强田间管理，促进植株健壮生长，增强抗虫能力。很多地区的玉米蚜虫多由小麦田迁飞而来，因而防治好麦田蚜虫，可显著减轻玉米蚜虫为害。玉米不同品种间蚜虫发生为害程度存在差异，种植抗蚜品种、种植诱集田等措施可以有效控制蚜虫为害。

化学防治：①种子包衣或拌种。用70%噻虫嗪种子处理可分散粉剂包衣，使用剂量为每100kg种子用药200g；或用10%吡虫啉可湿性粉剂拌种，药种比为1∶1 000，对苗期蚜虫防治效果较好。②使用颗粒剂。玉米心叶期，在蚜虫盛发前，每667m²用30%辛硫磷颗粒剂1.5～2kg撒于心叶内，或每667m²用15%毒死蜱颗粒剂300～500g，按1∶(30～40)的比例拌细土后均匀撒于心叶内，可兼治玉米螟。③喷雾防治。在玉米抽雄初期，每667m²用3%啶虫脒乳油或10%吡虫啉可湿性粉剂15～20g，对水50L喷雾。还可使用毒沙土防治，每667m²用40%乐果乳油50mL，对水1～2L稀释后，拌15kg细沙土，然后把拌匀的毒沙土均匀地撒在植株心叶上，每株1g，可兼治玉米螟。

彩图105-1　蚜　虫

1、2.玉米蚜——无翅孤雌蚜群体和单个蚜虫　3、4.禾谷缢管蚜——有翅孤雌蚜和无翅孤雌蚜　5、6.荻草谷网蚜——有翅孤雌蚜
7、8.荻草谷网蚜——无翅孤雌蚜　9、10.麦二叉蚜——有翅孤雌蚜和无翅孤雌蚜

(1、3、4、7.王振营摄，2、5、6、8～10.陈巨莲摄)

彩图105-2 蚜虫为害玉米状

1～3. 玉米蚜为害叶片、雄穗和果穗　4～6. 禾谷缢管蚜为害叶片、雄穗和果穗　7. 麦二叉蚜为害叶片　8. 棉蚜为害叶片

(王振营摄)

106. 叶螨
Mites

分布与寄主

玉米叶螨俗称玉米红蜘蛛，在我国玉米产区主要发生为害的有3种，即截形叶螨[*Tetranychus truncatus* (Ehara)]、二斑叶螨[*Tetranychus urticae* (Koch)]和朱砂叶螨[*Tetranychus cinnabarinus* (Boisduval)]，均属蛛形纲真螨目叶螨科。截形叶螨在国内分布于北京、河北、河南、山东、山西、陕西、甘肃、青海、新疆、江苏、安徽、湖北、广东、广西、台湾等省份，多数地区为优势种。二斑叶螨和朱砂叶螨在我国分布于华北、华中、华东、华南、西南和西北等地，其中朱砂叶螨在长江流域及以南地区为优势种，二斑叶螨则在西北地区发生频率较高。此外在新疆为害玉米的还有土耳其斯坦叶螨(*Tetranychus turkestani* Ugarov et Nikolski)，与二斑叶螨外形相近。叶螨为害植物非常广泛，共43科146种，除为害玉米外，还为害高粱、棉花及豆类、瓜类、树木和杂草等。

形态特征（彩图106-1）

（1）朱砂叶螨

成螨：体长0.42～0.52mm，体宽0.28～0.32mm，雌螨梨圆形；夏型雌成螨初羽化时体呈鲜红色，后变为锈红色或红褐色。体两侧背面各有2个褐斑，前一个大的褐斑向体末延伸，与后面一个小褐斑相连接。冬型雌螨体橘黄色，体两侧背面无褐斑。雄成螨体长0.26～0.36mm，体宽约0.19mm，体呈红色或橙红色，头、胸部前端近圆形，腹部末端稍尖。

卵：圆球形，直径0.13mm，初产时微红，渐变为锈红至深红色。

幼螨：初孵幼螨近圆形，淡红色，长0.1～0.2mm，有足3对。

若螨：幼螨蜕皮后变为若螨，体椭圆形，有4对足。

（2）截形叶螨

成螨：雌螨椭圆形，体长0.51～0.56mm，深红色，足及颚体白色，体侧有黑斑，各足爪间突裂开，3对针状毛，无背刺毛。雄螨体长0.44～0.48mm，体黄色，阳具柄部宽阔，末端弯向背面成一微小的端锤，其背缘平截状。

卵：圆球形，光滑，初产时为无色透明，渐变为淡黄至深黄色，微见红色。

幼螨：近圆形，足3对。越冬代幼螨红色，非越冬代幼螨黄色。

若螨：足4对，越冬代若螨红色，非越冬代若螨黄色，体两侧有黑斑。

（3）二斑叶螨

成螨：雌螨卵圆形，体长0.45～0.55mm，体宽0.30～0.35mm，呈黄白色或浅绿色，足及颚体白色，越冬代滞育个体为橘红色，体躯两侧各有1个褐斑，其外侧3裂，呈横"山"字形，背毛13对。雄螨体略小，体长0.35～0.40mm，体宽0.20～0.25mm，乳白色或黄绿色，体末端尖削，背毛13对，阳具端锤十分微小，两侧的突起尖锐，长度约相等。

卵：圆球形，有光泽，直径0.1mm，初产时无色，渐变为淡黄或红黄色，临孵化前出现2个红色眼点。

幼螨：半球形，淡黄色或黄绿色，足3对，眼红色，体背上无斑或斑不明显。

若螨：椭圆形，黄绿色或深绿色，足4对，眼红色，体背有两个斑点。

为害特征（彩图106-2）

主要以成螨和幼螨在玉米叶背刺吸汁液，使叶面出现褪绿斑点，逐渐变成灰白色和红色的斑点。严重时叶片枯焦脱落，田块像火烧状，造成植株早衰。叶螨种群数量大时，会在玉米叶片的叶尖聚集成小球状虫团，叶螨通过吐丝串联下垂，借风吹扩散。

发生规律

玉米叶螨的生长发育经历卵、幼螨、第一若螨、第二若螨和成螨5个时期。在幼螨发育至成螨的各形态变化前均有一个不食不动的静止期，静止期结束后经蜕皮变为下一形态。雌雄两性变化相同。玉米叶螨一般行两性生殖，也可孤雌生殖，其后代多为雌螨。多数雌螨一生交尾1次，少数个体交尾2～3次。

玉米叶螨在华北和西北地区1年发生10～15代，长江流域及其以南地区15～20代。以雌成螨在作物和杂草根际或土缝里越冬。一般情况下，在早春或晚秋世代历期为22～27d，而夏季为10～13d，整个发生过程中世代重叠严重。5～6月在春玉米和麦套玉米田常点片发生，若7～8月条件适宜，则迅速蔓延至全田，进入为害盛期，有时可见一夜间全田变红。

防治技术

农业防治：①深翻土地，将害螨翻入深层；早春或秋后灌水，将螨冲淤在泥土中窒息死亡。②清除田间、田埂、沟渠旁的杂草，减少害螨食料和繁殖场所。③在严重发生地区，避免玉米与马铃薯、大豆、蔬菜等间作，都能显著减少其种群数量。④高温干旱时，要及时浇水，控制虫情发展。

生物防治：当叶螨在玉米田点片发生时，可利用烟碱、苦参碱等生物农药喷雾防治，如0.26%苦参碱水剂150倍液、10%烟碱乳油1 000倍液喷雾，7d对玉米叶螨的防治效果分别保持在50.2%和72.8%。

化学防治：5月下旬至6月下旬，加强田埂旁的玉米株行的防治，以防止叶螨向田中心蔓延，将其控制在点片发生阶段。可选用20%哒螨灵可湿性粉剂2 000倍液、41%柴油·哒螨灵乳油3 000～4 000倍液、5%噻螨酮可湿性粉剂2 000倍液、10%吡虫啉可湿性粉剂1 000～1 500倍液，或者1.8%阿维菌素乳油4 000倍液喷雾，重点喷施玉米中下部叶片的背面。

彩图106-1　叶　螨
1. 朱砂叶螨成螨　2. 截形叶螨成螨
3. 二斑叶螨成螨及卵　4. 二斑叶螨幼螨
5. 土耳其斯坦叶螨成螨

(1、3、4. 王恩东摄，2、5. 张秋萍摄)

彩图106-2 叶螨为害玉米状

1. 在玉米叶背群集刺吸为害 2. 被害叶片正面的褪绿斑点 3、4. 叶螨在叶端聚集成小球状

（1. 王振营摄，2. 董金皋摄，3、4. 何康来摄）

107. 蓟马
Thrips

分布与寄主

在我国，为害玉米的蓟马主要有黄呆蓟马、禾花蓟马、稻简管蓟马，三种均属缨翅目，前两种隶属于蓟马科，稻简管蓟马隶属于管蓟马科。

黄呆蓟马 [*Anaphothrips obscurus* (Müller)] 又名玉米黄蓟马、草蓟马。国内分布于河北、山西、内蒙古、北京、天津、新疆、甘肃、宁夏、江苏、四川、西藏、台湾。可为害玉米、蚕豆、谷子、高粱、水稻及小麦等禾本科作物。

禾花蓟马 [*Frankliniella tenuicornis* Uzel] 别名禾皱蓟马、瘦角蓟马，全国大部分地区都有发生，可为害玉米、水稻、麦类、高粱、糜子等禾本科作物和蕹菜、茄子等。

稻简管蓟马 [*Haplothrips aculeatus* (Fabricius)] 别名薏苡蓟马、禾谷蓟马，分布遍及东北、华北、西北、长江流域及华南各省份，主要为害水稻、薏苡、玉米、小麦、高粱、棘豆及茭白。

除以上3种蓟马外，横纹蓟马 [*Aeolothrips fasciatus* (Linnaeus)]、塔六点蓟马 [*Scolothrips takahashii* Priesner]、端带蓟马（花生蓟马）(*Taeniothrips distalis* Karny)、麦黄带蓟马 [*Thrips flavidulus* (Bagnall)]、稻芽蓟马 [*Chloethrips oryzae* (Williams)] 也为玉米田常见蓟马，除塔六点蓟马和横纹蓟马为捕食性天敌外，其余为玉米害虫。

形态特征（彩图107-1）

（1）黄呆蓟马

成虫：有多型现象，分为长翅型、半长翅型和短翅型，以长翅型最多，但也有少量短翅型及极少数半长翅型。长翅型雌虫体长1.0～1.2mm，黄色略暗，胸、腹背（端部数节除外）有暗黑区域。触角8节，第一节淡黄，第二至四节黄色，逐渐加黑，第五至八节灰黑，第三、四节具叉状感觉锥，第六节有淡而亮的斜缝（亦称伪节）。头、前胸背无长鬃。前翅淡黄，长而窄，前脉鬃间断，绝大多数有2根端鬃，少数1根，脉鬃弱小，缘缨长，具翅胸节明显宽于前胸。第八节腹背板后缘梳完整，梳毛弱小，腹端鬃较长而暗。半长翅型的前翅长达腹部第五节。短翅型的前翅短小，退化成三角形芽状，具翅胸几乎不宽于前胸。

卵：长约0.3mm，宽约0.13mm，肾形，乳白至乳黄色。

若虫：初孵若虫小如针尖，头、胸占身体的比例较大，触角较粗短。二龄后乳青或乳黄，有灰斑纹。触角末端数节灰色。体鬃很短，仅第九、十腹节鬃较长。第九腹节上有4根背鬃略呈节瘤状。

前蛹（三龄若虫）：头、胸、腹淡黄，触角、翅芽及足淡白，复眼红色。触角分节不明显，略呈鞘囊状，向前伸。体鬃短而尖，第八腹节侧鬃较长。第九腹节背面有4根弯曲的齿。

蛹（四龄若虫）：触角鞘背于头上，向后至前胸。翅芽较长，接近羽化时带褐色。

（2）禾花蓟马

成虫：雌虫体长1.3～1.5mm，体灰褐到黑褐色，胸部稍浅，腹部第三至八节前缘较暗；触角8节，黑褐色，仅第三、四节黄色，各着生一叉状感觉锥；腿节顶端和全部胫节、跗节黄至黄褐色；翅淡黄色；鬃黑色。头部长大于宽，较前胸略长，颊平行，头顶略凸，各单眼内缘色暗；单眼间鬃长，着生于三角形连线外缘。前胸背板较平滑，宽大于长。前胸有5对长鬃，前角长鬃长于前缘长鬃，后缘长鬃内有1对短鬃。前翅脉鬃连续均匀，前脉鬃18～20根，后脉鬃14～15根。第八腹节背板后缘梳不完整。雄成虫形态与雌成虫相似，但小而窄，体长约0.9mm，体色灰黄，足和触角黄色，腹部第三至七腹板有似哑铃形的腺域。

卵：长约0.3mm，宽约0.12mm，肾脏形，乳黄色。

若虫：共4龄，似成虫，灰黄色，无翅，触角第三、四节有微毛。体鬃端部尖。

（3）稻简管蓟马

成虫：雌虫体长1.4～1.8mm，初羽化时褐色，1～2d后呈黑褐色至黑色，略具光泽。触角8节，第一、二节黑褐色，第三节黄色，明显地不对称，具一个感觉锥；第四节具4个感觉锥。头长大于宽，口锥宽平截。前胸横向，前跗节内侧具齿；翅发达，中部收缩，呈鞋底形，无脉，有5～8根间插缨；前足胫节和跗节黄色。腹部第二至七节背板两侧各有1对向内弯曲的粗鬃，第十节管状，肛鬃长于管的1.3倍，第九节长鬃明显短于管。雄虫较雌虫小而窄，前足腿节扩大，前跗节具三角形大齿。

卵：肾形，长约0.3mm，初产白色，稍透明，后变黄色。

若虫：淡黄色，四龄若虫腹节有不明显的红色斑纹。

为害特征（彩图107-2）

蓟马以成虫、若虫锉吸玉米幼嫩部位汁液，苗期为害较重，通常在心叶中为害，以其锉吸式口器刮破玉米表皮，口针插入组织内吸取汁液。叶片伸展后呈现断续的银白色条斑，伴随有小污点。严重时心叶卷曲畸形，呈马尾状，不易伸展，被害部易被细菌侵染，导致细菌性顶腐病。

发生规律

黄呆蓟马：以成虫在禾本科杂草基部和枯叶内越冬，发生世代数尚不清楚。在山东每年5月中、下旬从其他禾本科植物上迁向春播玉米，在春玉米上繁殖2代，第一代若虫于5月下旬至6月初发生在春玉米或麦类作物上，6月中旬进入成虫盛发期，6月20日为卵高峰期，6月下旬是若虫盛发期，7月上旬成虫发生在夏玉米上。

禾花蓟马：以成虫在禾本科杂草基部和枯叶内过冬。成、若虫均较活泼，在田间与黄呆蓟马很容易混淆，但它比黄呆蓟马体小、活泼，喜欢郁蔽环境，趋生长旺盛的植株上，多活动于心叶中，发生时期较黄呆蓟马为害玉米稍迟，多发生在喇叭口期前后，这与其喜欢在喇叭口内取食有关。食害心叶时，不甚显现银灰色斑；食害伸展叶片时，也多在正面取食，叶片呈现成片的银灰色斑。成虫多，若虫甚少，为害玉米的主要是成虫。一般雌成虫多于雄虫，在北京，以6月中、下旬发生数量较大。

稻简管蓟马：在玉米苗期很少为害，北京地区6月下旬在春玉米上数量稍增，在心叶内活动为害。玉米抽雄后，大量集中在雄穗上，但危害性不大。成虫多，若虫少，这与成虫寿命长但繁殖力低有关。稻简管蓟马随着玉米雄穗花期的开始与结束，在玉米植株间辗转迁移。

蓟马趋光性和趋蓝性强，喜在幼嫩部位取食。春播和早夏播玉米田发生重。

防治技术

农业防治：清除田间地边杂草，减少越冬虫口基数；对卷成牛尾巴状的畸形苗，剖开扭曲心叶顶端，帮助心叶抽出。

物理防治：玉米苗期可设置蓝板诱杀。

化学防治：①种子包衣或拌种。70%噻虫嗪种子处理可分散粉剂以及20%噻虫嗪微囊悬浮种衣剂、60%吡虫啉悬浮种衣剂分别以药种比1∶150、1∶50和1∶150包衣；②喷雾。10%吡虫啉可湿性粉剂、40%毒死蜱乳油、20%灭多威可湿性粉剂1 000～1 500倍液，或1.8%阿维菌素乳油、25%噻虫嗪水分散粒剂3 000～4 000倍液均匀喷雾，重点为心叶和叶背。

彩图107-1　黄呆蓟马成虫
（王振营摄）

彩图107-2　蓟马为害玉米状
1. 叶片卷曲　2. 在叶片内为害的蓟马　3. 被害后叶片上布满细小的银白色条斑
(王振营摄)

108. 三点斑叶蝉
Zygina salina

分布与寄主

三点斑叶蝉（*Zygina salina* Mit）属半翅目叶蝉科小叶蝉亚科。国内分布于新疆。该虫1982年开始在新疆北部发生为害，而后蔓延到新疆全境，普遍分布于南疆和北疆，已成为新疆玉米生产的重要害虫。

除为害玉米外，三点斑叶蝉还为害小麦、水稻、高粱、糜子。农田内外的早熟禾、偃麦草、狗尾草、赖草、拂子毛、无芒雀麦等多种禾本科杂草均为该虫的寄主。三点斑叶蝉不仅直接吸取植物汁液，还分泌大量毒素，导致叶斑或整叶枯黄，轻者影响光合作用，阻碍玉米生长发育，重者影响玉米抽穗，严重影响玉米的产量和质量。

形态特征（彩图108-1）

成虫：体长2.6～2.9mm（包括翅约为3.1mm），灰白色。头冠向前呈钝圆锥形突出，头顶前缘区有淡褐色斑纹，呈倒"八"字形；前胸背板革质透明，在中胸盾片上有3个大小相等的椭圆形黑斑，小盾片末端也有一相同形状的黑斑，前后翅白色透明，腹部背面具黑色横带。

卵：长0.6～0.8mm，白色较弯曲，表面光滑。

若虫：共5龄。一龄若虫体长约1.0mm，淡白色，复眼黑色；二龄若虫体长约1.4mm，淡白色，初现翅芽，胸部背面有两条淡褐色纵线，腹部有一黑色纵线，系消化道食物；三龄若虫体长约1.9mm，灰白色，翅芽伸达第一节末；四龄若虫体长约2.2mm，灰白色，翅芽伸达腹部第三节末；五龄若虫体长2.5～2.8mm，灰白色，体较扁平，翅芽伸达腹部第五节。

为害特征（彩图108-2）

以成虫、若虫在叶背刺吸玉米叶片汁液，破坏叶绿体，在叶片上形成零星褪绿白色斑点。一般从植株下部叶片开始为害，逐渐向上部叶片扩展。为害初期沿叶脉吸食汁液，叶片出现零星小白点，后连成白色条斑，并逐渐变为褐色，阻碍植物的光合作用；虫口密度大时，叶片褪绿发白，植物早衰。6月下旬以后，因虫口密度大增，受害重的叶片上形成紫红色条斑。8月下旬以后受害较重的田块被害叶片严重失绿，甚至干枯死亡。

发生规律

一般1年发生3代，以成虫在冬麦田、玉米田的枯枝落叶下及田埂上禾本科杂草根际越冬，第二年春季约4月中旬越冬成虫首先在冬麦田、杂草上繁殖为害。成虫为害高峰期一般在6月中旬至7月上旬，田间世代重叠。成虫活泼、善飞、群聚性较强、扩散能力强、喜热、有趋光性；若虫受惊扰时会迅速横向爬行隐匿。

防治技术

农业防治：①秋收后应清洁田园，实施秋翻冬灌，并铲除渠边田埂的寄主杂草，集中烧毁，破坏越冬场所，降低越冬虫口基数。②玉米生长期及时铲除田边地头和渠边杂草，尤其是禾本科杂草，加强田间水肥管理，及时中耕，促进玉米发育；田边种植高秆作物可阻隔叶蝉转移和迁入。③选用抗虫品种也可降低三点斑叶蝉为害程度。

化学防治：三点斑叶蝉在田间蔓延较快，初期在田边杂草及玉米边行为害时，用内吸性药剂控制虫口密度阻止蔓延，可选用10%吡虫啉可湿性粉剂2 500倍液，或20%啶虫脒可湿性粉剂3 000倍液、25%噻虫嗪可湿性粉剂2 500～3 000倍液喷雾防治。推荐使用玉米种衣剂，对早期迁入的三点斑叶蝉有一定的控制作用。

彩图108-1　三点斑叶蝉成虫

（王振营摄）

彩图108-2　三点斑叶蝉为害玉米状

1.被害初期的叶片　2.被害后期的叶片　3.在叶背刺吸的三点斑叶蝉　4.被害叶片布满白色斑点

（1、3、4.王振营摄，2.王晓鸣摄）

109. 大青叶蝉
Green leafhopper

分布与寄主

大青叶蝉 [*Cicadella viridis* (Linnaeus)] 属半翅目叶蝉科，别名青叶跳蝉、青叶蝉、大绿浮尘子。国内除西藏不详外，其他各地均有分布。食性很杂，除为害玉米、高粱、谷子、稻、麦、马铃薯及豆类、蔬菜等农作物外，还为害果树及桑、榆、杨、柳、白蜡、刺槐等林木。

形态特征（彩图109-1）

成虫：雌虫体长9.4～10.1mm，头宽2.4～2.7mm；雄虫体长7.2～8.3mm，头宽2.3～2.5mm。头橙黄色，头顶有1对多边形黑斑，前胸背板黄色，上有三角形绿斑。前胸背板淡黄绿色，边缘黄色，尖端透明。

卵：为白色微黄，长筒形，长1.6mm，宽0.4mm，上细下粗，中间微弯曲，表面光滑。

若虫：共5龄。初孵时为白色，半透明，微带黄绿。头大腹小。复眼红色，渐变淡黄色。三龄后胸腹背面有4条褐色纵纹，三龄翅芽长近中足基部，四龄翅芽长近中胸基部，五龄翅芽超过腹部第二节。

为害特征（彩图109-2）

以成、若虫刺吸玉米植株茎、叶片的汁液。玉米叶片被害后叶面有细小白斑，叶尖枯卷，生长不良；幼苗被害严重时可枯死。

发生规律

各地发生世代数有差异，吉林、甘肃、新疆、内蒙古等北方地区1年2代，各代发生期为4月下旬至7月中旬、6月中旬至11月上旬。河北以南各省份1年发生3代，各代发生期为4月上旬至7月上旬、6月上旬至8月中旬、7月中旬至11月中旬。南方地区可以发生5代以上。大青叶蝉以卵在2～3年生的树枝皮层内越冬。成虫趋光性强，喜聚集为害。在玉米田，大青叶蝉产卵时以锯齿状产卵器在玉米叶背的叶脉上刺一长形至新月形伤口产卵，每卵块约有卵3～5枚。

近孵化时，卵的顶端常露在产卵痕外。孵化时间均在早晨，以7时半至8时为孵化高峰。初孵若虫常喜群聚取食。在寄主叶面或嫩茎上常见10多个或20多个若虫群聚为害，偶然受惊便斜行或横行，由叶面向叶背逃避，如惊动太大，便跳跃而逃。早晨气温较冷或潮湿，不很活跃；午前至黄昏，较为活跃。

防治技术

田间发生严重时，采用化学防治可选用10%吡虫啉可湿性粉剂2 500倍液，或20%啶虫脒可溶性粉剂3 000倍液、25%噻虫嗪可湿性粉剂2 500～3 000倍液喷雾。

彩图109-1　大青叶蝉成虫

1.正面观　2.侧面观

（1.王振营摄，2.王晓鸣摄）

彩图109-2　大青叶蝉为害玉米状

1. 聚集在心叶中为害　2. 刺吸叶片　3. 聚集在叶片上为害

（王振营摄）

110. 赤须盲蝽
Trigonotylus ruficornis

分布与寄主

赤须盲蝽 [*Trigonotylus ruficornis* (Linnaeus)] 属半翅目盲蝽科，又名条赤须盲蝽、赤须蝽、红角盲蝽、红叶臭椿盲蝽。国内分布在青海、甘肃、宁夏、内蒙古、吉林、黑龙江、辽宁、河北等地。主要为害玉米、水稻、谷子、高粱及麦类等作物和多种禾本科杂草。

形态特征（彩图110）

成虫：体细长，长5～6mm，宽1～2mm，鲜绿色或浅绿色。头长而尖，略呈三角形，顶端向前伸出，头顶中央有一纵沟，前伸不达顶端。触角4节，等于或略短于体长，红色或橘红色，第一节短而粗，有明显的红色纵纹3条，有黄色细毛，第二、三节细长，第四节最短。前翅革片为绿色，稍长于腹部末端，膜质部透明，后翅白色透明。足淡绿或黄绿色，胫节末端及跗节暗色，被黄色稀疏细毛，跗节3节，覆瓦状排列，爪中垫片状，黑色。

卵：口袋状，长约1mm，宽0.4mm，卵盖上有不规则突起。初产时白色透明，临孵化时黄褐色。

若虫：共5龄。一龄若虫体长约1mm，绿色，足黄绿色；二龄若虫体长约1.7mm，绿色，足黄褐色；三龄若虫体长约1.7mm，触角长2.5mm，体黄绿色或绿色，翅芽0.4mm，不达腹部第一节；四龄若虫体长约3.5mm，足胫节末端及跗节和喙末端均黑色，翅芽1.2mm，不超过腹部第二节；五龄若虫体长4.0～5.0mm，体黄绿色，触角红色，略短于体长，翅芽超过腹部第三节，足胫节末端及跗节和喙末端均黑色。

为害特征（彩图110）

赤须盲蝽成、若虫在玉米叶片上刺吸汁液，进入穗期还为害玉米雄穗和花丝，致叶片初呈淡黄色小点，稍后呈白色雪花斑状布满叶片。严重时整个田块植株叶片上就像落了一层雪花，致叶片呈现失水状,且从顶端逐渐向内纵卷。心叶受害生长受阻,展开的叶片出现孔洞或破损,全株生长缓慢,矮小或枯死。

发生规律

在北方1年3代,以卵在草坪草的茎、叶上或田间杂草上越冬。4月下旬越冬卵开始孵化,一代若虫孵化盛期为5月上旬,若虫主要为害越冬作物如小麦及部分禾本科杂草。5月下旬为一代成虫羽化高峰,羽化后即大量迁移至小麦、甜菜、油菜、棉花及春玉米田。二代若虫6月中旬盛发,6月下旬为二代成虫羽化高峰,羽化后迁入夏玉米田为害。7月下旬为三代成虫羽化高峰及发生盛期,此时主要为害玉米。8月下旬至9月上旬,随着田间食物条件的恶化,第三代成虫在田间禾本科杂草的叶、茎组织内产卵越冬。由于成虫产卵期长,田间有世代重叠现象。成虫白天比较活跃,傍晚和早晨气温较低时不活跃,雨天常常隐匿于草坪草的叶背面。

防治技术

农业防治:①应及时清除田边地头杂草:田边地头的杂草不仅是越冬卵的主要场所,也是赤须盲蝽自越冬卵孵化到入侵田间之前的主要早春寄主。清除杂草应在4月赤须盲蝽越冬卵孵化之前进行。②根据成虫喜在禾本科牧草上为害的习性,在玉米田四周种植牧草诱集带,可以隔断其迁入玉米田,再结合诱集带上的定期化学防治,能有效降低玉米田赤须盲蝽的为害程度。

化学防治:发生量大时,若虫期喷施16%氯·灭乳油2 000~3 000倍液、4.5%高效氯氰菊酯乳油1 000倍液加10%吡虫啉可湿性粉剂1 000倍液、3%啶虫脒乳油1 500倍液。

彩图110 赤须盲蝽成虫及为害玉米状

1. 成虫 2. 被害玉米叶片

(王振营摄)

111. 斑须蝽
Sloe bug

分布与寄主

斑须蝽 [*Dolycoris baccarum* (Linnaeus)] 属半翅目蝽科，别名细毛蝽、黄褐蝽、斑角蝽，俗称臭大姐、臭鳖子。国内除西藏、台湾等省份外，全国均有分布，以在西北、华北和东北发生较重，为多食性害虫，寄主种类很多，可为害大豆、玉米、小麦、高粱、谷子、水稻、甜菜、棉花、亚麻及多种蔬菜、果树和花卉等。近年来在黑龙江为害玉米苗较重。

形态特征（彩图 111-1）

成虫：体长 8.0～13.5mm，体宽 5.5～6.5mm，椭圆形，黄褐色或紫褐色。头部中叶稍短于侧叶，复眼红褐色；触角 5 节、黑色，每节基部和端部淡黄白色，形成黑黄相间条纹；喙细长，紧贴于头部腹面。前胸背板前侧缘稍向上卷，浅黄色，后部常带暗红色。小盾片末端钝而光滑，黄白色。前翅革片淡红褐色或暗红色，膜片黄褐色，透明，超过腹部末端。足黄褐色，腿节、胫节密布黑色刻点。从背面观，腹部外露部分黄褐色，具黑色刻点。

卵：长约 1mm，宽 0.75mm，桶形，初产时浅黄色，后变赭灰黄色，卵壳有网纹，密被白色短绒毛。

若虫：略呈椭圆形，腹部自第二节背面各有 1 个黑色腺斑，各节两侧也有黑斑。

为害特征（彩图 111-2）

以成、若虫刺吸玉米幼嫩组织的汁液，进而引发玉米受害症状。斑须蝽在玉米苗期叶片及心叶上刺吸，叶片上常出现多个周缘褐色的穿孔，心叶尖顶青枯，导致新生叶扭曲不展、植株上部叶片呈马尾状生长，造成植株矮化、分蘖丛生，出现畸形苗；受害轻的植株心叶虽能正常抽出，但扭曲皱缩，有多处透明斑点，叶片上有多个黄绿相间的条纹。也刺吸幼嫩籽粒为害。

发生规律

1 年发生 1～4 代，在黑龙江、吉林 1 年发生 1 代，辽宁、内蒙古 1 年发生 2 代，黄淮海以南地区 1 年 3～4 代。以成虫在田间杂草、枯枝落叶、植物根际、树皮及屋檐下越冬。翌年 4～5 月成虫产卵，卵多产在植株上部叶片正面或者花蕾、果实的苞片上，多行整齐排列。初孵幼虫群集为害，二龄后分散为害。

防治技术

农业防治：①冬季耕翻土壤，清除田间杂草，减少越冬成虫基数。②成虫产卵盛期人工摘除卵块或者若虫团。

化学防治：用 3% 啶虫脒乳油 450mL/hm^2 或 10% 吡虫啉可湿性粉剂 225～300g/hm^2，对水 225～300mL 喷雾防治，或用 48% 毒死蜱乳油 1 000～2 000 倍液喷雾。在斑须蝽卵孵化至三龄若虫高峰期可用 2.5% 溴氰菊酯乳油 300～450mL/hm^2，对水 225～300kg 喷雾防治。

彩图 111-1　斑须蝽

1. 成虫　2. 雌成虫（左）和雄成虫（右）　3. 卵　4. 若虫

（1. 王振营摄，2. 王晓鸣摄，3、4. 张金平摄）

彩图 111-2　斑须蝽为害玉米状

1. 成虫在玉米苗上产卵　2. 玉米苗被害状　3. 刺吸取食籽粒

（1、2. 赵秀梅摄，3. 张金平摄）

112. 灰飞虱
Small brown planthopper

分布与寄主

灰飞虱 [*Laodelphax striatellus* (Fallén)] 属半翅目飞虱科，我国各地均有分布，以长江中下游和华北地区发生较多。灰飞虱寄主范围较广，除为害水稻外，还为害小麦、大麦、玉米、高粱、甘蔗、谷子等多种禾本科作物，其中以水稻和小麦最为重要。灰飞虱具有较固定的季节性寄主，主要的越冬寄主有麦类作物及稗草、黑麦草等，夏季主要的寄主为水稻和玉米。

形态特征（彩图112-1）

成虫：有长翅型和短翅型两种。长翅型雌虫连翅展体长3.6～4.0mm，雄虫3.3～3.8mm；短翅型雌虫体长2.1～2.6mm，雄虫2.0～2.3mm。雌虫体呈黄褐色，雄虫多为黑色或黑褐色。头部颜面有2条黑色纵沟，头顶端半部两侧脊间、额、颊、唇基和胸部侧板黑色；头顶后半部、前胸背板、中胸翅基片、额和唇基脊、触角和足淡黄褐色；雄虫中胸背板、小盾板黑色，仅小盾板末端和后侧缘黄褐色，也有部分个体中胸背板中域的颜色较浅。雌虫中胸背板中域、小盾板中央淡黄色，侧脊外侧具暗褐色宽条；雄虫腹部黑褐色，雌虫腹部背面暗褐色，腹面黄褐色。前翅淡黄微褐色、透明，脉与翅面同色，翅斑黑褐色。

卵：长茄形，微变曲，初产时乳白色，后变淡黄色，双行块状排列。

若虫：共5龄，近椭圆形，初孵若虫淡黄色，后呈黄褐色至灰褐色，也有的呈红褐色，第三、四腹节背面各有一灰白色的"八"字形斑。

为害特征（彩图112-2）

成虫、若虫均以口器刺吸玉米汁液，在玉米苗期多在心叶中为害。由于玉米不是灰飞虱喜食作物，所以直接为害造成的影响小。灰飞虱对玉米的影响主要是其作为传播水稻黑条矮缩病毒（*Rice black-streaked dwarf virus*）介体，引起严重的粗缩病，造成巨大产量损失。目前生产上的玉米品种大多高感粗缩病，灰飞虱大发生，会导致该病流行。

发生规律

1年发生4～8代，主要以三、四龄若虫在麦田、草籽田以及田边、沟边等处的禾本科杂草上越冬，特别是在稻茬麦田中越冬量大。长翅型成虫有趋光性，但较褐飞虱弱。成虫寿命在适温范围内随气温升高而缩短，一般短翅型雌虫寿命长，长翅型较短。雌虫羽化后有一段产卵前期，而其长短取决于温度高低，温度低时则长，温度高时则短；该虫比较耐低温，但温度超过29℃时产卵前期反而延长，为4～8d。卵产于稻株下部叶鞘及叶片基部的中脉组织中，抽穗后多产于水稻或小麦茎腔中。每雌虫产卵量一般数十粒，越冬代最多可达500粒左右。

防治技术

农业防治：铲除田埂杂草，消灭虫源滋生地和减少毒源。在玉米粗缩病发生重的区域，避免麦田套播玉米；夏玉米要适当晚播。

化学防治：在灰飞虱传播粗缩病并流行成灾的地区，化学防治以治虫防病为目的，重点是消灭害虫于传毒之前。①利用噻虫嗪进行种子包衣，可以减轻为害。②玉米出苗后，若迁入玉米田的灰飞虱数量大，应选用化学农药进行喷雾防治。主要农药单剂每公顷推荐用量为：25%噻嗪酮可湿性粉剂600～900g、25%吡蚜酮悬浮剂270～300g、30%烯啶虫胺水分散粒剂或水剂300～450mL、20%呋虫胺可溶粒剂300～600g、25%环氧虫啶可湿性粉剂480～600g、48%噻虫胺悬浮剂225mL、40.7%毒死蜱乳油1 200～1 800mL、5%丁烯氟虫腈乳油450～600mL、80%敌敌畏乳油900～1 200mL。

彩图112-1　灰飞虱

1. 短翅型雌成虫　2. 长翅型雄成虫　3. 一龄若虫　4. 五龄若虫

（张天涛摄）

彩图112-2　灰飞虱为害玉米状

（王振营摄）

113. 稻绿蝽
Southern green stink bug

分布与寄主

稻绿蝽 [*Nezara viridula* (Linnaeus)] 属半翅目蝽科，又名稻香蝽。在我国除新疆、黑龙江未见记载外，其余各省份均有分布。稻绿蝽食性广，为害作物种类多达70余种，对水稻、玉米、大豆、小麦、菜豆等为害较重，也为害向日葵、南瓜、柑橘、蚕豆、烟草等。

形态特征（彩图113-1）

成虫：体长12～16mm，宽6.0～8.5mm。触角5节，第四、五节末端带黑色；足绿色，跗节灰褐色，爪末端黑色。具不同色型，按其体色及点斑的变化可分为全绿型、黄肩型、点斑型（点绿型）及综合型。其中：全绿型的身体全部为青绿色，是其他色型的原始类型。其小盾板长三角形，前缘有3个横列的小白点，末端超过腹部中央。黄肩型体绿色，但头的前半部与前胸背板前半部为黄色，黄色部分的后缘呈波纹状。点绿型体带黄色，体背有9个浓绿斑点，3个排列于前胸背板前方，小盾板前缘也有3个，中间一个最大，小盾板末端与左右革片上又平排3个大小相似的浓绿斑点。

卵：杯形，整齐排列成卵块，卵顶端周缘有一环白色小齿，中心隆起，初产黄白色，后转灰褐色，并在卵盖处可见红色梯形斑。

若虫：共5龄。

为害特征（彩图113-2）

以成、若虫口器刺吸玉米叶片、茎秆、果穗。吐丝开花期刺吸果穗，造成穗棒畸形弯曲；灌浆期受害则出现籽粒变白、空瘪，继而褐变，后期易受穗腐病为害。

发生规律

在淮河以北1年发生1代；淮河以南至南岭以北1年发生2～3代；南岭至广东、广西南部1年发生3～4代；海南岛发生5代，田间世代整齐。以成虫在杂草、土缝、林木灌丛中群集越冬。卵成块产于寄主叶片上，按规则排列成3～9行，低龄若虫有群集性，三龄后分散。若虫和成虫有假死性。成虫有趋光性和趋嫩性。

防治技术

农业防治：发生严重的地区，冬季清除田间杂草，翻耕土壤，消灭部分越冬成虫。

物理防治：灯光诱杀成虫；低龄若虫期人工摘除虫叶，利用假死性人工捕杀成虫或幼虫。

化学防治：虫量较大时，可喷施10%吡虫啉可湿性粉剂1 500～2 000倍液，或90%敌百虫可湿性粉剂600～800倍液、2.5%高效氯氟氰菊酯乳油2 000～5 000倍液、2.5%溴氰菊酯乳油2 000倍液。

彩图113-1　稻绿蝽

1.稻绿蝽成虫（全绿型）　2.稻绿蝽若虫　3.稻绿蝽成虫（黄肩型）　4.黄肩型与全绿型稻绿蝽交尾

（王振营摄）

彩图113-2　稻绿蝽为害玉米状

1.若虫为害叶片　2.若虫为害籽粒

（王晓鸣摄）

114. 二星蝽
Eysarcoris guttiger

分布与寄主

二星蝽 [*Eysarcoris guttiger* (Thunberg)] 异名 *Stollia guttiger* Thunberg，属半翅目异翅亚目蝽科蝽亚科。在我国分布于河北、河南、山西、陕西、甘肃、西藏、山东、江苏、浙江、广东、广西、台湾等地。寄主有麦类及玉米、水稻、棉花、大豆、胡麻、高粱、甘薯、茄子、桑、猕猴桃、无花果等。

形态特征（彩图114-1）

成虫：体长4.5～5.6mm，宽3.3～3.8mm，头部全黑色，少数个体头基部具浅色短纵纹。喙浅黄色，长达后胸端部。触角浅黄褐色，具5节。前胸背板侧角短，背板的黑斑前缘可达前胸背板前缘，小盾片末端多无明显的锚形浅色斑，在小盾片基角具2个黄白光滑的小圆斑。胸部腹面污白色，密布黑色点刻；腹部腹面黑色，节间明显，气门黑褐色。足淡褐色，密布黑色小点刻。

为害特征（彩图114-2）

以成、若虫吸食玉米茎秆、叶片、穗部的汁液，在叶片或叶脉上刺吸后，留下的刺吸点处破裂，呈不规则孔洞或坏死斑，为害严重时，影响玉米生长发育，籽粒不饱满。

发生规律

二星蝽在山西1年发生4代，以成虫在杂草丛中、枯枝落叶下越冬。翌年3～4月开始活动，在小麦等作物或杂草上取食为害，后转到玉米和其他夏秋作物上为害。卵产于叶背面，数十粒排成1～2纵行，有的排列不规则。成虫有趋光性，善爬行，不善飞行。

防治技术

成虫越冬或出蛰后集中为害时，可利用其假死性，震动植株，使其落地，迅速收集后杀死。发生严重时可喷洒化学农药防治，具体药剂可参照斑须蝽。

彩图114-1　二星蝽成虫

(杨利华摄)

彩图114-2　二星蝽为害玉米状

1. 刺吸中脉　2. 叶片被害状　3. 叶脉被害状

(杨利华摄)

第三节 食叶害虫

115. 劳氏黏虫
Sugarcane armyworm

分布与寄主

劳氏黏虫 [*Leucania loreyi* (Duponchel)] 属鳞翅目夜蛾科，分布于广东、福建、四川、江西、湖南、湖北、浙江、江苏、山东、河南等地。主要取食玉米、小麦、水稻等粮食作物及禾本科杂草。

形态特征（彩图115-1）

成虫：体长14～20mm，翅展33～44mm。头部和胸部灰褐至黄褐色，腹部白色；前翅褐色或灰黄色，前缘和内线暗褐色，无环形纹和肾形纹，翅脉白色带褐色条纹，翅脉间有褐色点，缘中室基部下方有一黑色纵条纹，中室下角有一小白点。前翅顶角有一个三角形暗褐色斑；外缘部位的翅脉上有一系列黑点，端线也为一系列黑点，缘毛灰褐色。

卵：馒头形，淡白色，表面有不规则网纹。

幼虫：共6龄。黄褐色至灰褐色，头部暗褐色，颅中沟及蜕裂线外侧有粗大的黑褐色八字纹，唇基有一褐色斑，左右颅侧区具有暗褐色网状细纹。有5条白色纵线，背线两侧有暗黑色细线；气门上线与亚背线之间呈褚褐色，气门线和气门上线之间区域土褐色，气门线下沿至腹部上缘区域浅黄色。气门椭圆形，围气门片黑色，气门筛黄褐色。

蛹：初化蛹时为乳白色，渐变为黄褐色至红褐色，腹部末端中央着生的一对尾刺稍弯向腹面，两根刺基部间距较东方黏虫大，伸展呈"八"字形；基部粗，向端部逐渐变细，顶端不卷曲。

为害特征（彩图115-2）

在玉米苗期，刚孵化的幼虫首先取食心叶，将心叶食成孔洞，而后取食其他叶片，把叶片食成缺刻，严重时只剩叶脉。在玉米穗期，幼虫取食花丝和幼嫩籽粒，严重时花丝被吃光，影响授粉，钻入果穗的幼虫咬食籽粒，并排粪便于其中，污染果穗，严重影响玉米的产量和品质。

发生规律

在河南，1年发生3～4代。幼虫孵化后，白天潜伏在心叶内、未展开的叶片基部、叶鞘与茎秆间的缝隙内或苞叶内、花丝里，夜间外出取食。第一代幼虫发生在5月至6月上旬，为害盛期在5月下旬至6月上旬，为害春玉米，取食叶片。由于春玉米种植面积小且苗龄较小，多在6～8叶期，因此，幼虫为害集中，受害严重。第二代幼虫发生在6月底至7月，为害夏玉米，取食叶片，为害盛期在7月上、中旬。第三代幼虫发生在8月，为害盛期在8月中、下旬，低龄幼虫取食花丝，四龄以后取食玉米籽粒，是为害夏玉米最重的一代。第四代幼虫发生在9月，与第三代重叠发生，为害特点同第三代；此时，夏玉米已陆续成熟，幼虫主要为害晚播田块及补种的植株。

防治技术

农业措施：在黄淮地区，5月下旬至6月上旬，抓紧春玉米的田间管理，及时进行中耕，可杀死第一代蛹，减少第二代发生数量。

化学防治：第一、二代严重发生时，可用2.5%溴氰菊酯乳油450mL/hm²，或3%阿维·高氯乳油1 500～2 000倍液喷雾防治；防治夏玉米穗期第三代幼虫则可用90%敌百虫晶体500～800倍液喷涂果穗花丝和穗顶。

图115-1　劳氏黏虫

1.雌成虫　2.雄成虫　3.卵　4.二龄幼虫　5.老熟幼虫　6.蛹

（封洪强摄）

图115-2　劳氏黏虫为害玉米状

1.幼苗被害状　2.心叶被害状　3.在果穗中取食籽粒

（1、3.王振营摄，2.李国平摄）

116. 黏虫
Oriental armyworm

分布与寄主

黏虫 [*Mythimna separata* (Walker)] 属鳞翅目夜蛾科，又称东方黏虫，别名粟夜盗虫、剃枝虫、五彩虫、麦蚕等。是我国农作物的重要迁飞性害虫，也是一种杂食性害虫和暴发性、间歇性发生的暴食性害虫。国内除新疆外，几乎全国各地均有分布。主要为害小麦、水稻、谷子、玉米、棉花及豆类、蔬菜等作物和多种禾本科杂草。

形态特征（彩图116-1）

成虫：淡褐色或黄褐色，体长15～20mm，翅展35～45mm。触角丝状，前翅中央近前缘有两个淡黄色的圆斑，外圆斑下方有1个小白点，两侧各有1个小黑点，翅顶角有1条向内伸的斜线。

卵：半球形，直径0.5mm，初乳白色，渐变成黄褐色或黑灰色，然后孵化，有光泽。卵块由数十粒至数百粒组成，多为3～4行排列成长条状，叶片上的卵块经常被包在筒条状的卷叶内。

幼虫：有6龄。老熟幼虫长36～40mm，体色黄褐至墨绿色。头部红褐色，头盖有网纹，额扁，头部有棕黑色八字纹。背中线白色较细，两边为黑细线，亚背线红褐色。

蛹：褐色，长20mm，腹背第五至七节各有一横排小点刻；尾刺3对，中间一对粗直，侧面两对细而且弯曲。

为害特征（彩图116-2）

低龄幼虫咬食玉米叶片呈孔洞状，三龄后咬食叶片成缺刻状，或吃光心叶，形成无心苗；五、六龄达暴食期，能将幼苗地上部全部吃光，或将整株叶片吃掉只剩叶脉，再成群转移到附近的田块为害，造成严重减产，甚至绝收。也可为害果穗，将果穗上部花丝和穗尖咬食掉，并取食籽粒。

发生规律

1年2～8代，为迁飞性害虫，每年有规律地进行南北往返远距离迁飞。黏虫发生世代随地理纬度及海拔高度而异。在33°N以北地区不能越冬，长江以南以幼虫和蛹在稻桩、杂草、麦田表土下等处越冬，翌年春天羽化，迁飞至北方为害。成虫有趋光性和趋化性。幼虫畏光，白天潜伏在心叶或土缝中，傍晚爬到植株上为害，幼虫常成群迁移到附近地块为害。成虫羽化后需要补充营养才能正常产卵，喜欢将卵产在叶尖及枯黄的叶片上，而且会分泌胶状物质将卵裹住。幼虫老熟后转移到植株根部做土茧化蛹。

防治技术

农业防治：在越冬区，结合种植业结构调整，合理调整作物布局，减少小麦的种植面积，铲除杂草，压低越冬虫量，减少越冬虫源。合理密植、加强肥水管理、控制田间小气候等。

物理防治：①性诱捕法。用配置黏虫性诱芯的干式诱捕器，每667m²竖立1个插杆挂在田间，诱杀成虫。②杀虫灯法。在成虫发生期，于田间安置杀虫灯，灯间距100m，夜间开灯，诱杀成虫。

生物防治：在黏虫卵孵化盛期喷施苏云金杆菌（Bt）制剂，注意临近桑园的田块不能使用，低龄幼虫可用灭幼脲灭杀。

化学防治：主要采用化学药剂喷雾防治。在早晨或傍晚黏虫在叶面上活动时，喷洒速效性强的药剂。①可选用4.5%高效氯氰菊酯乳油1 000～1 500倍液、48%毒死蜱乳油1 000倍液、3%啶虫脒乳油1 500～2 000倍液等杀虫剂喷雾防治。②免耕直播麦茬地小麦田黏虫发生重时，在玉米出苗前用化学药剂杀灭地面和麦茬上的害虫。

第三章 虫 害 277

彩图116-1 黏 虫
1.雌成虫 2.雄成虫 3.卵 4.幼虫 5.蛹
(1、2.刘娟娟摄,3、4.张天涛摄,5.封洪强摄)

彩图116-2 黏虫为害玉米状
1.取食叶片 2.取食花丝和苞叶 3.取食籽粒 4.幼苗期田间被害状 5.成株期田间被害状
(1、3、5.王振营摄,2、4.苏前富摄)

117. 甜菜夜蛾
Beet armyworm

分布与寄主

甜菜夜蛾 [*Spodoptera exigua* (Hübner)] 属鳞翅目夜蛾科，又名贪夜蛾、白菜褐夜蛾、玉米叶夜蛾，属于间歇性暴发的害虫。我国已报道发生区域有辽宁、安徽、江苏、河南、山东、海南、广东、重庆、云南等20余个省份，其中以江淮、黄淮流域为害最为严重，受害面积较大。甜菜夜蛾食性杂，为害甜菜、棉花、芝麻、玉米、高粱、马铃薯、苜蓿、烟草、青椒、茄子、黄瓜、西葫芦、胡萝卜、芹菜、菠菜、韭菜及豆类、麦类、麻类等28种（类）大田作物和32种蔬菜。

形态特征（彩图117-1）

成虫：体长8～10mm，翅展19～25mm。灰褐色，头、胸有黑点。前翅灰褐色，基线仅前段可见双黑纹；内横线双线黑色，波浪形外斜；剑纹为一黑条；环纹粉黄色，黑边，肾纹粉黄色，中央褐色，黑边；中横线黑色，波浪形；外横线双线黑色，锯齿形，前、后端的线间白色；亚缘线白色，锯齿形，两侧有黑点，外侧在M_1处有一个较大的黑点；缘线为一列黑点，各点内侧均衬白色。后翅白色，翅脉及缘线黑褐色。

卵：圆球状，白色，成块产于叶面或叶背，每块有8～100粒。

幼虫：老熟幼虫体长22～27mm，体色由绿色至黑褐色，背线有或无。腹部气门下线为明显的黄白色纵带，有时带粉红色，不弯到臀足上。各节气门后上方有圆形白斑。

蛹：黄褐色，长约10mm，腹部基部有2根极短的刚毛，臀棘上亦有刚毛2根，中胸气门显著外突。

为害特征（彩图117-2）

初孵幼虫聚集在玉米苗心叶中为害，取食叶肉，留下白色表皮；四龄后食量大增，玉米叶片被咬成不规则的孔洞和缺刻，严重时可吃光叶肉，仅留叶脉，残余叶片呈网状挂在叶脉上。

发生规律

1年4～7代，为迁飞性害虫，越冬北界约在38°N。以蛹在土中、或以老熟幼虫在杂草上及土缝中越冬。成虫有趋光性。幼虫昼伏夜出，有假死性，在田间点片状发生。

防治技术

该虫体表面蜡质层较厚且体表光滑，排泄效应快，抗药性强，要及早防治，将害虫消灭在三龄前。

农业防治：①秋季或者冬季翻耕土地、消灭越冬蛹，减少田间越冬虫源。②春季清除田间以及附近的杂草，消灭部分初龄幼虫。③卵块多产在叶背，其上有松软绒毛覆盖，易于发现，且一、二龄幼虫集中在产卵叶或其附近叶片上，结合田间操作可摘除卵块，捕杀低龄幼虫。

物理防治：田间采用频振式杀虫灯或黑光灯、性诱芯诱杀成虫。

生物防治：用100亿活芽孢/g的杀螟杆菌可湿性粉剂或青虫菌可湿性粉剂1 000倍液喷雾，也可选20%除虫脲悬浮剂1 000倍液喷雾，有较好的防效，但杀虫作用缓慢。

化学防治：①在早晨或傍晚选用50%辛硫磷乳油1 000倍液、5%高效氯氰菊酯乳油1 000倍液、48%毒死蜱乳油1 000倍液等杀虫剂喷雾防治三龄以下幼虫。②对三龄以上幼虫，用20%虫酰肼悬浮剂1 000～1 500倍液喷雾防治。

彩图117-1　甜菜夜蛾
1.成虫　2.卵　3.幼虫　4.蛹
（石洁摄）

彩图117-2　甜菜夜蛾为害玉米状
1.叶肉被咬食　2.幼虫取食后的叶片缺刻　3.幼虫取食苞叶
（王振营摄）

118. 双斑长跗萤叶甲
Two-spotted leaf beetle

分布与寄主

双斑长跗萤叶甲 [*Monolepta hieroglyphica* (Motschulsky)] 属鞘翅目叶甲科萤叶甲亚科，又称双斑萤叶甲、双圈萤叶甲。在我国广泛分布于黑龙江、吉林、辽宁、内蒙古、宁夏、甘肃、新疆、河北、山西、陕西、江苏、浙江、湖北、江西、福建、台湾、广东、广西、四川、云南和贵州等省份。

该害虫在我国北方和西北地区为害较重。双斑长跗萤叶甲为多食性害虫，可为害玉米、高粱、谷子、棉花、马铃薯、向日葵和豆类等多种作物以及十字花科蔬菜、胡萝卜、茄子、甘草、苹果、杏、杨、柳等经济植物，还为害多种田间杂草，以玉米、大豆和棉花受害最为严重。

形态特征（彩图118-1）

成虫：体长3.6～4.8mm，宽2.0～2.5mm，长卵形，棕褐色，具光泽，头、前胸背板颜色较深，一般呈棕黄色，每个鞘翅基部具一近圆形的淡色斑，四周黑色，淡色斑后外侧常不完全封闭，后面的黑色带纹向后突出呈角状。触角为线状，11节，柄节和梗节棕黄色，鞭节黑色。前胸背板表面隆起，密布细刻点，四角各具毛1根。小盾片三角形，无刻点。鞘翅表面具密而浅细的刻点，侧缘稍微膨大，端部合成圆形，腹末端外露于鞘翅。足胫节端半部与跗节黑色，胫节基半部与腿节棕黄色，胫节端部具一长刺。雌虫腹末端尖而突出，完整不开裂；雄虫的腹末端钝而开裂，分为3瓣。

卵：卵圆形，长轴约0.6mm，卵壳表面有等边六角形的网纹；初产的卵多为淡黄色，经过一段时间后颜色变深。

幼虫：头和臀板褐色，前胸背板浅褐色。体表有成对排列的毛瘤和刚毛，腹节有较深的横褶，腹末端为黑褐色的铲形骨化板，是区别于其他叶甲幼虫的一个重要特征。幼虫有3个龄期，初孵幼虫的头壳宽度为0.2mm，体为淡黄色，在生长过程中体色慢慢变深，能清晰地看到虫体内黑色的肠道，老熟幼虫进入预蛹的时候变为乳白色，化蛹前虫体变粗且蜷缩成C形。

蛹：长2.8～3.8mm。一般为白色，也有一些略发黄，体表有整齐的毛瘤和刚毛。触角从复眼之间向外侧伸出，端部至前足近口器处，前、中足外露，后足大部为后翅所覆盖。前端为前胸背板，头部位于其下，小盾片三角形，后胸背板大部可见，腹端有1对稍向外弯曲的刺。

此外，在许多地方玉米田中还常见黄斑长跗萤叶甲（*Monolepta signata* Olivier），其特征是在每个鞘翅上各具2个浅黄色的斑，在西南地区对玉米为害较重（彩图118-2）。

为害特征（彩图118-3）

幼虫生活在表土中，为害玉米根系，在根系表面形成一条条隧道，甚至钻入粗壮的根系内取食，仅留下表皮，根系上的伤口呈红色。幼虫食量很小，即使一株玉米遭到数十头幼虫为害，植株的地上部分也无明显症状，对玉米造成的为害较轻。成虫为害玉米，从下部叶片开始，取食叶肉，残留不规则白色网状斑和孔洞；还可取食花丝、花粉，影响授粉；也为害幼嫩的籽粒，将其啃食成缺刻或孔洞状，同时破损的籽粒易被病原菌侵染，引起穗腐病。

发生规律

在我国北方1年发生1代，以卵在寄主根部土壤中越冬，翌年5月中、下旬孵化，幼虫在玉米等作物或杂草根部取食为害。老熟幼虫做土室化蛹，成虫有群集性，弱趋光性，趋嫩性，高温时活跃，早晚气温低时栖息在叶背面或植株根部，高温干旱利于该虫发生。卵散产或者数粒黏结产于杂草丛根际表土中。卵耐干旱。

防治技术

农业防治：清除田间地头杂草，尤其是豆科、十字花科、菊科杂草，消灭寄生场所。秋翻或者春耕土地，减少越冬虫源。

物理防治：害虫点片发生时，可在早晚用捕虫网人工捕杀成虫，也可利用黑光灯进行诱集，减少田间虫量。

化学防治：可选用50%辛硫磷乳油1 500倍液、10%吡虫啉可湿性粉剂1 000倍液、20%氰戊菊酯乳油1 500倍液、2.5%高效氯氟氰菊酯乳油2 000倍液或4.5%高效氯氰菊酯乳油1 000～1 500倍液喷雾防治，还可用25%噻虫嗪水分散粒剂3 000倍液喷雾，均可有效控制双斑长跗萤叶甲的为害。喷药时间应在10时前和17时后，喷施重点为受害叶片背面和雌穗周围。由于成虫羽化初期主要在田边杂草上取食为害，这一时期害虫抗药性较差，也是防治的关键时期，一定要注意对田边地头杂草进行喷施。

第三章 虫 害 281

彩图118-1 双斑长跗萤叶甲
1. 成虫 2. 卵 3. 幼虫 4. 蛹
（1、3. 王振营摄，2、4. 张聪摄）

彩图118-2 黄斑长跗萤叶甲
1. 成虫 2. 取食玉米花丝
（王振营摄）

彩图118-3 双斑长跗萤叶甲为害玉米状
1. 为害根系 2. 取食叶肉 3. 取食花丝 4. 为害籽粒
（1. 张聪摄，2、4. 董金皋摄，3. 王振营摄）

119. 斜纹夜蛾
Tobacco cutworm

分布与寄主

斜纹夜蛾 [*Spodoptera litura* (Fabricius)] 属鳞翅目夜蛾科，又名夜盗虫、乌头虫、莲纹夜蛾、莲纹夜盗蛾。在我国大部分地区都有分布，包含四川、上海、江西、湖北、福建、浙江、广西、湖南、贵州、云南、广东等地。斜纹夜蛾为典型的多食性害虫，为害植物范围十分广泛，我国记载的有109科389种，涉及玉米等多种农林植物及野生植物。

形态特征（彩图119-1）

成虫：体长14～20mm，头、胸、腹均为深褐色。胸部背面有白色的丛毛，腹部前数节背面中央有暗褐色丛毛。前翅灰褐色，内横线及外横线灰白色，波浪形，中间有白色的条纹；环状纹和肾状纹间自前缘到后缘外方有3条白色斜线。后翅白色，没有斑纹。

卵：扁半球形，直径0.4～0.5mm，孵化前为紫黑色。卵粒集结成3～4层的卵块，外表覆盖灰黄色疏松的绒毛。

幼虫：老熟幼虫体长35～47mm。头部黑褐色，胸腹部颜色因寄主和虫口密度不同而异，呈土黄至暗绿等色。中胸至第九腹节背面各具有近半月形或三角形黑斑1对，以第一、七、八腹节的最大，中后胸的黑斑外侧有黄白色小圆点。

蛹：长15～20mm，腹部背面第四至七节近前缘处各有1个小刻点。臀棘较短，有1对大而弯曲的刺，刺基部分开。

为害特征（彩图119-2）

初孵幼虫群集为害，仅食叶肉，留下叶脉和表皮，形成半透明纸状"天窗"，呈筛网状花叶；二龄以后分散为害，取食叶片，造成缺刻；四龄后进入暴食期，把叶片吃成残缺，严重为害时可将叶片吃光；穗期取食玉米花丝和籽粒。

发生规律

1年发生3～9代，老熟幼虫在1～3cm表土内做土室化蛹，土壤板结时可在枯叶下化蛹。以蛹在土壤中越冬。成虫昼伏夜出，飞翔力强，有趋光性和趋化性，喜在枝叶密集、生长茂盛的植株上产卵。幼虫有假死性，遇惊扰蜷曲落地。

防治技术

农业防治：及时清除田间地头杂草，消灭越冬场所。

物理防治：用糖醋液、性诱剂或杀虫灯诱杀成虫，降低田间虫口基数。

生物防治：可采用100亿活芽孢/g苏云金杆菌可湿性粉剂1 000倍液或青虫菌可湿性粉剂1 000倍液喷施。

化学防治：三龄前为防治最佳时期，可选用10%吡虫啉可湿性粉剂2 500倍液、2%甲氨基阿维菌素苯甲酸盐乳油或4.2%高氯·甲维盐微乳剂1 000倍液，最好在清晨或傍晚喷施，玉米根际附近地面也要喷到，以消灭滚落于地面的幼虫。

彩图119-1　斜纹夜蛾

1. 成虫　2. 卵　3. 卵与初孵幼虫　4. 幼虫　5. 蛹

（1、3～5. 石洁摄，2. 李敦松摄）

彩图119-2　斜纹夜蛾为害玉米状

1. 低龄幼虫啃食叶肉　2. 高龄幼虫取食叶片　3. 幼虫取食花丝

（王振营摄）

120. 褐足角胸叶甲

Basilepta fulvipes

分布与寄主

褐足角胸叶甲 [*Basilepta fulvipes* (Motschulsky)] 属鞘翅目肖叶甲科，也称褐足角胸肖叶甲。国内分布于黑龙江、吉林、辽宁、宁夏、内蒙古、河北、北京、山西、陕西、山东、江苏、浙江、湖北、江西、湖南、福建、上海、台湾、广西、四川、贵州、云南。褐足角胸叶甲为害植物种类繁多，包括香蕉、樱桃、梨、苹果、梅、李、枫杨、菊花等。在我国北方，成虫主要为害玉米、谷子、大豆、高粱、花生、棉花、大麻、甘草等。

形态特征（彩图120-1）

成虫：体长3～5.5mm，宽2.5～3.2mm，体小型；卵形或近于方形。体色变异较大，大致可分为6种色型：①标准型，②铜绿鞘型，③蓝绿型，④黑红胸型，⑤红棕型，⑥黑足型。一般体背铜绿色，或头和前胸棕红，鞘翅绿色，或身体一色的棕红或棕黄。头部刻点密而深刻，头顶后方具纵皱纹，唇基前缘凹切深。触角丝状，雌虫的达体长之半，雄虫的达体长的2/3。复眼内缘稍凹切。前胸背板宽短，两侧在基部之前中部之后突出成较锐或较钝的尖角形；小盾片盾形，表面光亮或具微细刻点。前胸前侧片前缘较平直，后侧片密布刻点并具皱纹；前胸腹板宽，方形，具深刻点和短竖毛。腿节腹面无明显的齿。

卵：长约0.70mm，宽0.28mm，长椭圆形，两端钝圆，橘黄色。

幼虫：体长约7mm，宽约2mm。体背面淡黄色，向后至臀板逐渐加深呈淡褐色，腹面色浅；头骨前半部色渐深呈黑色，前胸背板前缘色略深。胸部具3对足，足淡褐色。腹部多横褶，背面尤其明显；体表具成列刚毛；化蛹前体变粗而稍弯曲。

蛹：长5.5mm，宽1.8mm。椭圆形，淡黄色。体表具成列刚毛。腹部末端具向外弯曲的臀棘1对，深褐色。前、中足外露，后足大部分被后翅覆盖。前翅翅芽向腹面弯转，端部与身体游离。后足股节与胫节间具一大深色刺。

为害特征（彩图120-2）

以成虫啃食玉米叶片，玉米从苗期至成株期均可受害，但以苗期受害最重。成虫喜集中在玉米心叶内和叶片背面为害，啃食叶肉造成很多孔洞呈网状，被啃食的孔洞常相互连接，使叶片横向被切断，或叶片呈破碎状。

发生规律

在河北及北京地区1年发生1代，以幼虫在土壤中越冬。幼虫共3龄，全期在土下5～20cm处生活，以玉米、小麦和杂草根为食。幼虫老熟后即在土下做土室化蛹，蛹期约40d。成虫于6月末出现，一直延续到8月上旬，高峰期为7月上、中旬。成虫产卵于麦秸及枯枝落叶下面，或低洼不平的土壤表面。

防治技术

农业防治：在小麦收割并旋耕土地后再播种玉米可有效破坏褐足角胸叶甲栖息场所，减少虫源基数。清除田埂、沟旁和田间杂草，消灭中间寄主植物。

化学防治：依据褐足角胸叶甲成虫发生规律、活动习性，最佳防治时期为成虫发生高峰期，最佳防治时间为10～16时，喷药或撒施颗粒剂部位以心叶为主。可选用25%氯·辛乳油1 500倍液、4.5%高效氯氰菊酯乳油2 000倍液、48%毒死蜱乳油1 000倍液、2.5%溴氰菊酯乳油2 000倍液、2.5%高效氯氟氰菊酯乳油4 000倍液、40%辛硫磷乳油1 000倍液喷雾，用药液量每公顷不少于600kg，均具有较好的防治效果。用5%毒死蜱颗粒剂，撒入心叶内，每株撒颗粒剂1.5～2g，防治效果极佳。

彩图120-1　褐足角胸叶甲

1.红棕型和铜绿型成虫　2.卵及正在孵化的幼虫　3.低龄幼虫　4.高龄幼虫　5.蛹　6.蛹室及羽化的成虫

（1.王振营摄，2、3.王庆雷摄，4、5.屈振刚摄，6.石洁摄）

彩图120-2　褐足角胸叶甲为害玉米状
1.成虫在心叶中为害　2.玉米苗被害状　3.被啃食的叶片
（王振营摄）

121. 草地螟
Beet webworm

分布与寄主

草地螟（*Loxostege sticticalis* L.）属鳞翅目草螟科，又名网锥额野螟、黄绿条螟、甜菜网螟等，是北方农牧交错区间歇性暴发的害虫，具有突发性、迁移性、毁灭性的特点，属于迁飞性害虫。国内分布于新疆、内蒙古、黑龙江、吉林、辽宁、宁夏、甘肃、青海、河北、北京、山西、陕西等地。草地螟为杂食性害虫，可取食35科200余种植物，主要为害甜菜、大豆、玉米、向日葵、马铃薯及麻类、蔬菜、药用植物等，大发生时禾谷类作物、林木等均受其害。草地螟最喜取食的植物是灰菜、甜菜和大豆等。

形态特征（彩图121-1）

成虫：体长8～12mm。前翅灰褐色，上有暗色斑，外缘有淡黄色小点连成一线，翅室中央有一明显的淡黄色菱形斑，近顶角处有一长形黄白色斑；后翅淡灰褐色，有2条与外缘平行的黑色波状纹。停息时，两前翅叠成三角形。

卵：椭圆形，初产乳白，后变为淡黄褐色。

幼虫：共5龄。末龄体长19～21mm。淡灰绿色、黄绿色或黑绿色，头部黑色，体躯有明显的褐色背线，两侧有黄绿色的线条，腹部为黄绿色，每节各有瘤状凸两列，分列在背线两侧。

蛹：体黄色至黄褐色。蛹外包有口袋状丝质茧。茧直立于土表下，茧外有细沙粒。

为害特征（彩图121-2）

低龄幼虫取食幼苗叶背叶肉，吐丝结网群集为害，受惊后吐丝下垂。高龄后分散为害，食尽叶肉只留叶脉呈网状。在玉米穗期可取食花丝、苞叶和幼嫩籽粒。

发生规律

1年发生1～3代，以老熟幼虫在土茧中越冬。越冬代成虫一般5月上、中旬出现，6月上、中旬盛发。一代幼虫6月中旬至7月中旬严重为害，第二代幼虫一般年份为害很轻。喜将虫卵产在菊科、锦葵科、藜科、茄科植物的叶片上。幼虫有结网、假死的特性。初孵幼虫聚集在田间杂草叶上啃食为害，三龄后，食量大增，转移到玉米上为害。成虫有很强的趋光性，经常成群聚集在开花植物上取食花蜜。

防治技术

农业防治：①在草地螟越冬地区，秋季耕翻土地可压低虫源基数。②春季除草灭卵，及时清除田间杂草（特别是藜科杂草）并带出田外，集中处理。

物理防治：成虫迁入期设置高空探照灯、频振式杀虫灯诱杀成虫。

生物防治：可用苏云金杆菌防治低龄幼虫，用白僵菌防治高龄幼虫。

化学防治：可选用20%除虫脲悬浮剂、5%除虫脲悬浮剂或可湿性粉剂、5%氟啶脲乳油、2.5%氯氟氰菊酯乳油、10%啶虫脒乳油、10%高效氯氰菊酯乳油及48%毒死蜱乳油等喷雾防治低龄幼虫。

彩图121-1 草地螟

1. 成虫 2. 卵 3. 蛹及土茧 4. 蛹

（1.王振营摄，2～4.程云霞摄）

彩图121-2 草地螟为害玉米状

1. 为害叶片 2. 为害花丝 3. 为害籽粒

（赵秀梅摄）

122. 蝗虫
Locuts

分布与寄主

蝗虫属直翅目蝗总科，我国常见的有东亚飞蝗、中华稻蝗、亚洲小车蝗、黄胫小车蝗、花胫绿纹蝗、短星翅蝗和中华剑角蝗等。

东亚飞蝗 [*Locusta migratoria manilensis* (Meyen)] 属直翅目蝗科，又名蚂蚱、蝗虫。在我国分布于北起河北、山西、陕西，南至福建、广东、海南、广西、云南，东达沿海各省份，西至四川、甘肃南部的区域；在黄淮海地区常发。

中华稻蝗 [*Oxya chinensis* (Thunberg)] 属直翅目蝗科，又名稻蝗、油蚂蚱。国内各稻区均有分布，以长江流域和黄淮稻区发生较重，主要分布省份有甘肃、河北、山东、河南、江苏、浙江、湖北、江西、湖南、广东、广西、四川、云南等。

亚洲小车蝗 (*Oedaleus decorus asiaticus* B. Bienko) 属直翅目斑翅蝗科。主要分布于我国内蒙古、宁夏、甘肃、青海、河北、陕西、黑龙江、吉林和辽宁等省份；是我国北方农牧交错地带的重要害虫。

黄胫小车蝗 (*Oedaleus infernalis* Saussure) 属直翅目斑翅蝗科。国内分布于内蒙古、黑龙江、吉林、辽宁、河北、陕西、山东、江苏、安徽、福建、台湾等省份。

短星翅蝗 (*Calliptamus abbrrevialus* Ikovnn) 属直翅目斑腿蝗科。分布于我国的东北、华北、华东、华中、华南等地。

中华剑角蝗 (*Arida cinerea* Thunb.) 属直翅目蝗科，又名尖头大蚱蜢、中华蚱蜢。全国各地均有分布。

蝗虫主要取食禾本科植物（彩图122-1），对小麦、玉米、高粱、谷子、水稻、稷等多种禾本科作物造成一定的危害，也可为害棉花、大豆及蔬菜等。

形态特征（彩图122-2）

（1）东亚飞蝗

成虫：雄虫体长33～48mm，雌虫体长39～52mm。有群居型、散居型和中间型3种类型，群居型体灰黄褐色，散居型头、胸、后足带绿色。颜面平直，触角丝状，前胸背板马鞍状，中隆线发达，沿中隆线两侧有黑色带纹。前翅淡褐色，有暗色斑点，群居型翅长超过后足股节2倍以上，散居型翅长不到后足股节的2倍；后翅无色透明。胸部腹面有长而密的细绒毛，后足腿节内侧基半部黑色，近端部有黑色环，后足胫节红色。

卵囊：褐色，圆柱形，长53～67mm。卵囊上覆有海绵状胶质物，卵囊中有40～80多个卵粒。卵粒长筒形，长4.5～6.5mm，浅黄色，圆柱形，一端略尖另一端稍圆，微弯曲。

若虫：共5龄，又叫蝗蝻，体形和成虫相似。第五龄蝗蝻体长26～40mm，触角22～23节，翅节长达第四、五腹节。群居型体红褐色，散居型体色较浅，在绿色植物多的地方为绿色。

（2）中华稻蝗

成虫：雌虫体长19～40mm，雄虫体长15～33mm；全身绿色、黄绿色或褐绿色。头宽大，卵圆形，头顶向前伸，颜面隆起宽，两侧缘近平行，具纵沟。复眼灰色。触角剑状，超过前胸背板后缘。头胸部在复眼后方；前胸背板发达，马鞍形，向后延伸覆盖中胸，两侧各有1条明显的黑褐色纵带，直达前胸背板后缘及翅基部。

卵囊：茄形，褐色。卵囊表面为膜质，顶部有卵囊盖。囊内有上、下两层排列不规则的卵粒，10～100粒，多为30～40粒。卵粒间填以泡沫状胶质物，卵粒中央略弯曲，一端略粗，深黄色。

若虫：多为6龄，通称蝗蝻。蝗蝻颜面倾斜度较大，头部呈三角形。复眼长椭圆形，绛赤色。前胸背板略呈瓦状，在中部有3条横沟。各龄若虫体长、触角节数、翅芽长短不同。一龄无翅芽；二龄翅芽不明显；三龄前翅芽三角形，后翅芽圆形；四龄前翅芽向后延伸，后翅芽下后缘钝角形，伸过腹部第一节前缘；五龄翅芽向背面翻折，伸达腹部第一、二节；六龄两翅芽已伸达腹部第三节中间，后足胫节有刺10对，产卵管背腹瓣明显。

（3）亚洲小车蝗

成虫：雌虫体长31～37mm，前翅长28.5～34.5mm；雄虫较小，体长22.1～24.7mm，前翅长20～24.5mm。体绿色或灰褐色、暗褐色。前胸背板中部明显缢缩，有明显的X形纹，X形纹在沟前区与沟后区等宽。胸背板侧片近后部有倾斜的淡色斑。前翅具明显的暗色斑纹，后翅基部淡黄色，中部有车轮形褐色带纹。后足腿节顶端黑色，上侧和内侧有3个黑斑，胫节红色，基部的淡黄褐色环不明显，上侧常混杂红色。

卵囊：为无囊壁的土穴，长25～48mm，宽4～6mm。卵粒与卵室之间充满浅粉色泡状物。卵粒淡灰褐色，在卵室中交错排列成3～4行。每卵囊有卵8～33粒。

（4）黄胫小车蝗

成虫：雌虫体长30～39mm，前翅长27～34mm；雄虫体长21～28mm，前翅长22～26mm。体绿色或黄褐色或暗褐色，有深色斑。前胸背板中部略缢缩，沟后区的两侧较平，无肩状的圆形突出；中隆线仅被后横沟线微切断，背板上有淡色的X形纹，沟后X形纹比沟前区宽。前后翅发达，常超过后足股节。后翅基部淡黄色，中部具有到达后缘的暗色窄带纹；雄性后翅顶端呈褐色。后足股节底侧红色或黄色；后足胫节基部黄色，部分常混杂红色，无明显分界。

卵囊：细长弯曲，长27～57mm，无卵囊盖，囊壁泡沫状，囊内有卵28～95粒，卵粒与壁纵轴呈倾斜状整齐排列成4行。卵粒较直或略弯曲，中间较粗，肉黄色。

（5）短星翅蝗

成虫：雌虫体长25～32mm，翅长14～20mm；雄虫体长13～21mm，前翅长7.8～12mm。体褐色至暗褐色。前翅短，仅达或几达后足股节的顶端，具黑褐色花斑；后翅黄褐色。头大，却短于前胸背板。前胸背板前缘直，后缘钝角形或钝圆形；中隆线明显，侧隆线向外呈弧形弯曲。后足股节粗壮，有3条黑褐色横带，外侧上、下隆线上各具1列黑色小点，内侧红色，具2个不完整的大黑斑。后足胫节红色，外侧具8根刺，内侧9根刺。

卵囊：长6～12mm，囊中有18～25粒卵，平均23粒。卵粒并列抱团，长椭圆形，鲜黄色，长轴4.65mm。

（6）中华剑角蝗

成虫：雌虫体长58～81mm，雄虫体长36～47mm；体色多变，通常绿色或枯黄色。头圆锥形，明显长于前胸背板。颜面强烈向后倾斜，颜面隆起在中单眼处缢缩，有明显纵沟。头顶突出，顶端圆形，有明显的中隆线，无头侧窝。触角剑状，复眼长卵形。前胸背板宽平，有细小粒点。中隆线和侧隆线几乎平行。前翅发达，明显超过后足股节端部，顶部尖锐。后翅略短于前翅。

为害特征（彩图122-3）

成、若虫咬食玉米叶片，形成缺刻，严重时可将叶片吃光；大发生时成群迁飞，把成片的玉米植株吃成光秆。

发生规律

东亚飞蝗在北方地区1年发生1～2代；南方地区1年发生3～4代。无滞育现象，以卵在土中越冬。山东、安徽、江苏等2代区，越冬卵于4月底至5月上中旬孵化为夏蝻，经35～40d羽化为夏蝗，羽化后产卵，卵期15～20d，7月上、中旬进入产卵盛期，孵出若虫称为秋蝻，又经25～30d羽化为秋蝗。9月进入产卵盛期后开始越冬。个别高温干旱的年份，于8月下旬至9月下旬又孵出第三代蝗蝻，多在冬季冻死，仅有个别能羽化为成虫产卵越冬。成虫产卵对地形、土壤性状、土面坚实度、植被等有明显的选择性。喜栖息地多为地势低洼或水位不稳定的海滩（湖滩）及大面积荒芜或耕作粗放的夹荒地、生有低矮芦苇、茅草、盐蒿、莎草等嗜食植物之处。

中华稻蝗在长江流域及北方地区1年发生1代，南方2代。以卵在土壤表层越冬，5月中、下旬孵化，

7、8月羽化为成虫，9月中、下旬为产卵盛期，卵多产在湿度适中、土质疏松的田埂两侧。成虫多在早晨羽化，在性成熟前活动频繁，飞翔力强。对白光和紫光有明显趋性。低龄若虫有群集生活习性，取食田埂沟边的禾本科杂草，三龄以后开始分散，迁入玉米田取食叶片。

亚洲小车蝗在华北地区1年发生1代。以卵在土壤中越冬，翌年5月中、下旬越冬卵开始孵化，6月下旬多见二、三龄蝗蝻，7月上旬出现成虫，7月中、下旬为羽化盛期，7月下旬开始交配，8月中旬为交配盛期，产卵期延续到10月下旬。

黄胫小车蝗在河北北部和西部山区、山西中部和北部地区1年发生1代，在河北南部、陕西关中地区和汉水流域、山西南部以及山东、河南等地1年发生2代。以卵越冬。

短星翅蝗在华北地区1年发生1代。以卵在土中越冬，翌年5月下旬至6月中旬开始孵化出土，7月上旬为孵化出土盛期，8月上旬始见成虫，8月下旬开始交配产卵，9月上、中旬为产卵盛期。

中华剑角蝗在我国北方地区1年发生1代。以卵在土中越冬，6月开始孵化，7月出现成虫，7、8月为产卵盛期。在管理粗放的田边杂草丛中数量较多。

防治技术

农业防治：①注意兴修水利，疏通河道，排灌配套，避免农田忽涝忽旱，成为蝗虫滋生地。②提倡垦荒种植，大搞植树造林，创造不利于蝗虫发生的生态条件，使蝗虫失去产卵的适宜场所。

生物防治：利用含10亿孢子/mL的蝗虫微孢子虫水剂对水后在蝗虫二至三龄时喷施。采用100亿孢子/mL绿僵菌油悬浮剂以每667m²用250～500mL，对水后喷雾。

化学防治：一般在蝗蝻向玉米田扩散初期，利用蝗蝻多聚集于玉米田边行的特性，以"挑治为主、普治为辅、巧治低龄"为防治策略，以二、三龄蝗蝻为防治适期，将蝗虫消灭在扩散进田之前。①喷雾防治：每667m²可选用1.8%阿维菌素乳油40～50mL、5%氟虫脲水剂5～10mL、20%三唑磷乳油50～100mL、50%辛硫磷乳油45～60mL、45%马拉硫磷乳油45～60mL、20%阿维·杀虫单微乳剂30～45mL等，对水45～60kg喷雾。施药时间：防治成虫一般在早晨露水未干前、防治若虫一般在8:30～11:00施药效果最佳。②毒饵诱杀：将麦麸100份，清水100份，90%敌百虫晶体或40%氧乐果乳油、50%辛硫磷乳油1.5份混拌。根据蝗虫取食习性，在取食前夕均匀撒施，23～30kg/hm²，随配随用，不宜过夜。

彩图122-1　蝗虫为害玉米与杂草

1.为害玉米　2.为害杂草

(王晓鸣摄)

彩图122-2 蝗 虫

1. 东亚飞蝗成虫　2. 东亚飞蝗卵及卵囊　3. 中华稻蝗成虫
4. 亚洲小车蝗成虫　5. 黄胫小车蝗成虫　6. 短星翅蝗成虫
7. 中华剑角蝗成虫

（1. 雷仲仁摄，2～7. 王振营摄）

彩图122-3　蝗虫为害玉米状

1. 东亚飞蝗蝗蝻取食叶片　2. 短星翅蝗取食叶片　3. 中华稻蝗若虫取食叶片　4. 黄胫小车蝗取食叶片　5. 亚洲小车蝗取食叶片

（1. 雷仲仁摄，2～5. 王振营摄）

123. 稻弄蝶
Rice skipper butterfly

分布与寄主

稻弄蝶，又称稻苞虫，属鳞翅目弄蝶科，是我国常见的、间歇性发生的水稻害虫。在玉米田为害的主要为直纹稻弄蝶、曲纹稻弄蝶和隐纹谷弄蝶。

直纹稻弄蝶 [*Parnara guttata*（Bremer et Grey）] 又名一字纹稻苞虫，分布广，在我国东起沿海各省和台湾省，西至甘肃东部、四川西部、云南西南部，南迄广东、海南省，北达黑龙江的牡丹江和内蒙古南部均有分布。直纹稻弄蝶为害作物以水稻为主，偶见为害高粱、玉米、甘蔗及麦类和茭白等。野生寄主有李氏禾、野茭白、稗草、圆果雀稗、双穗雀稗、白茅（黄茅）、芦苇、芒草、蟋蟀草、狼尾草、知风草、三棱草等。

曲纹稻弄蝶 [*Parnara ganga* (Evans)] 常与直纹稻弄蝶混合发生，国内分布于北纬30°以南地区。曲纹稻弄蝶除为害水稻外，还为害玉米、高粱和甘蔗。

隐纹谷弄蝶 [*Pelopida smathias* (Fabricius)] 又称隐纹稻苞虫，在我国，除吉林、黑龙江、青海、新疆、内蒙古等地未发现外，其余各省份均有分布。幼虫为害水稻、高粱、玉米、甘蔗、谷子等，野生寄主有竹、白茅、芒草、狗尾草、茭白及李氏禾等。

形态特征（彩图123-1）

弄蝶成虫属于小型蝶种，体粗壮，头大，眼的前方有睫毛。弄蝶科成虫的触角端部呈尖钩状（端部尖出有钩），触角基部互相远离；雌、雄成虫的前足均正常。飞翔迅速而带跳跃。前翅三角形，后翅卵圆形，暗黑色或棕褐色。

（1）直纹稻弄蝶

成虫：体长16～22mm，前翅白斑7～8枚，排成半环形。后翅斑纹4枚，从小到大排成一直线，故名"直纹"。雄蝶斑排列不平直，且两枚斑有些退化变小或变成褐色点。

卵：半球形，略凸，初产卵泥黄色或淡灰色，后呈草绿色。直径0.8～0.9mm。

幼虫：末龄幼虫体长27～28mm，略呈纺锤形，头部正面中央有"山"字形褐纹，体背有宽而明显的深绿色背线，体表密布小疣突，体背各节后中部有4～5条横皱纹带。

蛹：体长22～24.5mm，圆筒形，初蛹嫩黄色后变淡黄褐色，老熟为灰黑褐色。前胸气门纺锤形，通常中央膨大。第五、六腹节中央各有一倒"八"字形褐色纹。

（2）曲纹稻弄蝶

成虫：体长14～16mm，前翅有白斑5枚，排成直角状。后翅有白斑4枚，排成锯齿状，故名"曲纹"。

卵：半圆球形，略扁，草绿色，具玫瑰红色小斑驳。直径0.8mm。

幼虫：末龄体长27～34mm，体筒形，略扁，草绿色，第四至七节两腹侧各有白蜡腺1枚。四龄期头棕红色，具黑褐色"山"字形纹，纹宽长达单眼区。

蛹：体长18.5～19.5mm，化蛹初期体淡黄后转黄褐色，体表无小疣突，前胸气门纺锤形，通常狭窄，两端尖瘦。

（3）隐纹谷弄蝶

成虫：体长18.3～18.5mm，雌成虫前翅白斑8～9枚，雄8枚，斑较细，排成半环状，雌另具2枚淡黄色半透明斑。后翅翅底有白斑7枚，分散排列成弧形，翅正面多无斑，故名"隐纹"，极个别可见2～5枚，但极小并轮廓不清晰。

卵：半圆球形，略扁，青灰色，直径约1.0mm。

幼虫：体长33mm，颜面红褐色，"八字"形纹伸达单眼外方。

蛹：体长23～28mm，圆筒形，缢蛹型，头顶尖突如锥，喙游离段长达7mm以上。

为害特征（彩图123-2）

幼虫吐丝缀叶成苞，并蚕食，轻则造成缺刻，重则吃光叶片。严重发生时，可将大片玉米地叶片吃完。

发生规律

直纹稻弄蝶每年发生代数依各地的地理纬度及海拔高度而异，从北到南可发生1～7代；在长江以北地区，以老熟幼虫和部分蛹在李氏禾、芦苇和稻桩上越冬，长江以南则以中、小幼虫在避风向阳处的茭白、李氏禾、双穗雀稗等杂草间及稻桩和再生稻上结苞越冬。直纹稻弄蝶成虫需要在蜜源植物上取食花蜜作为补充营养。卵散产，多产于叶正面。

曲纹稻弄蝶在华南1年发生6～7代，以第六、七代幼虫在杂草中越冬。成虫有趋蜜习性。

隐纹谷弄蝶在浙江嘉兴1年发生3代，四川中部盆地常年发生5代。成虫有嗜蜜习性。卵散产于叶面。

防治技术

稻弄蝶在田间的发生分布很不平衡,应掌握在幼虫三龄以前对发生严重地块进行药剂防治。

农业防治:①消灭越冬虫源,2月底前结合农事操作,铲除田边、沟边、塘边杂草,特别是李氏禾滋生场所越冬幼虫最多。②人工防治:在虫口密度不十分大的田块,于幼虫三龄期,摘除虫苞。

化学防治:喷洒50%辛硫磷乳油1 500倍液、2.5%溴氰菊酯乳油2 000倍液、10%吡虫啉可湿性粉剂1 500倍液。

彩图123-1 稻弄蝶
1.直纹稻弄蝶成虫 2.隐纹谷弄蝶成虫 3.稻弄蝶成虫羽化 4.直纹稻弄蝶幼虫
(1、3、4.王振营摄,2.傅强摄)

彩图123-2 稻弄蝶幼虫为害玉米状
1.直纹稻弄蝶幼虫取食叶片 2.曲纹稻弄蝶幼虫取食叶片
(1.王晓鸣摄,2.王振营摄)

124. 灯蛾
Woolly bear caterpillars

分布与寄主

灯蛾属鳞翅目灯蛾科，常见的有红缘灯蛾、红腹灯蛾和稀点雪灯蛾等。

红缘灯蛾（*Amasacta lactinea* Cramer）又叫红袖灯蛾、红边灯蛾，国内除新疆、青海未见报道外，其他地方均有发生。

红腹灯蛾 [*Spilarctia subcarnea* (Walker)] 别名红腹白灯蛾、纹灯蛾、人纹污灯蛾、桑红灯蛾，全国各地均有分布。

稀点雪灯蛾 [*Spilosoma urticae* (Esper)] 分布于华北、东北、西北、华东等地区，包括黑龙江、河北、辽宁、山东、江苏、浙江、山西、新疆等省份。

灯蛾主要为害玉米、棉花、大豆、芝麻等（彩图124-1），也为害谷子、高粱、马铃薯、甘薯、向日葵、红麻、葱、桑及瓜类等作物。

形态特征（彩图124-2）

（1）红缘灯蛾

成虫：体长18～20mm，翅展46～64mm。体、翅白色，前翅前缘及颈板端绛红色，腹部背面除基节及肛毛簇外橙黄色，并有黑色横带，侧面具黑纵带，亚侧面1列黑点，腹面白色。触角线状黑色。前翅中室上角常具黑点；后翅横脉纹常为黑色新月形纹，亚端点黑色。

卵：半球形，直径0.79mm；卵壳表面自顶部向周缘有放射状纵纹；初产黄白色，有光泽，后渐变为灰黄色至暗灰色，卵孔微红，后变成黑色。

幼虫：体长约40mm，头黄褐色，胴部深褐或黑色，全身密被红褐色或黑色长毛，胸足黑色，腹足红色，体侧具1列红点，背线、亚背线、气门下线由1列黑点组成；气门红色。幼龄幼虫体色灰黄。

蛹：长22～26mm，椭圆形，胸部宽9～10mm，黑褐色，有光泽，外面有黄褐色丝茧，雄蛹末端有臀刺10根，雌蛹第八腹节腹面中央有生殖孔。

（2）红腹灯蛾

成虫：体长20～26mm，翅展37～46mm。头、胸部黄白色，下唇须红色，顶端黑色。前翅自后缘中央向顶角斜生1列小黑点，内横线常有1黑点。后翅粉红色或白色，腹部背面除基节与端节外为红色，每节中央有1黑斑，两侧各有2黑斑。

卵：扁球形，淡绿色，直径0.6mm。

幼虫：一般7龄。初孵幼虫体黄色，各体节着生毛瘤，二龄后背中部毛瘤常变黑色，三龄幼虫体长10mm。成熟幼虫体橙黄色，腹部除尾部外各节着生毛瘤12～16个，体背出现由白斑组成的纵线3条。老熟时全体变黑色，白斑消失，体毛棕黑色，腹部紫红色或橙色。老熟幼虫体长46～60mm，体黄褐色，密被棕黄色长毛，腹足黑色，体背具暗灰褐色纵带。

蛹：体长22～24mm，棕褐色，腹末端有一束短而粗的臀刺。蛹茧丝质，黄色，杂生有土粒和体毛。

（3）稀点雪灯蛾

成虫：雌虫体长14～15mm，翅展40～44mm，体白色。下唇须上方黑色，下方白色。触角端部黑色。胸足有黑带，腿节上方是黄色。腹面白色，腹背中央有黑点纹7个，侧面有5个黑点。前翅白色，内横线、外横线、亚缘线有黑点，后翅无点纹。

卵：圆球形，直径0.6～0.7mm。初产时乳白色，渐变为淡黄色，孵化前黄褐色。

幼虫：共6龄。初孵幼虫黄褐色，四龄后变为橙黄色及褐暗色，头及前胸背板黑褐色；老龄幼虫体长32～40mm，全身被长毛，刚毛暗灰色，胸部背面每节具6～8个毛瘤，腹节每节具毛瘤6～12个，气门明显。

蛹：椭圆形，长11.4～15.5mm，黑褐色，节间黄色。表面粗糙，密生小刻点，化蛹时结一薄茧。

（4）其他为害玉米的灯蛾：人纹污灯蛾 [*Spilarctia subcarnea*（Walker）]、星白雪灯蛾 [*Spilosoma menthastri*（Esper）]、连星污灯蛾 [*Spilarctia tienmushana werneri*（Kishida）]、暗点灯蛾 [*Lemyra imparillis*（Butler）]。

为害特征（彩图124-3）

幼虫取食玉米叶片、果穗花丝和籽粒，大发生时可将叶片食尽或咬损玉米花丝和籽粒。

发生规律

红缘灯蛾在我国东部地区、辽宁以南发生较多，北方1年发生1代，南方1年发生2～3代，均以蛹越冬。翌年5～6月开始羽化，成虫昼伏夜出，有趋光性，卵成块产于叶背，可达数百粒，呈现块状。幼虫孵化后群集为害，三龄后分散为害。幼虫行动敏捷。老熟后入浅土或于落叶等被覆物内结茧化蛹。卵期6～8d，幼虫期27～28d，成虫寿命5～7d。

红腹灯蛾在各地发生的世代各异，北方地区1年发生2代，以蛹在杂草丛或者道旁、沟坡中越冬；翌春4～5月成虫羽化。成虫有趋光性，昼伏夜出。卵产在叶背呈块状，第一代幼虫在5～6月开始为害，初孵幼虫有群集性，后分散活动，老熟幼虫受震动后即落地假死，蜷缩成环。9月以后老熟幼虫开始向沟坡、道旁等处转移并且化蛹越冬。

稀点雪灯蛾在华北地区1年发生3代，以蛹在土内越冬。4月中旬至5月上旬始见成虫，第一代幼虫于5月上旬至6月中旬为害。第一代成虫于6月中旬始见；第二代幼虫期发生在6月中旬至8月上旬；第二代成虫始发于8月下旬；第三代幼虫发生在8月下旬至9月中旬，9月中旬后老龄幼虫化蛹越冬。成虫寿命3～14d，卵期3.5～4.1d，幼虫期27.7～31.4d，蛹期10.3～11.3d，1代历期48～52d。成虫羽化后第二天傍晚即开始交尾、产卵，卵喜产在叶背或茎部，多成块产下，每块卵有6～160粒，每雌产卵150～750粒。

防治技术

农业防治：作物收割之后，及时耕翻，铲除杂草，减少幼虫基数。冬季清除枯枝落叶及田间地旁杂草，破坏害虫结茧化蛹场所。

物理防治：①使用杀虫灯诱杀成虫；②虫体较大时可人工捉捕，连续捕捉2～3次，也很有效。

生物防治：可用100亿活孢子/g青虫菌原粉，向玉米雌穗上抖撒或对水喷洒，同时可兼治穗上的棉铃虫、玉米螟、黏虫等。

化学防治：每667m²用50%辛硫磷乳油100mL，对水拌细干土15kg，于傍晚撒施毒土，也可用上述杀虫剂于傍晚喷施，效果也很好。必要时可喷施48%毒死蜱乳油1 000倍液，或20%氰戊菊酯乳油1 500倍液+5.7%甲氨基阿维菌素苯甲酸盐2 000倍液组合。

彩图124-1　玉米田中的灯蛾幼虫
（王晓鸣摄）

彩图124-2 灯 蛾

1. 红缘灯蛾成虫　2. 红缘灯蛾老熟幼虫　3. 红腹灯蛾成虫　4. 红腹灯蛾中龄幼虫　5. 稀点雪灯蛾成虫　6. 稀点雪灯蛾成虫（侧面观）
7. 稀点雪灯蛾老熟幼虫　8. 人纹污灯蛾幼虫　9. 连星污灯蛾幼虫　10. 星白雪灯蛾幼虫　11. 暗点灯蛾幼虫

（1、2、4、7. 王振营摄，3、5、6. 王勤英摄，8～11. 王晓鸣摄）

彩图124-3　灯蛾为害玉米状

1.红腹灯蛾老熟幼虫为害状　2.红腹灯蛾中熟幼虫为害状　3、4.红腹灯蛾低龄幼虫及为害状　5.灯蛾幼虫取食籽粒　6.灯蛾幼虫取食花丝

（1、2、5、6.王振营摄，3、4.王晓鸣摄）

125. 铁甲虫
Dactylispa setifera

分布与寄主

铁甲虫 [*Dactylispa setifera* (Chapuis)] 属鞘翅目龟叶甲总科铁甲科，也叫玉米趾铁甲。在国内广西、贵州、云南及海南等省份有分布，发生猖獗的地区主要为广西西南及贵州省的罗甸、望谟一带玉米产区。铁甲虫为害玉米、甘蔗、高粱、小麦、谷子、水稻等多种禾本科作物以及看麦娘、罗氏草、两耳草、芒草、芦苇等禾本科杂草，最喜食玉米。

此外，在贵州和云南两省为害玉米的还有细角准铁甲 [*Rhadinosa fleutiauxi* (Baly)]，也称铁甲虫、直刺细铁甲，属鞘翅目龟叶甲总科铁甲科。国内分布于福建、江西、湖北、湖南、云南、广东、海南、广西、贵州等省份，在贵州毕节海拔1 070～2 220m地区是玉米重要的食叶害虫。

形态特征（彩图125-1）

成虫：雌虫体长5mm，宽2mm；雄虫体长7mm，宽3mm。体稍扁，鞘翅及刺黑色，略带金属光泽，复眼黑色。前胸背板琥珀色，中央有2个较大黑色突起，突起周围呈纵列下陷，前缘有刺2簇，每簇有刺2根，侧缘各有刺3根；腹和足均为黄褐色。触角11节，黑褐色，末端膨大呈棍棒状，各节着生有绒毛。每一鞘翅上着生刻点9排和长短不等的刺21根，后翅灰黑色，翅基部暗黄色。

卵：椭圆形，长1～1.3mm，宽0.5～0.7mm；初产时淡黄白色，后渐变黄褐色；表面光滑，上盖蜡质物。

幼虫：老熟幼虫体长7～7.5mm，宽2.2mm。头扁平细小，黄褐色，上颚深褐色；胸腹部乳白色，取食后变为黄绿色。胸足3对，腹部9节，无腹足，胸部除第一节外，每节两侧向外有一个黄色大而低的瘤状突起，上有"一"字形横纹1条；尾节有向后伸的棕色尾刺1对。

蛹：长椭圆形，体长6～6.5mm，宽3mm，扁平，背面微隆起，足、翅发达，覆盖整个胸部及腹部第一、二节。初为乳白色，后变为黄褐色。前胸与腹部每节两侧各有1个瘤状突起，突起上有分叉的刺2根，每个腹节背面有2列瘤状小突起，末端有短刺4根向后伸出。

为害特征（彩图125-2）

以成虫和幼虫取食叶片，成虫咬食叶肉后形成长短不一的白色枯条斑，玉米叶片被食成一片枯白，俗称"穿白衣"。成虫产卵于玉米嫩叶组织中，幼虫孵化后就在叶内咬食叶肉直至化蛹。幼虫咬食叶肉后留下表皮，一张叶片上可有虫数十头，全叶变白干枯，造成减产甚至绝收。

发生规律

1年发生1～2代，以成虫于寄主或杂草上越冬，气温达17～18℃时开始活动为害。成虫有趋绿、趋密性和假死性，清晨行动迟钝。成虫对嫩绿、长势旺的玉米苗有群集为害的习性。

防治技术

农业防治：调整作物种植结构，在重灾区避免连片种植玉米、甘蔗或桑树，杜绝混栽；清理越冬场所，如铲除玉米地边、沟边及山脚的杂草和甘蔗田内的残叶。

物理防治：铁甲虫清晨活动迟缓，此时可进行人工捕杀。5月中旬老熟幼虫在叶内化蛹，用镰刀割除有虫叶片，再进行集中烧毁。

化学防治：①防治成虫：每667m^2选用40%氰戊菊酯乳油12mL+25%杀虫双水剂200mL，对水50～60kg喷雾，或其他拟除虫菊酯类农药按使用说明书配制喷杀。防治时间应在成虫尚未产卵前进行，一般在4月上、中旬。②防治幼虫：卵孵化率达15%左右时是最佳防治时期，每667m^2用25%杀虫双水剂200mL+40%氰戊菊酯乳油10mL，对水50～60kg喷雾，可兼治成虫。用药时间：第一次在4月下旬至5月上旬，主要防治早播玉米上的幼虫；第二次在5月20日左右。

彩图125-1　铁甲虫

1.成虫交尾　2.产到叶肉中的卵　3.叶肉中的初孵幼虫　4.高龄幼虫　5.蛹

（王振营摄）

彩图125-2　铁甲虫为害玉米状

1. 成虫为害状　2. 幼虫取食叶肉　3. 幼虫为害状

（王振营摄）

126. 稻纵卷叶螟
Rice leafroller

分布与寄主

稻纵卷叶螟 [*Cnaphalocrocis medinalis*（Guenée）] 属鳞翅目草螟科，也称稻纵卷叶虫、刮青虫、白叶虫、刮叶虫、苞叶虫等。国内广泛分布于全国各稻区，北起黑龙江、内蒙古，南至台湾、海南。主要为害水稻，偶尔为害玉米、大麦、小麦、甘蔗、谷子，还能取食稗、李氏禾、雀稗、马唐、狗尾草、茅草、芦苇、柳叶箬等禾本科杂草。

形态特征（彩图126-1）

成虫：雌虫体长8～9mm，体、翅黄褐色，前翅有2条褐色横线，其中有1条短线，外缘具暗褐色宽带，内横线、外横线斜贯翅面，中横线短，后翅也有2条横线，内横线短，不达后缘。雄虫体稍小，色泽较鲜艳，前、后翅斑纹与雌虫相近，但前翅前缘中央具一黑色眼状纹。

卵：长1mm，宽0.5mm，近椭圆形，扁平，中部稍隆起，表面具细网纹，初白色，后渐变浅黄色。

幼虫：共5龄，少数6龄。体细长，圆筒形，略扁。老龄幼虫体长14～19mm，头褐色，体黄绿色至绿色，老熟时为橘红色。中、后胸背面具小黑圈8个，前排6个，后排2个。

蛹：长7～10mm，圆筒形，尾部尖削，8根臀刺。初为淡黄白色，渐变成黄褐色，翅纹明显可见，各个腹节背面后缘隆起，近前缘2根棘毛排成2纵行。蛹外常裹白色薄茧。

为害特征（彩图126-2）

初孵幼虫先爬入玉米心叶、嫩叶或老叶内啃食叶肉，多数在二龄开始在离叶尖3～5cm处吐丝缀卷叶尖或近叶尖的叶缘，即"卷尖期"；三龄幼虫将叶片纵卷呈筒状，形成明显的束腰状虫苞，即"束叶期"；三龄后食量增加，取食叶片上表皮及叶肉，导致叶片卷曲，变薄变白，被害虫苞呈枯白色，一般1叶1苞1虫。幼虫活泼，剥开虫苞时，幼虫迅速向后退缩或翻落地面。

发生规律

稻纵卷叶螟为迁飞性害虫，在我国东部地区的越冬北界为1月份平均4℃等温线，相当于30°N一线，在此线以北地区，任何虫态都不能越冬。发生世代因纬度和海拔高度而不同，世代重叠，自北向南依次为1～11代。成虫有趋光性，对金属卤素灯趋性较强；成虫喜聚集在嫩绿、荫蔽、湿度大的田块、生长茂密的草丛或者甘薯、大豆、棉花田中；喜在嫩绿、宽大的叶片上产卵，卵大部分集中产在中上部叶片上，尤以倒数1～2叶为多。老熟幼虫在卷起的被害玉米苗叶中做薄茧化蛹。

防治技术

生物防治：①使用杀螟杆菌、青虫菌等生物农药，一般每667m²用100亿活孢子/g的菌粉150～200g，对水60～75kg喷雾，加入药液量0.1%的洗衣粉作展着剂可提高生物防治效果。②人工释放赤眼蜂：在稻纵卷叶螟产卵始盛期至高峰期，分期分批放蜂，每667m²每次放3万～4万头，隔3d放蜂1次，连续放蜂3次。

化学防治：田间虫害较重时，可选择25%杀虫双水剂、4%阿维菌素乳油、25%阿维·氟铃脲乳油、甲氨基阿维菌素苯甲酸盐水分散粒剂与微乳剂（含量不低于2%）、10%阿维·氟酰胺悬浮剂、25.5%阿维·丙溴磷乳油、20%氯虫苯甲酰胺悬浮剂、40%氯虫·噻虫嗪水分散粒剂、15%茚虫威乳油、40%～50%丙溴磷乳油、20%甲维·毒死蜱乳油、5%阿维·苏云金杆菌粉剂等进行喷施，按农药产品说明书操作。

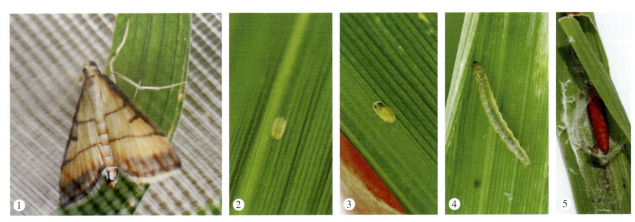

彩图126-1　稻纵卷叶螟
1.雄蛾　2.卵　3.即将孵化的卵　4.幼虫　5.蛹
（1.石洁摄，2～5.侯茂林摄）

彩图126-2　稻纵卷叶螟为害玉米状
1.叶片被害状　2.叶尖卷曲　3.幼虫取食叶肉
（王振营摄）

127. 美国白蛾
Fall webworm moth

分布与寄主

美国白蛾 [*Hyphantria cunea* (Drury)] 属鳞翅目灯蛾科。又名美国灯蛾、秋幕毛虫、秋幕蛾。是世界性检疫性害虫，原产于北美洲，目前在我国辽宁、山东、陕西、河北、上海、北京、天津均有分布，为外来入侵害虫。美国白蛾为害玉米、大豆、棉花、烟草、甘薯等，主要为害阔叶林木，是重要林业害虫。

形态特征（彩图127-1）

成虫：体长12～15mm，白色。雄虫触角双栉齿状，前翅上有数个褐色斑点；雌虫触角锯齿状，前翅纯白色。

卵：圆球形，浅黄绿色，孵化前呈灰绿色或灰褐色。

幼虫：老熟幼虫体长28～35mm。幼虫体色变化很大，体黄绿色至灰黑色，背线、气门上线、气门下线浅黄色。背部毛瘤黑色，体侧毛瘤多为橙黄色，毛瘤上着生白色长毛丛。腹足外侧黑色。气门白色，椭圆形，具黑边。根据幼虫的形态，可分为黑头型和红头型两型，其在低龄时就明显可以分辨。三龄后，从体色、色斑、毛瘤及其上的刚毛颜色上更易区别。

蛹：暗红色，臀棘8～17根，每根上有许多小刺，刺末端膨大呈盘状。蛹外包有淡褐色或灰色薄膜。

为害特征（彩图127-2）

幼虫吐丝结网，群居为害树叶及农作物。在玉米田则主要是在路边靠近树木的田块受害，在树木被美国白蛾严重为害时，玉米植株受到影响。在玉米上，一、二龄幼虫只取食叶肉，致叶片成纱网状；三龄后，幼虫将叶片咬成缺刻；四龄幼虫取食形成网幕，五龄后分散取食，进入暴食期，严重时玉米叶片被取食光，只剩叶脉，造成减产。

发生规律

1年发生2～3代，以蛹在树皮缝中、土石块下、建筑物缝隙处越冬。翌年4月至5月下旬越冬代成虫羽化产卵，幼虫4月底开始为害，延续至6月下旬，成虫期从7月上旬至7月下旬，8月出现世代重叠现象，可以同时发现卵、初龄幼虫、老龄幼虫、蛹及成虫。8月中旬为为害盛期，8月中旬当年第二代成虫开始羽化，第三代幼虫陆续化蛹越冬。

防治技术

玉米田美国白蛾的防治应结合当地林木防治进行。

物理防治：①人工剪除网幕并就地销毁。②根据美国白蛾具有集中化蛹的习性，进行人工挖蛹。③用草把诱集老熟幼虫化蛹，销毁草把或深埋。④每天黄昏时组织人工捕杀成虫。⑤人工除卵，美国白蛾一般产卵在寄主植物的背面，呈现不规则单层排列，表面覆有白色鳞毛，可将有卵块的叶片剪下后集中烧毁。⑥灯光诱杀，在成虫发生期用频振式杀虫灯、黑光灯等诱杀成虫。

生物防治：在美国白蛾老熟幼虫至化蛹时期，选择晴朗天气的10～16时释放天敌周氏啮小蜂。

化学防治：①对四龄前幼虫，可选择20%除虫脲悬浮剂4 000～5 000倍液，或25%灭幼脲3号悬浮剂1 500～2 500倍液、1.2%烟参碱乳油500倍液等喷雾防治。②树干涂毒环法，在老熟幼虫下树化蛹前，用菊酯类农药和机油、柴油，按照1:5:5的比例混匀之后，在树干1～1.5m高处，用毛刷涂抹10～15cm宽药环，毒杀下树的幼虫。

彩图127-1　美国白蛾

1. 成虫　2. 幼虫

（石洁摄）

彩图127-2　美国白蛾为害玉米状

1. 幼虫聚集为害　2. 被害的玉米植株

（王振营摄）

128. 蒙古灰象甲
Xylinophorus mongolicus

分布与寄主

蒙古灰象甲 [*Xylinophorus mongolicus*（Faust）] 属鞘翅目象甲科，又称蒙古象鼻虫、蒙古土象、蒙古小灰象、甜菜象鼻虫，俗名放牛小、灰老道等。国内主要分布于黑龙江、吉林、辽宁、内蒙古、河南、河北、山东、山西、陕西、甘肃、江苏、四川、北京等省份，在北方各省份发生较普遍。蒙古灰象甲为多食性害虫，已知寄主达52科173种，为害大豆、豌豆、棉花、花生、谷子、玉米、高粱、甜菜、向日葵及牧草、麻类等作物。

形态特征（彩图128-1）

成虫：雄虫体长4.0～6.2mm，体宽2.2～3.0mm；雌虫体长4.4～6.6mm，体宽2.5～3.3mm。体卵圆形，黑灰色或土色，被覆褐色和白色鳞片，鳞片间散布细毛。在前胸背板形成相间的3条褐色、2条白色纵带，内肩和翅面上具白斑。头部细长，呈光亮的铜色。喙短而扁平，基部较宽，中沟细，长达头顶；额宽于喙。雄虫前胸背板窄长，雌虫前胸背板宽短。鞘翅宽于前胸，两鞘翅愈合，向下弯，包住腹部，故翅不能展开；每鞘翅上各有10条纵行刻点排列成线，线间密生黄褐色短毛和灰白色鳞片，在靠前胸处形成4个白斑；雄虫鞘翅末端钝圆锥形，雌虫鞘翅末端圆锥形；后翅退化，不能飞翔。前足胫节内侧有1列钝齿，端部向内外放宽。

卵：椭圆形，长0.9～1.3mm，宽0.5～0.6mm。初产时乳白色，24h后变褐色，进而变黑色。

幼虫：体长6.0～9.0mm，乳白色，稍弯曲，无足。上颚深褐色，粗壮，有2个尖齿。内唇前缘具4对齿状长突起，中央有3对齿状小突起，第一对极小，其侧后方的2个三角形褐色纹于基部连在一起，并延长呈舌形。下颚须、下唇须均2节。

蛹：为裸蛹，椭圆形。雄蛹体长5.2～6.5mm；雌蛹体长6.0～8.8mm。乳白色或乳黄色。复眼灰色。头部及腹部背面生褐色刺毛。腹末有1对刺。

为害特征（彩图128-2）

成虫和幼虫均可为害玉米，幼虫取食腐殖质和植物的根系；成虫啃食玉米的叶片和未展开的心叶，造成孔洞或叶片呈缺刻状，使苗不能正常发育，严重时造成缺苗断垄；也可在苗基部啃食叶鞘。

发生规律

蒙古灰象甲在内蒙古、黑龙江、吉林、辽宁及华北北部地区2～3年发生1代，黄淮海地区1～1.5年发生1代。以成虫和幼虫在土壤中越冬。在东北地区4月中旬前后越冬成虫出土活动，越冬成虫经一段时间取食后于5月上、中旬开始交尾产卵，5月下旬至6月上旬幼虫陆续出现，8月以后成虫绝迹，9月末幼虫筑土室越冬，越冬后继续取食。第二年6月中旬幼虫老熟，于土室内化蛹，7月上、中旬羽化，羽化后蛰伏于土室内，以成虫越冬。

成虫白天活动，以10时前后和16时前后活动最盛，受惊扰假死落地。成虫不能飞翔，靠爬行扩散。卵散产于土中，产卵深度集中在土表下1cm处。

防治技术

农业防治：①翻耕土壤：蒙古灰象甲在表土层内越冬，通过春季精细耕作、秋季深耕等措施改变其生存环境，可大大降低虫口密度，减轻为害。②适时灌溉：土壤湿度过大不利于成虫在地表爬行活动，适当灌溉，增加土壤湿度，可以限制其取食、产卵等有害活动，提高其死亡率。

物理防治：利用该虫群集性和假死性，于10时前或16时后人工捕杀成虫。

化学防治：①喷雾：在成虫为害期，用40%氧乐果乳油或40%辛硫磷乳油1 000倍液或45%高效氯氰菊酯乳油或48%毒死蜱乳油1 500倍液、10%吡虫啉可湿性粉剂2 000倍液等，在无风的早晨或傍晚进行喷雾防治。②毒饵诱杀：在成虫发生初期，采摘鲜嫩的甜菜叶或洋铁酸模，用90%敌百虫晶体500倍液或80%敌敌畏乳油1 000倍液浸泡1～2h，每日上午将毒饵放置田间，诱杀成虫。幼虫防治参见蛴螬。

彩图128-1　蒙古灰象甲

1. 成虫　2. 幼虫

（苏前富摄）

彩图128-2　蒙古灰象甲为害玉米状

1. 成虫为害叶片　2. 成虫啃食叶鞘

（苏前富摄）

129. 刺蛾
Slug caterpillar moths

分布与寄主

黄刺蛾 [*Cnidocampa flavescens*（Walker）] 属鳞翅目刺蛾科，又名茶树黄刺蛾、痒辣子、八角虫、麻贴、枣蠓蛹。在我国除宁夏、新疆、贵州、西藏外，几乎全国各省份都有分布。

褐边绿刺蛾 [*Parasa consocia*（Walker）] 属鳞翅目刺蛾科，异名 *Latoia consocia*（Walker），又名绿刺蛾、青刺蛾、黄缘绿刺蛾、四点刺蛾、曲纹绿刺蛾、痒辣子。国内除内蒙古、宁夏、甘肃、青海、新疆和西藏尚无记录外，其他各省份都有分布。

中国绿刺蛾（*Parasa sinica* Moore）属鳞翅目刺蛾科，又名中华青刺蛾、黑下青刺蛾、褐袖刺蛾、小青刺蛾。国内分布于北京、天津、河北、吉林、黑龙江、上海、浙江、福建、江西、河南、湖北、湖南、广东、广西、四川、云南、陕西、甘肃、台湾。

刺蛾为害植物范围广，为害苹果、核桃、枣树等多种果树以及杨树等林木，是果树上的常见害虫，也为害玉米等农作物（彩图129-1）。

形态特征（彩图129-2）

（1）黄刺蛾

成虫：雌虫体长15～17mm，翅展35～39mm；雄虫体长13～15mm，翅展30～32mm。体粗壮，鳞毛较厚，头、胸部黄色，触角丝状，灰褐色。前翅有两条暗褐色细斜纹汇合于顶角，呈"八"字形，里面一条伸到后缘近中部，成为两部分颜色的分界线，外面一条伸达近臀角处。内横线以内为黄色，并有2个深褐色斑点；以外为黄褐色。后翅灰黄色。

卵：扁椭圆形，长1.4～1.5mm，宽约0.9mm。表面具有线纹。初产时黄白色，后变黑褐色。常数十粒排列成不规则的块状。

幼虫：初孵幼虫黄白色，背线青色，背上可见支刺2行；二至三龄幼虫背线青色逐渐明显；四至五龄幼虫背线呈蓝白色至蓝绿色；老熟幼虫体长16～25mm，近长方形，前端略大。体色鲜艳，基色为黄绿色。头小，黄褐色，隐于前胸下。体背面有一个紫褐色大斑，中部狭而呈哑铃状，外缘往往带蓝色。各体节有4个刺突，其中以第三、四、十、十二节的刺突最大，体两侧下方还有9对刺突，刺突上生有毒毛。腹足退化，但有吸盘。

蛹：体长12mm，黄褐色。

茧：石灰质坚硬，椭圆形，有夹白和褐色纵纹，形似鸟卵，初茧透明，2h后开始变为酱色、白色条纹，4h后开始硬化，1d后外壳全硬，茧上出现灰色条纹。

（2）褐边绿刺蛾

成虫：体长16～18mm，翅展38～41mm。触角褐色，雄蛾栉齿状；雌蛾丝状；头顶和胸背绿褐色，其上散布暗紫色鳞片，内缘线和翅脉暗紫色，外缘线暗褐色，呈弧状；后翅和腹部灰黄色。

卵：椭圆形，扁平光滑，初为乳白色，渐变为淡黄绿色，数十粒排列成块状。

幼虫：老熟幼虫体长25～28mm，略呈长方形，圆筒状。一龄时黄色，后变为黄绿色。头黄色，很小，常缩在前胸内。前胸盾上有两个横列黑斑，腹部背线蓝色，两侧有蓝色点线。从中胸到第八腹节各有4个毛瘤，其上生一黄色刺毛丛，腹部末端的毛瘤上密生蓝黑色刺毛。腹部浅绿色。

蛹：椭圆形，体长13～16mm，淡黄至棕褐色，包被在坚硬的茧内。

茧：椭圆形，栗棕色，表面有棕色毛，两端钝平，坚硬，长约16mm。

（3）中国绿刺蛾

成虫：体长9～12mm，翅展23～26mm。触角和下唇须暗褐色。头顶和胸背绿色；腹背苍黄色。前翅绿色，基斑褐色，外缘线较宽，向内突出2钝齿；其一在Cu_2脉上，较大；另一在M_2脉上。外缘及缘毛黄褐色。后翅淡黄色，外缘稍带褐色，臀角暗褐色。

卵：呈块状鱼鳞形，单粒卵扁平椭圆形，初产时稍带蜡黄色，孵化前变深色。

幼虫：体长约15mm，绿色；初孵幼虫体黄色，近方形。随着虫体发育，体线逐渐明显，并由黄绿转变为黄蓝相间，头褐色，缩于前胸下。前胸背板半圆形，上有2个三角形黑斑。中、后胸及腹部各节均着生支刺。中、后胸及腹部第八、九节支刺较大，且侧线上支刺端部为黑色，其他支刺端部黄褐色。

蛹：初为乳白色，隔日后即变成黄白色，羽化前为黄褐色。

为害特点（彩图129-3）

刺蛾以幼虫为害玉米叶片，低龄幼虫（三龄以前）多群集在叶片背面啃食叶肉，被害叶片呈纱网状；幼虫长大后将叶片吃成缺刻，严重时仅残留叶脉。

发生规律

黄刺蛾：1年发生1~2代。华北地区1年发生1代，长江流域及其以南各省份1年发生2代。以老熟幼虫在树上结茧越冬。翌年春末夏初化蛹，成虫6月出现，白天静伏于叶背面，夜间活动，有趋光性。产卵于叶背面近末端处，散产或数粒在一起。初孵幼虫取食卵壳，然后食叶，仅取食叶的下表皮和叶肉组织，留上表皮，呈圆形透明小斑。四龄时取食叶片，呈网眼状。五龄后可吃光整片叶，仅留主脉。人触及幼虫体上的毒毛后引起皮肤剧烈疼痛和奇痒。7月，老熟幼虫先吐丝缠绕树枝，后多结茧于树枝分杈处。1年1代的，老熟幼虫结茧进入滞育越冬。1年发生2代的，老熟幼虫结茧化蛹，第二代幼虫继续为害至秋季，秋后在树上结茧，以预蛹越冬。

褐边绿刺蛾：1年发生2~3代。东北及华北地区1年发生1代；河南和长江中下游地区1年发生2代；江西及以南地区1年发生3代。以老熟幼虫在浅土层中结茧越冬。第一代成虫5月下旬至6月羽化并产卵，卵数十粒呈鱼鳞状排列在叶背上；6月至7月下旬为第一代幼虫为害活动期；8月初第二代成虫羽化，8月中旬至9月第二代幼虫为害，9月中、下旬以后，老熟幼虫入土结茧越冬。成虫有趋光性。

中国绿刺蛾：在河北1年发生2代。以老熟幼虫结茧越冬，越冬幼虫于翌年4月下旬在茧内化蛹，盛期在5月上旬。5月中旬开始有越冬代成虫出现，6月上旬为羽化高峰，并产下第一代卵。卵孵化盛期为6月中旬，第一代老熟幼虫于7月上旬结茧，第二代老熟幼虫于9月中、下旬结茧越冬。

防治技术

农业防治：刺蛾初龄幼虫多群集于叶片背面为害，使被害叶呈枯黄膜状，及时摘除虫叶，可消灭部分幼虫。

化学防治：田间发生较重时，在幼虫初发期，用25%灭幼脲可湿性粉剂1 000倍液或90%晶体敌百虫、30%敌百虫乳油、80%敌敌畏乳油、50%辛硫磷乳油等1 500倍液，或2.5%高效氯氟氰菊酯乳油2 000倍液，喷施叶片。

彩图129-1　玉米植株上的刺蛾幼虫

(王晓鸣摄)

彩图129-2 刺 蛾

1.黄刺蛾成虫 2.黄刺蛾低龄幼虫 3.黄刺蛾钙质茧 4.褐边绿刺蛾成虫 5.中国绿刺蛾成虫 6.中国绿刺蛾高龄幼虫

(1~5.杨瑞生摄,6.王振营摄)

彩图129-3 刺蛾为害玉米状

1.黄刺蛾高龄幼虫取食叶片 2.褐边绿刺蛾幼虫取食叶片 3.中国绿刺蛾低龄幼虫聚集为害

(王振营摄)

130. 古毒蛾
Vapourer moth

分布与寄主

古毒蛾 [*Orgyia antiqua* (Linnaeus)] 属鳞翅目毒蛾科，又名落叶松毒蛾、褐纹毒蛾、桦纹毒蛾、赤纹毒蛾、缨尾毛虫。在国内主要分布在山西、河北、内蒙古、辽宁、吉林、黑龙江、山东、河南、西藏、甘肃、青海、宁夏等地。古毒蛾为害玉米、大麻、花生、大豆等作物以及苹果、梨、柳树、杨树、桦树、松、杉等多种果树和林木。

形态特征（彩图130-1）

成虫：雌、雄蛾差异很大。雌虫体长12～18mm，黑褐色，纺锤形，被淡黄色绒毛，体两侧绒毛黄白色；翅退化为翅芽；复眼黑色，球形；触角丝状；足黄色，布满黄毛，爪腹面有短齿。雄虫体长9～13mm，棕褐色；前翅棕黄色，有3条波浪形深褐色微锯齿条纹，近臀角有1个半圆形白斑，中室外缘有1个模糊褐色圆点，缘毛黄褐色，有深色斑；后翅颜色与前翅相同，触角羽状。

卵：圆形，灰白色至黄褐色，中央凹陷。

幼虫：共5龄。老熟幼虫体长33～40mm，体黑灰色，有黄色和黑色毛，前胸两侧的红色毛疣上各斜伸出1束黑色毛束，似角；腹部第一至四节背面中央各有1束向上的杏黄色或黄白色刷状毛丛，着生处为黑色，腹部第五至七节上有红色或黄色的瘤1对，第八腹节有向后伸出的1束黑色长毛，在体侧每节也有红色或黄色的瘤1对。头部灰色至黑色，有细毛。

蛹：体长10～14mm，初蛹期黄白色，渐变为黄褐色。雄蛹为被蛹，羽化前为黑褐色；雌蛹为裸蛹，呈瘫痪状，翅、足退化，交配后的雌蛹为金黄色，未交配的雌蛹为深褐色。蛹外有茧，茧是由老熟幼虫吐出的丝包围其体而成，一般呈土黄色、纺锤形。

为害特征（彩图130-2）

幼虫取食玉米叶片、花丝和籽粒。初孵幼虫群集叶片背面取食叶肉，残留上表皮；二龄开始分散活动，叶片被取食成缺刻和孔洞，严重时只留叶脉；取食花丝，可将花丝吃光，影响授粉；还可取食幼嫩籽粒。

发生规律

1年发生1～3代。以卵在树干、树枝杈或树皮缝雌虫结的薄茧中越冬。卵多产在茧内，有的也会产在茧上或者茧的附近。初孵幼虫2d后开始群集于叶片上取食，能吐丝下垂，借风力分散为害。多在夜间取食。

防治技术

农业防治：①秋翻或春翻，将越冬卵块翻入土中，减轻为害。②人工防治：冬、春季人工摘除卵块，减少害虫数量。

生物防治：利用小茧蜂、细蜂、姬蜂和寄生蝇等天敌进行自然控制。

化学防治：玉米田严重发生时，可选用5%氟虫脲乳油1 500～2 000倍液，或1.8%阿维菌素乳油4 000～6 000倍液、2.5%高效氯氰菊酯乳油2 000～2 500倍液喷雾。

彩图130-1　古毒蛾

1.雄蛾　2.正在产卵的雌蛾　3.产于蛹茧上的卵　4.一龄幼虫　5.二龄幼虫　6.三龄幼虫　7.四龄幼虫　8.五龄幼虫　9.蛹茧　10.蛹（背面观）

（1～3、10.王克勤摄，4～8.王晓鸣摄，9.王振营摄）

彩图130-2　古毒蛾为害玉米状

1.被严重取食的叶片　2.取食花丝　3.取食籽粒

（1.王晓鸣摄，2、3.王振营摄）

131. 双线盗毒蛾
Castor tussock moth

分布与寄主

双线盗毒蛾 [*Porthesia tscintillans* (Walker)] 属鳞翅目毒蛾科，又称棕衣黄毒蛾。分布于广东、福建、台湾、海南、广西、云南、浙江、湖南、陕西和四川等省份。双线盗毒蛾寄主植物广泛，除为害玉米、甘蔗、甘薯、棉花、花生、菜豆等作物外，主要为害龙眼、荔枝、芒果、柑橘、梨、桃等果树，是一种植食性兼肉食性昆虫。在甘蔗上，其幼虫可捕食甘蔗绵蚜；在玉米和豆类作物上，幼虫既咬食花器，又可捕食蚜虫。

形态特征（彩图131-1）

成虫：雄虫体长8～11mm，翅展20～27mm；雌虫体长9～12mm，翅展25～37.3mm。体暗黄褐色。前翅黄褐色至赤褐色，微带浅紫色闪光；内横线、外横线黄色，向外呈弧形；前缘、外缘和缘毛柠檬黄色，外缘和缘毛被黄褐色部分分隔为3段。后翅淡黄色。

卵：扁圆形，中央凹陷，表面光滑，有光泽，初产时黄色，后渐变为红褐色。

幼虫：老熟幼虫体长13.4～23.5mm。头部浅褐至褐色，体暗棕色；前、中胸和第三至七和第九腹节背线黄色，其中央贯穿红色细线；后胸红色。前胸侧瘤红色，第一、第二和第八腹节背面有黑色绒球状短毛簇，其余毛瘤污黑色或浅褐色。

蛹：圆锥形，长约13mm，褐色；有疏松的棕色丝茧。

此外，盗毒蛾（*Porthesia similes* Fueszly）也是为害玉米的盗毒蛾属的害虫种类之一。

为害特征（彩图131-2）

初孵幼虫群集在叶背取食叶肉，残留上表皮；二、三龄分散为害，常将叶片咬成缺刻或孔洞，后分散为害玉米叶片、果穗。幼虫群集在玉米果穗顶端为害，咬断花丝和啃食幼嫩籽粒。

发生规律

福建1年发生3～4代，广西西南部1年4～5代。以幼虫越冬，但冬季气温较暖时幼虫仍可取食活动。初孵幼虫有群集性。成虫于傍晚或夜间羽化，有趋光性。卵成块产在叶背上，每块有卵20～160粒。老熟幼虫入表土层结茧化蛹。

防治技术

人工捕杀：幼虫有群集性，在幼虫一至三龄期摘除有虫叶片，带到田外集中消灭。

生物防治：玉米心叶中撒施2 000IU/μL苏云金杆菌颗粒剂。

化学防治：掌握在三龄前选择喷施6%阿维·高氯乳油、2%甲氨基阿维菌素苯甲酸盐乳油和5%高效氯氰菊酯乳油1 000倍液，防治效果好。

彩图131-1 双线盗毒蛾与盗毒蛾

1.双线盗毒蛾幼虫（背面观） 2.双线盗毒蛾幼虫（侧面观） 3.盗毒蛾幼虫

（1、2.王振营摄，3.王晓鸣摄）

彩图131-2 双线盗毒蛾为害玉米状

1.幼虫取食花丝 2.幼虫取食籽粒

（王振营摄）

132. 旋幽夜蛾
Clover cutworm

分布与寄主

旋幽夜蛾（*Scotogramma trifolii* Rottemberg）属鳞翅目夜蛾科，又名三叶草夜蛾、车轴草夜蛾，别名藜盗虫、绿虫子、剜心虫，是一种间歇性局部发生的多食性害虫，幼虫具有隐蔽性、暴发性、迁移为害性等特点。旋幽夜蛾在我国分布于辽宁、河北、内蒙古、陕西、甘肃、宁夏、青海、新疆、西藏等省份。旋幽夜蛾主要为害甜菜、小麦、玉米、谷子、糜子、马铃薯、棉花、胡麻、蚕豆、豌豆、油菜、菠菜、白菜、苹果等8科20多种作物及田旋花、萹蓄、车前草等27种杂草。

形态特征（彩图132）

成虫：体长15～19mm，翅展34～40mm。体和前翅黄褐色或暗灰色，略具光泽；前翅外缘线有7个近三角形黑斑，亚缘线黄白色呈波浪状，肾形斑较大，深灰色；环形斑较小，黄白色；楔形斑呈灰黑色；后翅淡灰色，近外缘具较宽的暗褐色条带。

卵：半球形，直径0.56～0.70mm。卵面具有放射状纵脊15条，两长脊间有一条短脊，脊间有横隔，初产时为乳白色，后渐变深，孵化前为灰黑色。

幼虫：老熟幼虫31～35mm，头褐色或褐绿色，体色变异较大，有黄绿、绿、褐绿。亚背线及气门线呈黑褐色长形斑点，气门下缘有浅黄绿色宽边。背上每节有倒"八"字形深纹。

蛹：体长13～14mm，赤褐色，腹末有臀刺2根，相距较远，呈（ ）形，短刺6根。

为害特征

幼虫主要取食寄主叶片，低龄幼虫有吐丝下垂和假死习性，三龄前昼夜取食，三龄后昼伏夜出，一般在叶背取食。初孵幼虫长至一龄取食叶片背面的叶肉，仅留上下表皮呈窗膜状。二龄和三龄幼虫可将叶片咬成缺刻。高龄幼虫常造成大型孔洞或食尽整张叶片的叶肉，仅剩叶脉。

发生规律

1年发生2～4代，是迁飞性害虫。旋幽夜蛾成虫有很强的趋光性，对糖醋酒液也有趋性，一般在4月中旬发蛾，羽化当日交尾，1～2d后即产卵，卵散产，喜将卵产于藜科杂草的叶背。成虫喜白天潜伏于杂草或者土壤缝隙中，夜晚出来活动。

防治技术

农业防治：①秋翻地消灭越冬蛹。②清除田间杂草，减少成虫产卵寄主，降低田间虫口密度，减轻为害。

物理防治：越冬代成虫盛发期用杀虫灯诱杀。

化学防治：防治适期应在卵孵化盛期和低龄幼虫期。可选用2.5%溴氰菊酯乳油、80%敌敌畏乳油、20%杀灭菊酯乳油、40%辛硫磷乳油，稀释成1 500～2 000倍液喷雾。

彩图132 旋幽夜蛾

1.雌成虫 2.雄成虫 3.卵 4.低龄幼虫 5.高龄幼虫 6.各种体色的幼虫

(张云慧摄)

133. 黑绒鳃金龟
Maladera orientalis

分布与寄主

黑绒鳃金龟（*Maladera orientalis* Motschulsky）属鞘翅目金龟科，又名东方绢金龟、东方金龟子、天鹅绒金龟子、姬天鹅绒金龟子、黑绒金龟子，俗称黑豆牛。国内除西藏、新疆未见报道外，其他省份均有分布，以在东北、华北地区为害重。黑绒鳃金龟食性广，主要以成虫取食植物叶片，其取食的植物达45科116属，除为害玉米、向日葵、甜菜等作物外，多为害果树和林木。

形态特征（彩图133-1）

成虫：体长8～10mm，宽3.5～5mm，卵圆形，褐色或棕褐色至黑褐色，密被灰黑色绒毛，具光泽。鞘翅上各有9条浅纵沟纹，刻点细小而密，侧缘列生刺毛。

卵：椭圆形，长1.1～1.2mm，初产乳白后变灰白色，稍具光泽。

幼虫：老熟幼虫体长14～16mm，头宽2.5mm。头部黄褐色，体黄白色。伪单眼1个由色斑构成，位于触角基部上方。肛腹片腹毛区的刺毛列位于腹毛区后缘，呈横弧形排列，由20～26根锥状刺组成，中间明显中断。

蛹：体长8mm，为离蛹，腹部第一至六节背板中间具横峰状锐脊，尾节近方形，后缘中间凹入，两尾角较长。

为害特征（彩图133-2）

成虫和幼虫（蛴螬）均可为害。黑绒鳃金龟成虫聚集在玉米幼苗上为害，一株幼苗上最多可达10多头。被害叶片呈网状孔洞、缺刻或仅剩主脉，严重时刚出土的幼苗地上部全被吃掉，严重被害田玉米幼苗被害率达50%～80%，可导致毁种。

发生规律

黑绒鳃金龟1年发生1代，以成虫在土壤中越冬。4～6月为成虫活动期，降雨后开始大量出土，晴朗、风小的天气，午后14～17时是成虫活动高峰期。成虫具有趋光性和假死性。6～8月为幼虫生长发育期。

防治技术

物理防治：在田间分散安插蘸有杀虫剂的新鲜杨树或者柳树条把，诱杀成虫。成虫盛发期，利用其趋光性、假死性和在玉米苗上聚集为害的习性，在傍晚人工捕杀，以减轻为害。

化学防治：①毒土法。用有机磷农药（40%辛硫磷乳油、48%毒死蜱乳油）对水喷洒细干土配成毒土，撒于幼苗根部。②毒饵诱杀。48%毒死蜱乳油或50%辛硫磷乳油每667m²用50g，拌幼嫩的杨树、榆树叶片5kg，傍晚堆放在玉米行间进行诱杀，每667m²用量为1～1.5kg。③喷雾。成虫盛发期，用2.5%溴氰菊酯乳油或2.5%高效氯氟氰菊酯乳油等药剂，每667m²用药15～20mL，对水40L喷雾。幼虫防治参见蛴螬。

彩图133-1　黑绒鳃金龟成虫
（王振营摄）

彩图133-2　黑绒鳃金龟为害玉米状
1. 聚集取食玉米幼芽　2. 取食玉米叶片
(王振营摄)

134. 中华弧丽金龟
Popillia quadriguttata

分布与寄主

中华弧丽金龟 [*Popillia quadriguttata* (Fabricius)] 属鞘翅目丽金龟科，又称四纹丽金龟、四斑丽金龟、豆金龟子、葡萄金龟。国内主要分布于黑龙江、吉林、辽宁、内蒙古、宁夏、甘肃、陕西、河北、河南、山东、山西、江苏、安徽、浙江、云南、贵州、湖北、广东、广西、福建、台湾等省份。中华弧丽金龟为多食性害虫，成虫可取食19科30种以上的植物，如大豆、玉米、糜子、高粱、棉花、花生等农作物和果树、林木等。

形态特征（彩图134-1）

成虫：体长7.5~12mm，体宽4.5~6.5mm，雄虫大于雌虫。体椭圆形，翅基最宽，前后收狭。体色变异较大，多为深铜绿色，带金属光泽。鞘翅黄褐色带漆光，四周深褐至墨绿色；足黑褐色或深红褐色。前胸背板宽大于长，呈圆形隆起，前端窄后端宽，明显狭于鞘翅基部。盾片三角形，前方呈弧状凹陷。鞘翅宽短，略扁平，后方窄缩，肩突发达，具6条近平行的粗刻点纵沟，沟间有5条隆起纵肋。腹部第一至五节腹板两侧各具白色毛斑1个，由密细毛组成。在胸部腹面的两中足间有指状突起。足短粗；前足胫节外缘具2个齿，第一外齿大而钝，中、后足胫节略呈纺锤形；爪成对，不对称，前、中足内爪大，分叉，后足则外爪大，不分叉。臀板菱形，密布锯齿形横纹，臀板基部具白色毛斑2个。

卵：长1.5mm，宽1.0mm，初产时乳白色，椭圆形至球形。

幼虫：体长约15mm，头宽约3mm，头赤褐色，体乳白色。头部前顶刚毛每侧5~6根呈1纵列；后顶刚毛每侧6根，其中5根呈1斜列。肛背片后部有由骨化环成的心圆形臀板，后部敞开较大而宽；肛门孔横裂缝状；肛腹片后部覆毛区中间刺毛列呈"八"字形排列，每侧由5～8根多为6～7根锥状刺毛组成。

蛹：离蛹。长9～13mm，宽5～6mm，锈褐色。唇基长方形。

为害特征（彩图134-2）

成虫常聚集在玉米叶片正面或背面取食，被害叶片呈孔洞状或不规则缺刻状，严重时会将整个叶片取食成不规则的筛网状，但总体上为害不重。初孵幼虫以腐殖质或植物幼根为食，稍大为害地下组织，以三龄幼虫为害最重，为我国北方的重要地下害虫之一。因此玉米在整个生育期都能被害。

发生规律

中华弧丽金龟在辽宁1年发生1代，多以三龄幼虫在30～80cm深的土层内越冬。第二年4月上旬移至表土层为害，5～6月老熟幼虫开始化蛹，多在3～8cm深的土层里筑椭圆形土室化蛹。羽化后成虫稍加停留就出土活动。成虫于6月中、下旬至8月下旬羽化，7月上旬是发生盛期。成虫具假死性和群集性，无趋光性，夜伏昼出，以10～18时活动最盛，夜晚入土潜伏。成虫飞行力强。成虫寿命18～30d，多为25d。成虫出土2d后取食，群集为害一段时间后交尾产卵。6月底开始产卵，7月中旬至8月上旬为产卵盛期。卵散产于2～5cm深的土层里，一个卵室产1粒卵。卵期8～18d。幼虫可在8～9月继续为害，以三龄幼虫在较深的土层中越冬。

防治技术

彩图134-1　中华弧丽金龟成虫

（石洁摄）

农业防治：①翻耕土壤。在成虫出土前和幼虫越冬前通过春季耕作、秋季深翻等农业措施，使其暴露后死亡，减轻第二年的为害。②合理轮作。种植大豆、玉米、花生或薯类的地块虫口数量较多，可与非寄主作物进行轮作。③合理施肥。避免施用未腐熟的粪肥，因成虫对其有较强趋性，喜将卵产于粪内，施肥时易将其一起带入田间。施用碳酸氢铵、腐殖酸铵、氨水、氨化过磷酸钙等化学肥料会散发出氨气，对幼虫具有一定的驱避作用。④适时灌溉。在玉米苗期，通过灌溉使部分幼虫因窒息而死或迫使幼虫下移至土壤深处，可减轻为害。

化学防治：幼虫防治同蛴螬。当田间成虫密度大、为害重时，可用40%辛硫磷乳油或10%吡虫啉可湿性粉剂1 000～2 000倍液喷雾进行防治。

彩图134-2　中华弧丽金龟为害玉米状

1.群集玉米叶片背面取食　2.取食花丝

（王振营摄）

135. 红头豆芫菁
Red-headed blister beetle

分布与寄主

红头豆芫菁（*Epicauta ruficeps* Illiger）属鞘翅目芫菁科，也称红头芫菁，俗称鸡冠虫、红头娘。幼虫以竹蝗卵为食，是竹蝗的天敌。分布在福建、江西、湖南、广西、重庆、四川、云南等省份。成虫喜取食泡桐、豆类作物的叶片，也为害玉米。

形态特征（彩图135-1）

成虫：体长11～17mm；体黑色，头红色，具1条宽黑色纵带。前胸一般狭于鞘翅基部。鞘翅长达腹端，或短缩露出大部分腹节，质地柔软，两翅在端部分离，不合拢。足细长。

为害特征（彩图135-2）

成虫常2～3头聚集在同一玉米果穗上为害花丝和果穗，花丝被咬食光后影响授粉，被啃食的穗尖形成的伤口有利于病菌侵入。

发生规律

1年发生1代，以假蛹在土下越冬，翌年4月初蜕皮为六龄，4月下旬至5月下旬变蛹，5月下旬至8月中旬成虫发生，7月初至8月中旬成虫产卵，8月下旬至10月中旬卵孵化，9月下旬即见假蛹，并以此虫态越冬。成虫羽化出土后，成群在寄主叶片上取食，食尽一株后再转株为害，并具有假死性。初孵幼虫一般在洞内停留10～15d。出土后的幼虫行动敏捷，四处寻找竹蝗卵为食。遇惊即蜷缩假死，找到竹蝗卵后，即定居取食，吃完竹蝗卵块后，再潜入土层深处以假蛹态越冬。

防治技术

人工捕杀：红头豆芫菁白天常聚集在玉米果穗上为害，且飞翔能力不强，可以用瓶子等捕捉收集起来，集中消灭。

化学防治：成虫盛发期，用4.5%高效氯氰菊酯乳油、20%氰戊菊酯乳油2 500倍液，或40%辛硫磷乳油1 000倍液于清晨或傍晚喷雾防治，重点喷果穗花丝和穗尖。

彩图135-1 红头豆芫菁成虫
（郭建明摄）

彩图135-2 红头豆芫菁为害玉米状
1.成虫取食花丝　2.成虫群集为害
（郭建明摄）

136. 稻赤斑黑沫蝉
Rice spittlebug

分布与寄主

稻赤斑黑沫蝉（*Callitettix versicolor* Fabricius）属同翅目沫蝉科，又名稻赤斑沫蝉、稻沫蝉、赤斑泡沫蝉，俗称雷火虫。分布于长江以南各省份。稻赤斑黑沫蝉为杂食性害虫，除为害玉米外，还为害水稻、高粱、甘蔗、大豆、花生、谷子、甘薯等多种作物及狗尾草、葎草、茅草、刺儿菜、马唐、田旋花等杂草。

形态特征（彩图136-1）

成虫：体长11～13.5mm，身体黑色，有光泽。前翅革质，后翅膜质。前胸背板中后部隆起。足和腹部黑色，足长，前足腿节特长。小盾片三角形，中部有一明显的菱形凹斑。雄虫近基部有2个大白斑，近端部有1个肾形大红斑；雌虫近基部有2个大白斑，近端部有一大一小的2个红斑。

卵：长1～1.5mm，扁椭圆形，初产时乳白色，后变浅黄色。

若虫：共5龄。形似成虫。二龄前体色较淡，无翅芽，体长1.5～5.1mm；三龄体淡褐色，有翅芽，体长5.1～6.6mm，三龄以后的若虫复眼鲜红色；四至五龄体黑褐色，中后胸两侧向后形成"八"字形翅芽，后翅芽超过翅芽到达第一腹节。

为害特征（彩图136-2）

成虫以针状口器刺吸玉米叶片汁液，被害叶片先在刺吸孔周围形成针尖大小的黄斑，然后病斑逐渐扩大呈黄白长条斑，进一步发展病斑中部枯死，形成黄褐色至枯黄色而边缘黄色的梭形斑。随着为害加重，斑点从中间逐渐向外枯死，受害叶出现一片片枯白，严重时干枯叶连片，远看似火烧。由于赤斑黑沫蝉的为害高峰期正值玉米抽雄吐丝的关键时期，严重影响光合作用，致使玉米生长受阻，籽粒干瘪，造成大幅度减产，甚至绝收。

发生规律

1年发生1代，以卵在田埂杂草根际或土壤裂缝中越冬。5月中旬至7月上旬孵化成若虫，初孵若虫在土中吸食草根汁液，二龄后逐渐上移；老熟若虫傍晚爬到地面附近的玉米植株或草茎上，常从肛门处排出液体，再放出或者排出气体将其吹成泡沫，6月下旬至7月初开始羽化为成虫，羽化后3～4h就可为害玉米，成虫晴天活泼，阴天行动迟缓。卵散产于田边、田埂表土上。

防治技术

农业防治：①清除杂草。4月前铲除玉米田边杂草，破坏其越冬场所，消灭越冬虫卵和初孵若虫；5～7月在泡沫经常出现的地方，对杂草再彻底清除一次，降低越冬基数。②选用抗虫品种。③调整播期。提早10d左右播种夏玉米，错开成虫盛发期和玉米授粉期。

物理防治：①人工杀灭若虫，在4～6月，当田间地头草根上出现泡沫时，撒施熟石灰或者草木灰，吸干泡沫杀死若虫。②人工诱杀成虫。将甜酒液或者糖醋液洒在麦秆或者青草上，均匀插在玉米田四周，引诱成虫，集中进行捕杀。

化学防治：①若虫防治。稻赤斑黑沫蝉的若虫生活在土壤中，通过土表裂缝吸食杂草根部汁液，此时可用3%辛硫磷颗粒剂拌细土撒施在田埂上进行防治；或用50%辛硫磷乳油800～1 000倍液对玉米田周围杂草喷雾防治。②成虫防治。可选用10%吡虫啉可湿性粉剂2 000倍液、4.5%高效氯氰菊酯乳油或30%氰戊菊酯乳油2 500倍液、50%辛硫磷乳油1 000倍液、40%氧乐果500倍液进行喷雾。防治成虫以清晨、傍晚为好，施药范围还应包括玉米田埂上的杂草。

彩图136-1　稻赤斑黑沫蝉
1. 老熟若虫分泌的泡沫　2. 老熟若虫在泡沫中
（王振营摄）

彩图136-2　稻赤斑黑沫蝉为害玉米状
1. 成虫在叶片上刺吸为害及形成的黄斑
2. 成虫在叶鞘上刺吸为害　3. 被害玉米叶片干枯
（1、2. 王振营摄，3. 刘顺通摄）

137. 蜗牛、螺及蛞蝓
Snails and slugs

分布与寄主

为害玉米的蜗牛主要有灰尖巴蜗牛 [*Acusta ravida* (Benson)] 和同型巴蜗牛 [*Brddybaena similaris* (Ferussac)]，两种蜗牛均属软体动物门腹足纲柄眼目巴蜗牛科，俗称蜗牛、水牛、天螺、蜓蚰螺等。灰巴蜗牛分布于我国的黑龙江、吉林、北京、河北、河南、山东、山西、安徽、江苏、浙江、福建、广东等省份。同型巴蜗牛分布于我国山东、河北、内蒙古、陕西、甘肃、湖北、湖南、江西、江苏、浙江、福建、广西、广东、台湾、四川和云南等省份。

蜗牛觅食范围非常广泛，取食的植物种类有58科200多种。杂食性与偏食性并存，尤其喜食多汁鲜嫩的植物组织。灰巴蜗牛为害玉米、棉花、大豆、花生、多种蔬菜及繁缕、牛繁缕、葎草、小蓟等杂草。同型巴蜗牛为害大豆、棉花、玉米、苜蓿、油菜、蚕豆、豌豆、大麦、小麦等作物。

形态特征（彩图137-1）

（1）灰尖巴蜗牛

贝壳中等大小，呈圆球形；壳高18～21mm、宽20～23mm，有5.5～6个螺层，顶部几个螺层略膨胀。体螺层膨大，壳面黄褐色或琥珀色，常分布暗色不规则形斑点，壳口椭圆形。且有细致而稠密的生长线和螺纹。壳顶尖，缝合线深，壳口椭圆形。个体大小、颜色差异较大。卵为圆球形，白色。

（2）同型巴蜗牛

贝壳中等大小，壳质厚，呈扁球形；壳高11.5～12.5mm、宽15～17mm，有5～6个螺层，顶部几个螺层增长缓慢，略膨胀，螺旋部低矮，体螺层增长迅速、膨大。壳顶钝，缝合线深。壳面呈黄褐色至红褐色。壳口马蹄形。卵圆球形，直径2mm，乳白色，有光泽，渐变为淡黄色，近孵化时为土黄色。

此外，条华蜗牛 [*Cathaica fasciola* (Draparnaud)] 在甘肃省陇南市发现的龙骨射带蜗牛 [*Laeocathaica tropidoraphe* (Bradybaena)]、扁平毛巴蜗牛 [*Trichobradybaena submissa* (Deshayes)]、假拟锥螺 [*Pseudobuliminus buliminus* (Heude)] 以及黄淮海夏玉米区的琥珀螺属（*Succinea* ssp.）种类、野蛞蝓 [*Agriolimax agrestis* (Linnaeus)] 等也是为害玉米的有害软体动物（彩图137-2）。

为害特征（彩图137-3）

初孵幼螺只取食叶肉，留下表皮，稍大个体则用齿舌舔食叶片，造成叶片缺刻、孔洞，或沿叶脉取食，叶片呈条状缺失。玉米抽雄后成螺咬食雌穗花丝及穗上部籽粒，造成穗上部秃粒，影响玉米的产量和品质。

发生规律

蜗牛一般1年发生1～1.5代，寿命一般1～1.5年，长的可达2年。以成螺或幼体在作物秸秆堆下面或根际土壤中越冬或越夏，壳口有白膜封闭。1年分别在春、秋形成两次发生为害高峰。

防治技术

农业防治：彻底清除田间、畦面的杂草和作物残体，及时中耕，破坏蜗牛的栖息地和产卵场所，减少蜗牛来源。

物理防治：①人工捕捉。在清晨或阴雨天蜗牛在植株上活动时，人工捕捉，集中杀灭。②堆草诱杀。傍晚前后在重发地块田间设置若干新鲜的杂草堆、树枝把，也可放置菜叶、瓦块等诱集蜗牛，翌日清晨日出前将诱集的蜗牛集中杀死。

化学防治：①毒饵诱杀。用多聚乙醛300g、蔗糖50g、5%砷酸钙300g、米糠400g（用火在锅内炒香）拌匀，加水适量制成黄豆大小的颗粒，顺垄撒施。②毒土。用6%四聚乙醛颗粒剂1.5～2kg，碾碎后拌细土5～7kg，傍晚撒在受害株行间。③喷雾。当清晨蜗牛未潜入土时，选用26%四聚·杀螺胺悬浮剂1.125L/hm²、45%三苯基乙酸锡可湿性粉剂1.125kg/hm²、70%杀螺胺乙醇胺盐可湿性粉剂0.75kg//hm²、40%四聚乙醛悬浮剂1.125L/hm²在玉米封行后第一次喷施，其后间隔15～20d再喷施1次；或40%辛硫磷乳油与50%敌敌畏乳油混合，稀释为500倍液后喷雾。需要注意，以上药剂均须在晴天施用，阴雨天无效。在一块田用药，面积不能过小，必须在一定范围内全面进行，否则药效短、防效差。

彩图137-1　蜗　牛

1. 灰尖巴蜗牛　2. 同型巴蜗牛　3. 条华蜗牛

（1. 石洁摄，2. 周卫川摄，3. 虞国跃摄）

彩图137-2　软体动物为害玉米状

1. 假拟锥螺（a）、龙骨射带蜗牛（b）和扁平毛巴蜗牛（c）　2. 野蛞蝓　3. 琥珀螺（未定种）

（1、2. 王晓鸣摄，3. 石洁摄）

彩图137-3 蜗牛、螺为害玉米状

1.灰尖巴蜗牛为害叶片 2.灰尖巴蜗牛取食花丝和籽粒 3.琥珀螺取食叶肉 4.假拟锥螺（a）、龙骨射带蜗牛（b）和扁平毛巴蜗牛（c）取食花丝 5.假拟锥螺（a）、龙骨射带蜗牛（b）和扁平毛巴蜗牛（c）为害叶片 6.叶肉完全被假拟锥螺和扁平毛巴蜗牛取食干净

（1～3.石洁摄，4～6.王晓鸣摄）

第四节　钻蛀及穗部害虫

138. 亚洲玉米螟
Asian corn borer

分布与寄主

亚洲玉米螟 [*Ostrinia furnacalis*（Guenée）] 属鳞翅目草螟科野螟亚科，俗称玉米钻心虫，是我国玉米上最重要的害虫，国内除青海、西藏外，其他地区均有分布。在新疆伊犁，还分布有欧洲玉米螟 [*O. nubilalis*（Hübner）]。亚洲玉米螟主要为害玉米、高粱、谷子，还为害小麦、黍、水稻、稷等粮食作物，也为害棉花、生姜、啤酒花、甘蔗、大麻、马铃薯、向日葵等经济作物及蚕豆、菜豆、辣椒等蔬菜作物。

形态特征（彩图138-1）

成虫：雄蛾淡黄褐色，体长10～14mm，翅展20～26mm。触角丝状；复眼黑色。前翅浅黄色，斑纹暗褐色；前缘脉在中部以前平直，然后稍折向翅顶；内横线明显；有一小深褐色的环形斑及一肾形的褐斑，环形斑和肾形斑之间有一黄色小斑；外横线锯齿状，内折角在脉上，外折角在脉间，外有一明显的黄色Z形暗斑；缘毛灰黄褐色。后翅浅黄色，斑纹暗褐色，在中区有暗褐色亚缘带和后中带，其间有一大黄斑。雌蛾翅展26～30mm，体色较雄蛾淡；前翅浅灰黄色，横线明显或不明显；后翅正面浅黄色，横线不明显或无。

卵：椭圆形，长约1mm，宽约0.8mm，略有光泽。常15～60粒产在一起，排列成不规则鱼鳞状。初产下的卵块为乳白色，渐变黄白色，半透明。正常卵孵化前卵粒中心呈现黑点（即幼虫的头部）称为"黑头卵"。

幼虫：共5龄。初孵幼虫长约1.5mm，头壳黑色，体乳白色半透明。老熟幼虫体长20～30mm，头壳深棕色，体浅灰褐色或浅红褐色。有纵线3条，以背线较为明显，暗褐色。第二、三胸节背面各有4个圆形毛疣，其上各生2根细毛。第一至八腹节背面各有2列横排毛疣，前列4个，后列2个，且前大后小；第九腹节具毛疣3个。胸足黄色；腹足趾钩为三序缺环型，上环缺口很小。

蛹：黄褐色至红褐色，长15～18mm，纺锤形。初化新蛹为粉白色，渐变黄褐色至红褐色，羽化前呈黑褐色。腹部背面气门间均有细毛4列。臀棘黑褐色，端部有5～8根向上弯曲的刺毛。雄蛹较小，生殖孔位于第七腹节气门后方，开口于第九腹节腹面。雌蛹比雄蛹肥大，生殖孔在第七腹节，开口于第八腹节腹面。

为害特征（彩图138-2）

在玉米心叶期，初孵幼虫潜入心叶丛，蛀食心叶，造成"针孔"或"花叶"。三龄以上幼虫蛀食，叶片展开时出现"排孔"。玉米进入打苞期，取食雄穗；散粉后幼虫开始向下转移蛀入雄穗柄或继续向下转移至雌穗着生节及其上、下节蛀入茎秆。此时玉米雌穗已开始发育，茎节被蛀会明显影响甚至中止雌穗发育，遇风极易造成植株倒折。穗期，初孵幼虫潜藏取食花丝继而取食雌穗顶部幼嫩籽粒，三龄以后部分蛀入穗轴、雌穗柄或茎秆，影响灌浆，降低千粒重，穗折而脱落。由于玉米螟蛀食籽粒造成伤口，常诱发玉米穗腐病。

发生规律

北方春玉米区北部及较高海拔地区，包括兴安岭山地及长白山山区为年发生1代区；三江平原、松嫩平原为1～2代；北方春玉米区南部和低纬度高海拔的云贵高原北部、四川山区1年2代。黄淮海夏玉米区以及云贵高原南部1年3代；长江中下游平原中南部、四川盆地、江南丘陵玉米区等地1年4代；北回归线至北纬25°，包括江西南部、福建南部、台湾等地，1年5～6代。北回归线以南，包括两广丘陵等地，1年6～7代或周年发生，世代不明显，夏秋季为发生高峰期，冬季种群数量较小。在多世代发生区，不论春播、夏播玉米，在其整个生长发育过程中，有2代玉米螟的为害。以老熟幼虫在寄主茎秆、穗轴和根茬内越冬，翌年春天化蛹。成虫飞翔力强，具趋光性。成虫产卵对田间玉米品种的生育期、长势有一定的选择，选择相对适宜产卵的品种，并多将卵产在玉米叶背的中脉附近，为块状。

防治技术

农业防治：玉米秸秆粉碎还田，可杀死秸秆内越冬幼虫，降低越冬虫源基数。

物理防治：利用性诱剂迷向或灯光诱杀越冬代成虫。

生物防治：①在玉米螟卵期，释放赤眼蜂2～3次，每667m²释放1万～2万头。②使用苏云金杆菌、白僵菌等生物制剂撒施于心叶内或喷雾；白僵菌每667m² 20g拌河沙2.5kg，撒施于心叶内。

化学防治：①颗粒剂。用14%毒死蜱颗粒剂、3%丁硫克百威颗粒剂每株1～2g，或用3%辛硫磷颗粒剂每株2g，或50%辛硫磷乳油按1∶100配成毒土混匀撒入心叶中，每株撒2g。②喷雾。20%氯虫苯甲酰胺5 000倍液或3%甲氨基阿维菌素苯甲酸盐微乳剂2 500倍液喷雾，心叶期注意将药液喷到心叶丛中，穗期喷到花丝和果穗上。

彩图138-1 亚洲玉米螟

1.雌成虫 2.雄成虫 3.卵块 4.幼虫 5.蛹

(王振营摄)

彩图138-2 亚洲玉米螟为害玉米状
1. 被害心叶 2. 为害雄穗
3. 为害花丝与雌穗 4. 取食籽粒
5. 穗柄被蛀 6. 引起穗腐
7. 蛀茎后引发茎倒折

（王振营摄）

139. 桃蛀螟
Yellow peach moth

分布与寄主

桃蛀螟 [*Conogethes punctiferalis* (Guenée)] 异名 *Dichocrocis punctiferalis* (Guenée)，属鳞翅目草螟科，也称桃多斑野螟、桃蛀野螟、豹纹斑螟、桃蠹螟、桃斑螟、桃实螟蛾、豹纹蛾、桃斑蛀螟，幼虫俗称桃蛀心虫。桃蛀螟分布较广，国内分布于辽宁、陕西、山西、河北、北京、天津、河南、山东、安徽、江苏、江西、浙江、福建、台湾、广东、海南、广西、湖南、湖北、四川、云南、西藏。已知桃蛀螟的寄主植物有100余种，幼虫除蛀食玉米、高粱、向日葵、大豆、棉花、扁豆、甘蔗、蓖麻、姜等作物外，还为害桃、李、板栗等多种果树，是一种食性极杂的害虫。

形态特征（彩图139-1）

成虫：体长约12mm，翅展22～28mm，黄至橙黄色。复眼发达，黑色，近圆球形。体背、翅表面具许多大小不等的黑斑点，似豹纹；胸背有7个；腹背第一和三至六节各有3个横列，第七节有时只有1个，第二、八节无黑点，前翅25～28个，后翅15～16个。雄蛾第九节末端黑色，雌蛾不明显。雄蛾第八节末端有明显的黑色毛丛，雌蛾腹末圆锥形，黑色不明显。

卵：椭圆形，稍扁平，长径0.6～0.7mm，短径0.3～0.4mm，表面粗糙布细微圆点，初产时乳白色，渐变橘黄色、红褐色或鲜黄色，孵化前紫红色。

幼虫：共5龄。末龄幼虫体长18～25mm，背部体色多变，浅灰到暗红色，腹面多为淡绿色。头暗褐色，前胸盾片褐色，臀板灰褐色。各体节毛片明显，灰褐至黑褐色，背面的毛片较大，第一至八腹节气门以上各具6个，呈2横列，前4后2。

蛹：体长10～15mm，宽约4mm，纺锤形，初化蛹时淡黄绿色，后变深褐色。头、胸和腹部一至八节背面密布小突起；五至七腹节近前缘各有1条隆起线；下颚、中足及触角长于第五腹节的1/2，下颚较中足略长，中足较触角略长；腹末有臀棘6根。

为害特征（彩图139-2）

幼虫主要蛀食玉米雌穗，也可蛀茎，遇风常倒折。初孵幼虫从雌穗上部钻入后，蛀食或啃食籽粒和穗轴，严重时整个果穗被蛀食，造成直接产量损失。钻蛀穗柄常导致果穗瘦小，籽粒不饱满。蛀孔口堆积颗粒状的粪屑，一个果穗上常有多头桃蛀螟为害，也有时与亚洲玉米螟混合为害。被害果穗极易引起穗腐病。

发生规律

1年发生2～6代。在辽宁1年发生1～2代，河北和山东2～3代，以3代为多，陕西和河南3～4代，长江流域4～6代。在玉米田，以老熟幼虫在秸秆中结茧越冬，翌年化蛹羽化。成虫有趋光性。在玉米抽雄后桃蛀螟才进入玉米田产卵，卵多单粒散产在玉米穗上部叶片、花丝及其周围的苞叶上。

防治技术

农业防治：①压低越冬虫源：冬前要及时脱粒，及早处理玉米等寄主茎秆、穗轴等越冬场所，压低翌年虫源。②调整播种期，合理种植：玉米田周围避免大面积种植果树及向日葵等寄主植物，以避免加重和交叉为害，但可利用桃蛀螟成虫喜在向日葵花盘上产卵的较强选择性，在玉米田周围种植小面积向日葵诱集成虫产卵，集中消灭。③种植抗虫品种：玉米品种间对桃蛀螟的抗性存在差异，选种抗或耐桃蛀螟为害的玉米品种，可减轻为害。

物理防治：①利用桃蛀螟成虫趋光性和趋化性，在成虫刚开始羽化时，晚间在玉米田内或周围用黑光灯或频振式杀虫灯进行诱杀，也可用糖醋液（糖：醋：酒：水为1：2：0.5：16）诱杀成虫。②采用性信息素诱捕器诱杀和迷向防治。

生物防治：在桃蛀螟产卵期释放螟黄赤眼蜂，或用100亿孢子/g苏云金杆菌和白僵菌可湿性粉剂50～200倍液防治桃蛀螟幼虫，有很好的控制作用。

化学防治：在桃蛀螟产卵盛期选择喷施50%辛硫磷乳油1 000倍液、50%杀螟硫磷乳油1 000倍液、2.5%高效氯氟氰菊酯乳油2 500倍液、40%毒死蜱乳油1 000倍液、25%灭幼脲悬浮剂1 500～2 500倍液，或在玉米果穗顶部或花丝上滴50%辛硫磷乳油等药剂300倍液1～2滴，防治效果好。

彩图139-1　桃蛀螟
1.雌成虫　2.雄成虫　3.卵　4.幼虫　5.蛹
（1、2、4、5.王振营摄，3.静大鹏摄）

彩图139-2　桃蛀螟为害玉米状
1.钻蛀茎秆　2.取食果穗　3.引起穗腐病
（王振营摄）

140. 棉铃虫
Cotton bollworm

分布与寄主

棉铃虫（*Helicoverpa armigera* Hübner）属鳞翅目夜蛾科，俗名棉铃实夜蛾，又叫高粱穗螟、棉桃虫、钻心虫、青虫等，为杂食性害虫。我国各省份均有分布，以黄淮海夏玉米区和西北内陆玉米区为害重。棉铃虫除为害棉花外，还为害玉米、小麦、花生、大豆、高粱、甜椒、烟草、马铃薯、番茄、鹰嘴豆、亚麻等，也为害一些果树、蔬菜等，尤其喜食棉花和玉米的繁殖器官。

形态特征（彩图140-1）

成虫：体长14～20mm，翅展27～40mm。复眼较大，球形，绿色。雌蛾头胸部及前翅红褐色或黄褐色，翅反面常有红褐色或砖红色斑；雄蛾头胸部及前翅常为青灰色或灰绿色，内横线、中横线、外横线波浪状不明显；外横线外有深灰色宽带，带上有7个小白点，肾形纹、环形纹暗褐色。后翅灰白，沿外缘有黑褐色宽带，在宽带中央有2个相连的白斑，前缘中部有1个褐色月牙形斑纹。

卵：半球形，高0.51～0.55mm，直径0.44～0.48mm，初产时乳白色或浅苹果色，后变成黄白色，并出现浅红色带，即将孵化时变成紫褐色，顶部黑色。

幼虫：可分为5～6龄，但多数为6个龄期。体色变化大，初孵幼虫青灰色，体表布满褐色和灰色长而尖的小刺。末龄幼虫体长40～50mm，头黄褐色有不明显的黄褐斑纹，腹部第一、二、五节各有两个特别明显的毛瘤。棉铃虫气门上方有1条褐色纵带。幼虫体色变异很大，大致可以归纳为8种基本类型：黑色型、绿色型、绿色褐斑型、绿色黄斑型、黄色红斑型、灰褐色型、红色型和黄色型。

蛹：体长13.0～23.8mm，宽4.2～6.5mm，纺锤形，赤褐色至黑褐色。

为害特征（彩图140-2）

幼虫从玉米苗期到穗期都可为害。以幼虫取食叶片形成孔洞或缺刻状，有时咬断心叶，造成枯心。叶片上虫孔和玉米螟为害状相似，但是孔粗大，边缘不整齐，常见粒状粪便，幼虫还可转株为害。穗期棉铃虫孵化后主要集中在玉米果穗顶部花丝上，处在其他位置的一、二龄幼虫，向下或向上爬行，或吐丝下坠，到达果穗后开始从苞叶顶端钻孔蛀入花丝为害，并可将果穗顶端花丝全部咬断，造成"戴帽"现象，导致玉米授粉不良而使部分籽粒不育，果穗向一侧弯曲。随着龄期的增大和玉米果穗的发育，幼虫逐步下移蛀食籽粒，并诱发玉米穗腐病。

发生规律

内蒙古、新疆1年3代，华北4代，长江流域4～5代，长江以南5～6代，云南7代。以蛹在土中的土茧中越冬，在华北于4月中下旬开始羽化，5月上中旬为羽化盛期。一代卵见于4月下旬至5月末，以5月中旬为盛期。一代成虫见于6月初至7月初，盛期为6月中旬。第二代卵盛期也为6月中旬，7月为第二代幼虫为害盛期，7月下旬为二代成虫羽化和产卵盛期。第四代卵见于8月下旬至9月上旬，该世代棉铃虫对玉米为害严重。

成虫产卵多在夜间，为散产。在玉米抽雄期以前，棉铃虫卵主要产在叶片正面，少量产在茎秆、叶鞘上；抽雄吐丝期，主要产在雄穗和新鲜的雌蕊花丝上。

防治技术

农业防治：①清洁田园，秋耕冬灌，压低越冬蛹基数；合理调整作物布局，改进玉米种植方式。棉铃虫食性杂，寄主植物多，在玉米田边种植诱集作物如洋葱、胡萝卜等，于盛花期可诱集到大量棉铃虫及时喷药，聚而歼之，可减轻为害。②加强田间管理，推广地膜覆盖栽培，合理套种轮作。我国玉米种植模式主要有田坎（地边）玉米、旱地（露底）玉米和地膜玉米。地膜玉米可促进玉米的长势和增强玉米抗病虫能力，缩短玉米生育期。合理套种轮作，增加田间生物多样性，有效减轻为害。也可采用剪花丝的办法，在玉米田棉铃虫幼虫三龄前尚未钻入玉米雌穗为害时，人工剪除雌穗花丝可减轻为害。

生物防治：利用棉铃虫寄生性或捕食性天敌。寄生性微生物如白僵菌、绿僵菌和苏云金杆菌，寄生性天敌昆虫如螟黄赤眼蜂、玉米螟赤眼蜂、红侧沟茧蜂、棉铃虫齿唇姬蜂等，捕食性天敌如中华草蛉、异色瓢虫、龟纹瓢虫、草间小黑蛛、胡蜂和螳螂等均可有效控制棉铃虫。

物理防治：棉铃虫成虫具有趋光性、趋化性，喜欢在开花的蜜源作物上活动、取食及产卵，可利用这一特性对其进行诱集，集中杀灭。也可采用灯光诱杀（主要采用频振式杀虫灯和双波灯诱集），能够在羽化期有效减少棉铃虫成虫，降低产卵数量。

化学防治：防治最佳时期在三龄前。主要采用以下方法：①三龄前，叶片选择喷洒2.5%氯氟氰菊酯乳油2 000倍液、5%高效氯氰菊酯乳油1 500倍液等农药。②6月下旬在玉米心叶中撒施杀虫颗粒剂：可选用0.1%或0.15%氟氯氰菊酯颗粒剂，每株用量1.5g；14%毒死蜱颗粒剂、3%丁硫克百威颗粒剂每株1～2g；3%辛硫磷颗粒剂，每株2g；50%辛硫磷乳油按1∶100配成毒土混匀撒入喇叭口，每株撒2g。③种子包衣，种子用含杀虫剂成分的种衣剂包衣，对幼苗和成株的生长速度及抗虫性有明显的促进作用。

彩图140-1　棉铃虫
1. 成虫　2. 卵　3. 幼虫　4. 蛹
（1、4. 王振营摄，2、3. 石洁摄）

彩图140-2　棉铃虫为害玉米状
1. 叶片被咬的孔洞　2. 取食花丝　3. 取食籽粒
（王振营摄）

141. 大螟
Pink stem borer

分布与寄主

大螟 [*Sesamia inferens* (Walker)] 属鳞翅目夜蛾科，又名稻蛀茎夜蛾、紫螟，在我国主要发生在黄河以南，是长江以南稻区常发性害虫之一，分布区南抵台湾、海南及广东、广西、云南南部，东至江苏滨海，西达四川、云南西部，近年来在山东聊城、河南新乡地区为害夏玉米幼苗。大螟是典型的杂食性昆虫，除为害水稻外，也为害玉米、大麦、小麦、油菜、甘蔗、茭白、谷子、高粱等作物，以及芦苇、稗草等禾本科杂草。

形态特征（彩图141-1）

成虫：雌蛾体长约15mm，翅展约30mm。触角丝状，复眼黑褐色，头部及胸部灰黄色，腹部淡褐色、肥大。前翅略呈长方形，灰黄色，中央有4个小黑点，排列成不整齐的四角形；后翅灰白色，前后翅外缘均密生灰黄色缘毛。静止时前后翅折叠在背上。雄蛾体长约11mm，翅展约26mm。触角栉齿状，有绒毛，喙退化。翅有光泽，微带褐色，前翅中部有一纵向的褐色纹，外缘线暗褐色。

卵：扁圆形，表面有放射状纵隆线。产时常排列成行，由2～3列组成卵块，也有散生、重叠或不规则排列的。卵块长20～23mm，宽约1.7mm，每块一般有卵40～50粒。初产时乳白色，后变淡黄色、淡红色，孵化前变为灰黑色，顶端有1个黑褐点，为即将孵化的幼虫头部。

幼虫：有5～7龄。老熟幼虫体长21～27mm，体形较粗壮，头红褐色或暗褐色，腹部背面淡紫红色，腹面白色。

蛹：粗壮，红褐色，长13～18mm，臀棘端部有3根刺毛。

为害特征（彩图141-2）

初孵幼虫群集在幼苗叶鞘内取食，二龄后蛀入茎内取食，造成枯心苗；苗期叶片被害呈孔洞状，生长点受损后形成枯心苗，植株矮化，甚至枯死；玉米叶鞘被害后常干枯。当有多头幼虫在同一茎秆内聚集取食为害时，可致植株枯死。蛀食果穗、穗轴、茎秆和雄穗柄，造成茎秆折断和果穗腐烂。有转株为害习性。

发生规律

1年2～8代，多以三龄以上幼虫在寄主残体中越冬，翌年春天未老熟的幼虫经转移大麦、小麦、油菜以及早播玉米茎秆中继续取食补充营养后，在寄主的茎秆中或叶鞘内侧化蛹，五龄以上幼虫则不需补充营养而直接化蛹；在江西、广西等地也能以蛹越冬。成虫昼伏夜出，越冬代成虫多选择5～7叶期玉米苗基部的第二、三叶叶鞘内侧产卵，初孵幼虫群集叶鞘内取食为害。

防治技术

农业防治：①清除秸秆，消灭越冬幼虫。②与豆科作物轮作，对玉米田大螟的防效可达85%以上。③一代大螟卵孵化盛期，用手逐株剥下早播、长势嫩绿的玉米植株基部3片叶的叶鞘，并带出田间集中销毁，可以有效减轻一代大螟对春玉米的为害。

化学防治：撒施3%辛硫磷颗粒剂、14%毒死蜱颗粒剂于心叶中；每667m^{2}选用20%氯虫苯甲酰胺悬浮剂10～15mL、30%水胺·三唑磷乳油70～100mL、15%氟铃脲·三唑磷乳油80～100mL，对水喷雾，注意应喷到基部叶鞘内。

彩图141-1 大螟

1.雄成虫 2.卵块 3.幼虫 4.蛹

(1.王振营摄, 2、3.徐丽娜摄, 4.封洪强摄)

彩图141-2 大螟为害玉米状

1.幼苗被害 2.为害造成的枯心苗 3.被害叶片 4.被害雄穗 5.钻蛀茎秆 6.幼虫聚集为害 7.钻蛀果穗

(1、2、5～7.王振营摄, 3、4.王晓鸣摄)

142. 高粱条螟
Spotted stalk borer

分布与寄主

高粱条螟（*Chilo sacchaiphagus* Bojer）异名 *Proceras venosatum* Walker、*Diatraea venosatum* Walker，属鳞翅目草螟科，又名条螟、高粱钻心虫、蔗茎禾草螟、斑点条螟。在我国主要分布在东北、华北、华南、华东等地。高粱条螟在北方主要为害玉米、高粱和谷子（彩图142-1），在南方主要为害甘蔗，还为害薏米、麻等作物。

形态特征（彩图142-2）

成虫：体长10～13mm，翅展25～32mm，前翅灰黄色，翅面有多条暗色纵皱纹，前缘角尖锐，外缘较平直，有7个成排的小黑点，近翅中央有1个黑点，后翅银白色。

卵：长约1.3mm，椭圆形，淡黄白色，排列成两行"人"字形相叠的卵块。

幼虫：共5龄。老熟幼虫长20～30mm，初乳白色，上生淡红褐色斑，连成条纹，后变为淡黄色。有夏、冬两型，夏型幼虫腹部各节背面具4个黑褐色斑点，上具刚毛，排列成正方形；冬型幼虫黑褐斑点消失，体背有紫褐色纵线4条，腹部纯白色。

蛹：长14～15mm，深褐色，背有2对尖锐突起。蛹外被薄茧。

为害特征（彩图142-3）

初孵幼虫在玉米心叶内咬食叶肉，被害部只剩表皮；高龄幼虫蛀入心叶、茎或雌穗轴内取食，待心叶展开后可见网状或不规则小孔；若幼苗生长点受损则呈枯心状；幼虫喜蛀入茎节的中、上部，被害茎秆内常有多头幼虫聚集蛀食，遇风易折，蛀孔上部茎叶常呈紫红色；为害果穗后常导致穗腐病的发生。

发生规律

1年2～5代。华北地区1年2代，华南及台湾1年4～5代。以老熟幼虫在寄主茎秆或叶鞘内越冬，翌年化蛹羽化。成虫昼伏夜出，有趋光性、群集性。产卵场所及部位与亚洲玉米螟相似。一般田间湿度较高时对其发生有利。

防治技术

参照亚洲玉米螟的防控方法。

彩图142-1　高粱条螟为害高粱与玉米
1.为害高粱籽粒　2.为害玉米幼苗
（徐秀德摄）

彩图142-2 高粱条螟
1.成虫 2.卵块 3.幼虫（夏型） 4.幼虫（冬型） 5.蛹
（1、3、4.王振营摄，2、5.黄诚华摄）

彩图142-3 高粱条螟为害玉米状
1.叶片被害状 2.幼虫聚集为害 3.为害生长点 4.钻蛀茎秆 5.取食籽粒并引起穗腐病
（1、3～5.王振营摄，2.李国平摄）

143. 台湾稻螟
Gold-fringed rice stemborer

分布与寄主

台湾稻螟 [*Chilo auricilius*（Dudgeon）] 异名 *Chilo popescurorji*（Bleszynski）、*Chilo traeaauricilia*（Kapur）、*Diatraea auricilia*（Fletcher），属鳞翅目草螟科，分布在我国南方稻区，台湾、福建、海南、广东、广西、云南、四川均较常见，江苏、浙江也有发生，主要为害水稻，也为害甘蔗、玉米、高粱、谷子等禾本科作物。

形态特征（彩图143-1）

成虫：体长6.5～11.8mm，翅展18～23mm。前翅黄褐色，翅中央具隆起而有金属光泽的深褐色斑块4个，左右排成<>形，斑块上常具有带光泽的银色鳞片；亚外缘线上也有同样的斑点列，翅外缘有7个黑色小点排成1列，缘毛金黄色有光泽，其基部暗褐色。后翅淡黄褐色，缘毛略呈银白色。

卵：扁椭圆形，初产时为白色，翌日转浅黄色，再后呈灰黄色，孵化前现暗黑色斑点。卵粒鱼鳞状排列，呈较明显的纵行，通常为1～3行，偶或可多至5行。

幼虫：体长16～25mm，头部暗红至黑褐色，前胸背板黑褐色，中央有明显的白色中缝线。体淡黄白色，背面有5条褐色纵线，最外侧纵线从气门通过。

蛹：雄蛹长9～11mm，雌蛹长14～16mm；纺锤形，初化蛹时黄色，背面有5条棕色纵纹，其后体色渐深，呈黄褐色到深褐色，纵纹渐渐隐没。

为害特征（彩图143-2）

台湾稻螟在玉米整个生长期都能为害，苗期为害生长点造成枯心苗，生长中后期钻蛀茎秆为害。

发生规律

台湾稻螟在我国南方1年发生3～6代，多以幼虫在稻茬或稻草中越冬，尤其在低湿稻田和有冬作物覆盖的稻桩上越冬幼虫密度大。冬作小麦及甘蔗苗内也有幼虫越冬。成虫有趋光性，卵多产在叶面上，其次是叶背面。

防治技术

参见亚洲玉米螟的防控方法。

彩图143-1 台湾稻螟
1. 成虫 2. 幼虫（侧面观） 3. 幼虫
（1. 张天涛摄，2、3. 白树雄摄）

彩图143-2 台湾稻螟为害玉米状
1. 被害幼苗 2. 幼虫取食心叶
（王振营摄）

144. 粟灰螟
Yellow top borer

分布与寄主

粟灰螟（*Chilo infuscatellus* Snellen）属鳞翅目草螟科，又名甘蔗二点螟、二点螟、谷子钻心虫，广泛分布在华北、东北、西北、华东北部的谷子产区，以及广东、台湾、广西和四川等省份的部分甘蔗区，在北方主要为害谷子，在南方主要为害甘蔗，也为害玉米、高粱、糜子等作物和狗尾草等禾本科杂草。

形态特征（彩图144）

成虫：雄蛾体长8.5mm，翅展约18mm；雌蛾体长10mm，翅展约25mm。头部及胸部淡黄褐色或灰黄色，触角丝状。前翅近长方形，外缘略呈弧形，淡黄褐色，有黑褐色细鳞片混杂，中室顶端及中脉下方各有1个暗灰色斑点，沿翅外缘有成列的7个小黑点，缘毛色较淡，翅脉间凹陷深。后翅灰白色，外缘略呈淡黄色。足淡褐色，中足胫节有距1对，后足胫节有距2对。

卵：扁平，椭圆形，壳面有网纹。初产时乳白色，临孵化时灰黑色。2～4行呈鱼鳞状排列，与亚洲玉米螟卵块相比，卵粒较薄，卵粒间重叠部分较小，排列较松散。

幼虫：老龄幼虫体长15～25mm。头部红褐色或黑褐色，体黄白色。前胸盾板近三角形，淡黄或黄褐色。体背部有紫褐色纵线5条，其中背线暗灰色，亚背线及气门上线淡紫色，最外侧纵线在气门上面，不通过气门。

蛹：长12～20mm，略呈纺锤形，初为淡黄色，后变黄褐色。幼虫期背部的5条纵线依然明显。

为害特征

粟灰螟主要以幼虫蛀茎为害，初孵幼虫潜入玉米苗或心叶丛中取食。苗期为害造成枯心苗，或侵入茎基部叶鞘中蛀食1～3d后蛀入茎中，三龄后能转株为害，老熟后在茎中化蛹。

发生规律

长城以北地区1年发生1～2代，黄淮海地区1年3代，珠江流域1年4～5代，海南6代。以老熟幼虫在寄主根茬或茎秆中越冬，春季化蛹羽化。成虫趋光性较强，白天躲藏在谷苗或玉米植株的茎叶中间，夜晚活动产卵，卵产在叶片背面。

防治技术

参见亚洲玉米螟的防控方法。

彩图144　粟灰螟
1. 成虫　2. 卵　3. 幼虫　4. 蛹
（董志平摄）

145. 白星花金龟
Potosta brevitarsis

分布与寄主

白星花金龟 [*Potosta brevitarsis*（Lewis）] 属鞘翅目金龟科，也称白纹铜花金龟、白星花潜、白星滑花金龟、短跗星花金龟。国内分布较广，北起黑龙江，南迄广西，西至西藏、新疆、青海、宁夏、甘肃、四川、云南、东达沿海各省份及台湾，主要在东北、华北、新疆和黄淮海地区发生为害。白星花金龟为害植物种类繁多，已明确的有14科26属29种，主要包括玉米、小麦、向日葵、棉花等粮油作物，多种瓜果、蔬菜、花卉以及榆树、长叶柳树等林木。

形态特征（彩图145-1）

成虫：雌虫体长17～22mm，雄虫体长19～24mm。长椭圆形，具古铜或青铜色光泽，有的足带绿色。体表散布较多不规则波纹状白色绒斑，多为横向波浪形，主要集中在中后部。小盾片长三角形，末端钝；鞘翅宽大，长方形；臀板短宽，布满皱纹和黄绒毛，每侧具白绒斑。

卵：圆形或椭圆形，长1.7～2.4mm，宽2.5～2.9mm，表面光滑，初产为乳白色，有光泽，后变为淡黄色。

幼虫：共3龄。各龄期依据头壳宽度确定，一龄幼虫头宽为0.9～1.8mm，二龄幼虫头宽为2.2～3.0mm，三龄幼虫头宽为4.0～4.8mm。老熟幼虫体长24～39mm；头部褐色；上唇3裂片状；肛腹片上具2纵列U形刺毛，每列19～22根；胴部乳白色；身体向腹面弯曲成C形；背面隆起多横皱纹。

蛹：为裸蛹。长20～23mm，卵圆形，先端钝圆，向后渐削，初为白色，渐变为黄白色。蛹外包以土室。土室长2.6～3.0cm，椭圆形，中部一侧稍突起。

为害特征（彩图145-2）

幼虫为腐食性，不为害。成虫多群集于玉米果穗上取食花丝和幼嫩的籽粒，造成直接产量损失；其排出的粪便污染下部叶片和果穗，影响光合作用并加重穗腐病的发生；取食花药，影响授粉，而且茎秆被啃食后易造成倒折。

发生规律

1年发生1代，幼虫腐食性，以幼虫在土壤或腐殖质和堆肥中越冬。6~8月为成虫盛发期，白天活动，飞翔力强，有趋光性、趋化性和假死性，对酒醋味有趋性，成虫产卵于含腐殖质多的土中及堆肥和腐物堆中。

防治技术

农业防治：①消灭粪肥中的幼虫，使用充分腐熟的有机肥。②种植苞叶紧密的品种。③利用成虫的假死性和群集性，在成虫为害果穗盛期，用网袋套住正在群集为害的玉米穗，进行人工捕杀。

物理防治：①在田边以杀虫灯诱杀成虫。②在成虫发生盛期，将白酒、红糖、食醋、水、90%敌百虫晶体按1∶3∶6∶9∶1的比例在盆内拌匀，配制成糖醋液，在玉米田边设置诱捕器诱杀成虫，诱捕器高度应与玉米雌穗位置大致相同。

化学防治：在玉米灌浆初期，可用5%吡虫啉乳油、0.36%苦参碱水剂、80%敌敌畏乳油、2.5%三氟氯氰菊酯乳油、4.5%高效氯氰菊酯乳油等药剂在玉米穗顶部滴液1~2滴。

彩图145-1　白星花金龟

1. 成虫　2. 幼虫　3. 老熟幼虫及土室　4. 蛹及土室

（1、2.王振营摄，3、4.束长龙摄）

彩图145-2　白星花金龟为害玉米状

1. 咬食花丝　2. 啃食籽粒

（王振营摄）

146. 小青花金龟
Oxycetonia jucunda

分布与寄主

小青花金龟（*Oxycetonia jucunda* Faldermann）属鞘翅目花金龟科，又名小花金龟、小青花潜、银点花金龟。国内除新疆没有分布外，其他地区均有分布，为害玉米、高粱、向日葵及蔬菜等多种作物。

形态特征（彩图146-1）

成虫：体长12～14mm，长椭圆形，稍扁，背面暗绿色或者绿色。鞘翅狭长，上有银白色绒斑，一般在侧缘和翅合缝处各具有3个较大的斑。前胸背板中部两侧盘区各具有1个白绒斑，近侧缘常生不规则的白斑；小盾片三角形；臀板宽短，中部偏上有4个白绒斑，横列或者弧形排列。

卵：椭圆形，初乳白色，渐变成淡黄色。

幼虫：体乳白色，头部棕褐色或暗褐色，上颚黑褐色，前顶刚毛、额中刚毛、额前侧刚毛各1根。

为害特征（彩图146-2）

成虫多群集于玉米雌穗和雄穗上取食花丝和花药，影响授粉结实，灌浆期取食籽粒造成秃尖。常与白星花金龟混合为害。

彩图146-1　小青花金龟成虫
（王振营摄）

发生规律

1年发生1代。北方地区以幼虫越冬，南方地区以幼虫、蛹、成虫越冬。越冬成虫第二年4月上旬出土活动，4月下旬至6月盛发；以末龄幼虫越冬的，成虫于5～9月陆续出现，雨后出土多。成虫白天活动，飞翔力较强，有假死性，风雨天或者低温时经常会栖息在花上不动，夜间潜伏在树上过夜，成虫将卵产在土中及杂草或者落叶下，尤其喜欢产在腐殖质多的地方，幼虫孵化后以腐殖质为食，长大后为害根部，但不明显，老熟幼虫经常会在浅土层化蛹。

防治技术

参照白星花金龟的防治方法。

彩图146-2　小青花金龟为害玉米状
1.取食花药　2.取食花丝
（王振营摄）

第四章 玉米田杂草

第一节 蕨类植物

147. 问荆
Common horsetail

学名

Equisetum arvense L.

分类

木贼科；又名接续草、公母草、搂接草、空心草、马蜂草、节节草、接骨草。

识别要点（彩图147）

多年生草本。根茎黑棕。枝二型。可育枝黄棕色，无轮状分枝；鞘筒淡黄色或棕色，鞘齿8~12枚；孢子囊穗呈圆柱形，长2~4cm。不育枝高约达40cm，多轮生分枝，分枝指向斜向上方，与主枝多呈30°~45°角。营养枝的侧枝长度多不足10cm，有时较长；枝上有脊5~15条，背部弧形，有横纹，无硅质小瘤，无棱；鞘筒绿色，鞘齿4~6枚，宽卵状三角形或卵状，黑褐色，边缘膜质，宿存；侧枝中实，扁平状，柔软纤细，有3~4条脊，背部有横纹。

分布

分布于我国黑龙江、吉林、辽宁、内蒙古、北京、天津、河北、山西、山东、湖北、四川、贵州、新疆、西藏等省份。

彩图147 问　荆

1. 植株　2. 茎

（董金皋摄）

第二节 被子植物

148. 马唐
Hairy crabgrass

学名

Digitaria sanguinalis (L.) Scop.

分类

禾本科；又名蹲倒驴。

识别要点（彩图148）

1年生。秆直立或斜倚，高40～100cm，直径2～3mm。叶片线状或条状披针形，长5～15cm，宽3～10mm，基部圆形，边缘较厚，微粗糙，无毛或具柔毛。总状花序3～10枚，长5～18cm，指状排列或下部的近轮生；小穗椭圆状披针形，长3～3.5mm；第一颖微小，短三角形；第二颖披针形，长为小穗的1/2～3/4，边缘具纤毛；第一外稃具4～7脉，脉粗糙，脉间距离不匀；第二外稃灰绿色，近革质，边缘膜质，顶端渐尖，覆盖内稃。花果期6～9月。

分布

分布于我国北方。

彩图148 马 唐

1. 在玉米田中为害状　2. 植株　3. 花序

(董金皋摄)

149. 稗
Common barnyardgrass

学名

Echinochloa crusgalli (L.) Beauv.

分类

禾本科；又名扁扁草。

识别要点（彩图149）

1年生。秆斜升，高50～150cm，光滑无毛，基部膝曲或倾斜。叶片扁平，条形，宽5～20mm，无毛，边缘粗糙。圆锥花序下垂或直立，近不规则塔形；主轴具棱，粗糙；分枝上有时再有小分枝；小穗卵形，密集于穗轴的一侧；长3～4mm，有硬疣毛；颖具2～5脉；第一外稃草质，具5～7脉，有长5～30mm的芒；第二外稃椭圆形，先端具有小尖头且粗糙，边缘卷抱内稃。花果期夏秋季。

分布

分布于我国南北各地。

彩图149 稗
1.在玉米田中为害状 2.植株 3.花序

（董金皋摄）

150. 牛筋草
Goosegrass

学名

Eleusine indica (L.) Gaertn.

分类

禾本科；又名蟋蟀草。

识别要点（彩图150）

1年生草本。根系极发达。秆通常斜升，基部倾斜，高15～90mm。叶舌长约1mm；叶片平展，线形，长10～15mm，宽3～7mm。穗状花序2～7枚指状着生于秆顶，少单生，其中1或2枚生于花序下方，长3～10cm，宽3～5mm，穗轴顶端生有小穗；小穗成两行排列，密集于穗轴的一侧，长4～7mm，含2～6小花；第一颖具1脉；第二颖与外稃都有3脉。囊果卵形，长约1.5mm，基部下凹。种子卵形，波状皱纹明显。花果期6～10月。

分布

广布我国南北各地。

彩图150 牛筋草

1. 群体　2. 植株　3. 花序

（董金皋摄）

151. 狗尾草
Green foxtail

学名

Setaria viridis (L.) Beauv.

分类

禾本科；又名谷莠子。

识别要点（彩图151）

1年生。秆直立或基部膝曲，高10～100cm。叶片扁平，条状披针形，先端渐尖，基部钝圆，长4～30mm，宽2～20mm，通常无毛或疏被疣毛，边缘粗糙。圆锥花序集成圆柱状，直立或稍弯垂，长2～15cm，宽4～13mm；小穗椭圆形，先端钝，长2～2.5mm，2至多枚簇生于缩短的分枝上；基部小枝刚毛状，2～6条，成熟后与刚毛分离；第一颖卵形，长为小穗的1/3；第二颖椭圆形，较小穗稍短或等长；第二外稃具细点状皱纹，成熟时背部稍隆起，边缘卷抱内稃，颖果灰白色。花果期5～10月。

分布

我国南北都有分布。

彩图151 狗尾草
1.群体 2.植株 3.花序
（董金皋摄）

152. 虎尾草
Feather finger grass

学名

Chloris virgata Sw.

分类

禾本科；又名棒槌草。

识别要点（彩图152）

1年生草本。秆直立或基部膝曲，高12～75cm，光滑无毛。叶鞘背部具脊，无毛，包卷松弛；叶舌无毛具微纤毛；叶片线形，长3～25cm，宽3～6mm。穗状花序5～10余枚簇生于茎顶；小穗排列于穗轴的一侧，长2～4mm，含2小花，第一小花两性，第二小花不孕；第一颖长约1.8mm，第二颖等长或略短于小穗，有短芒；外稃顶端以下生芒，内稃膜质，略短于外稃；第一外稃具3脉，二边脉被长柔毛而生于上部的几与外稃等长。颖果纺锤形，淡黄色，半透明，光滑无毛。花果期6～10月。

分布

全国都有分布。

彩图152 虎尾草

1. 群体 2. 植株 3. 花序

(董金皋摄)

153. 画眉草
Indian lovergrass

学名

Eragrostis pilosa (L.) Beauv.

分类

禾本科；又名星星草、蚊子草。

识别要点（彩图153）

1年生。秆丛生，直立或基部膝曲，高20~60cm，光滑。叶舌被纤毛；叶片狭条形，长6~20cm，宽2~3mm。圆锥花序，长15~25cm，开展或紧缩，分枝近轮生，枝腋具长柔毛；小穗紫色或暗绿，长2~7mm，宽约1mm，含3~14小花；颖为膜质，披针形，先端渐尖，第一颖常无脉，第二颖具1脉；外稃侧脉不明显，长1.5~2.5mm，自下而上脱落。雄蕊3枚，花药长约0.3mm。颖果长圆形，长约0.7mm。花果期8~11月。

分布

全国广泛分布。

彩图153 画眉草

1. 群体　2. 花序

（曹宏哲摄）

154. 看麦娘
Shortawn foxtail

学名

Alopecurus aequalis Sobol.

分类

禾本科；又名山高粱、棒棒草。

识别要点（彩图154）

1年生。秆高15～40cm，少数丛生，细瘦，光滑，节处常膝曲。叶片扁平，长3～10cm，宽2～5mm。圆锥花序，狭圆柱状，灰绿色，长2～7cm，宽3～6mm；小穗椭圆形或卵状长圆形，长2～3mm，含1小花；颖膜质，基部合生，具3脉，脊上有细纤毛，侧脉下部有短毛；外稃稍长于颖或等长，下部边缘联合；芒细弱，长2～3mm，约于稃体下部1/4处伸出，隐藏或稍外露；花药橙黄色，长0.5～0.8mm。颖果长约1mm。花果期4～8月。

分布

广布于南北各省份。

彩图154 看麦娘

1. 植株　2. 花序

（谢桂英摄）

155. 香附子
Nut grass

学名

Cyperus rotundus L.

分类

莎草科；又名香附、香头草、梭梭草。

识别要点（彩图155）

多年生草本。匍匐根状茎，具椭圆形块茎。秆散生，直立，高达15～95cm，锐三棱形，平滑。叶基生，宽2～6mm，平张；鞘常裂成纤维状，棕色。苞片2～3，叶状，常长于花序；长侧枝聚伞花序简单或复出，有3～10个开展的辐射枝，最长达12cm；小穗呈条形，斜展开，3～11个排成伞形花序，长1～3cm，宽1.5mm；小穗轴具较宽的、白色透明的翅；鳞片紧密，膜质，2列，矩圆卵形或卵形，长约3mm，两侧紫红色，中间绿色，具5～7脉；雄蕊3枚，花药长；柱头3裂，细长。小坚果长圆状倒卵形，有三棱，长为鳞片的1/3～2/5，具细点。

分布

广布于陕西、甘肃、山西、河北、河南及华东、西南、华南。

彩图155 香附子

1. 植株　2、3. 花序

（董金皋摄）

156. 鸭跖草
Asiatic dayflower

学名

Commelina communis L.

分类

鸭跖草科；又名淡竹叶、竹叶菜、鸭趾草、挂梁青、鸭儿草、竹芹菜。

识别要点（彩图156）

1年生草本。茎部匍匐生根，多分枝，仅叶鞘及茎上部被毛，茎长可达约1m。叶卵状披针形至披针形，长2～9cm。佛焰苞状总苞片，有柄，1.5～4cm，与叶对生，折叠状，展开后心形，先端急尖，基部心形，长近2cm，边缘常具硬毛；聚伞花序，长约5mm；花瓣蓝色，内面2枚具爪，长近1cm；雄蕊6枚，3枚能育而长，3枚退化于雄蕊顶端呈蝴蝶状，花丝几无毛。蒴果长5～7mm，2室，2瓣裂，有种子4枚；种子椭圆形，长2～3mm，棕黄色，具不规则窝孔。

分布

广布于云南、甘肃以东的各省份。

彩图156 鸭跖草

1. 植株 2. 幼苗 3. 花

（董金皋摄）

157. 饭包草
Benghal dayflower

学名

Commelina bengalensis L.

分类

鸭跖草科；又名圆叶鸭跖草、狼叶鸭跖草、竹叶菜、火柴头。

识别要点（彩图157）

多年生披散草本。茎匍匐，多分枝，节上生根，长可达70cm，疏生柔毛。叶鞘有疏长毛，叶具明显叶柄，叶片卵状，长2～7cm，宽1.5～3.5cm，先端钝或急尖，几无毛。总苞片漏斗状，与叶对生，柄极短，常数个集于枝顶，长7～12mm，疏被毛；聚伞花序有花数朵；花萼膜质，长约2mm，花瓣蓝色，具长爪，长3～5mm；雄蕊6枚，3枚可育。蒴果椭圆形，长4～6mm，3室、3瓣裂；种子5颗，多皱，长约2mm，黑色，有不规则网纹。

分布

广布于河北及秦岭、淮河以南各省份。

彩图157　饭包草

1.在玉米田为害状　2.植株

（董金皋摄）

158. 葎草
Japanese hop

学名

Humulus scandens (Lour.) Merr.

分类

桑科；又名锯锯藤、拉拉藤、葛勒子秧、勒草、拉拉秧、割人藤、拉狗蛋。

识别要点（彩图158）

1年生或多年生缠绕草本。茎、枝、叶柄均具倒钩刺。叶对生，纸质，肾状五角形，长和宽7～10cm，掌状，5～7深裂稀为3裂，边缘具粗锯齿，表面具粗糙刺毛，背面有柔毛和黄色腺点；叶柄长4～20cm。花单性，雌雄异株；雄花圆锥花序，黄绿色，花被片和雄蕊各5枚；雌花为圆形穗状花序，苞片纸质，三角形，具白色茸毛；子房为苞片包围，柱头2个，伸出苞片外。瘦果淡黄色，扁圆形。

分布

广布于河北及秦岭、淮河以南各省份。

彩图158 葎 草

1.植株 2.幼苗 3.花蕾 4.花

（董金皋摄）

159. 萹蓄
Common knotgrass

学名

Polygonum aviculare L.

分类

蓼科；又名竹叶草、大蚂蚁草、扁竹。

识别要点（彩图159）

1年生草本。高10～40cm。茎斜上或匍匐，基部有棱角，分枝。叶互生。叶柄短或近无柄；叶片披针形或狭椭圆形，长1.5～3.5cm，宽5～11mm，端钝或尖，基部楔形，全缘，绿色；托叶鞘膜质，上部透明无色，下部褐色，具不明显脉纹。花1～5朵簇生于叶腋，遍布于全植株；花梗短；苞片及小苞片均为白色透明膜质；花被绿色，5深裂，边缘淡红色或白色；雄蕊8枚；花丝短；子房长方形，花柱短，柱头3裂。瘦果卵形，黑褐色，有3棱，密被小点组成的细纹，无光泽。

分布

广布于全国各省份。

彩图159 萹 蓄

1.植株 2.茎与叶

（董金皋摄）

160. 酸模叶蓼
Curlytop knotweed

学名

Polygonum lapathifolium L.

分类

蓼科；又名大马蓼。

识别要点（彩图160）

1年生草本。茎直立，高30～100cm，具分枝，光滑，无毛。叶互生，有柄，叶柄有短刺毛；叶片披针形至宽披针形，先端急尖或渐尖，基部楔形，上面绿色，常有黑褐色新月形斑点，全缘，边缘生粗硬毛；托叶鞘膜质，筒状，无毛，淡褐色。花序穗状，顶生或腋生，数个排列成圆锥状；苞片膜质，边缘生稀疏短毛；花白色或浅红色，花被浅红色或白色，常4深裂，裂片椭圆形；雄蕊6枚；花柱2裂，向外弯曲。瘦果卵圆形，光亮，黑褐色，包于宿存花被内。

分布

广布于黑龙江、辽宁、河北、山西、山东、安徽、湖北、广东。

彩图160　酸模叶蓼

1. 植株　2. 叶片　3. 花序

（董金皋摄）

161. 红蓼
Prince's feathe

学名
Polygonum orientale L.

分类
蓼科；又名狗尾巴花、东方蓼、荭草、阔叶蓼、大红蓼、水红花、水红花子、茳蓼。

识别要点（彩图161）
1年生草本。高2～3m。茎直立，粗壮，上部多分枝，密生长柔毛。叶具长柄；叶片宽卵形、宽椭圆形或卵状披针形，长10～20cm，宽6～12cm，先端渐尖，基部圆形或近心形，边缘全缘，疏生长毛；托叶鞘筒状，下部膜质，褐色，上部草质，绿色。花序圆锥状，顶生或腋生；苞片近宽卵形；花淡红色；花被5深裂，裂片椭圆形；雄蕊7枚，比花被长；花柱头状。瘦果近圆形，双凹，黑褐色，有光泽。

分布
广布于全国各省份。

彩图161 红 蓼
1.群体 2.叶片 3.花序
（董金皋摄）

162. 藜
Lambsquarters

学名

Chenopodium album L.

分类

藜科；又名灰条菜、灰藋。

识别要点（彩图162）

1年生草本。高50～120cm。茎粗壮，直立，有紫红色或绿色条纹，多分枝；枝开展或上升。叶具长柄；叶片菱状卵形至披针形，长2～6cm，宽2.5～5.5cm，顶端微钝或急尖，基部宽楔形，边缘常有不规则的锯齿，下面生灰绿色粉粒。花两性，数个组成团伞花簇，多数花腋生或顶生，组成圆锥状花序；花被片5个，椭圆形或宽卵形，边缘膜质，先端微凹或钝；雄蕊5枚；柱头2裂。胞果顶端稍露或包于花被内，果皮薄，与种子紧贴；种子双凸镜形，横生，直径1.2～1.5mm，光亮，表面有不明显的点洼及沟纹；胚环形。

分布

广布于全国各地。

彩图162 藜

1.群体 2.植株 3.幼苗 4.花序

（董金皋摄）

163. 刺藜
Wormseed

学名

Chenopodium aristatum L.

分类

藜科；又名针尖藜、刺穗藜。

识别要点（彩图163）

1年生草本。高10～40cm。茎直立，圆柱形或有棱，有多数分枝，具条纹，无毛或生疏毛。叶有短柄；叶片条形或披针形，先端急尖或圆钝，基部狭窄，全缘，主脉明显。复二歧式聚伞花序生于枝端及叶腋，末端分枝针刺状；花两性，几无柄；花被裂片5个，矩圆形，先端钝或骤尖，背面稍肥厚，边缘膜质，结果时开展。胞果顶部扁，圆形，果皮透明，与种子贴生；果皮膜质。种子横生，圆形，周边截平或具棱，黑褐色，有光泽。

分布

广布于黑龙江、吉林、辽宁、内蒙古、河北、山东、山西、河南、陕西、甘肃、青海、新疆和四川。

彩图163 刺 藜

1. 植株　2. 花序

（董金皋摄）

164. 地肤
Burningbush

学名

Kochia scoparia (L.) Schrad.

分类

藜科；又名扫帚菜、观音菜、孔雀松。

识别要点（彩图164）

1年生草本。高50～100cm。根略呈纺锤形。茎直立，圆柱状，多分枝。分枝稀疏，斜上，淡绿色或带紫红色，稍有短柔毛。叶互生，披针形或条状披针形，长2～5cm，宽3～9mm，两面生短柔毛。花两性或雌性，通常1～3个生于上部叶腋，构成稀疏的穗状花序；花被片5个，基部合生，果期翅端附属物三角形至倒卵形；雄蕊5枚；花丝丝状，花药淡黄色；柱头2裂，丝状，紫褐色，花柱极短。胞果扁球形，果皮膜质，与种子离生。种子横生，扁平。

分布

广布全国。

彩图164 地 肤

1. 植株 2. 叶片 3. 花序

(董金皋摄)

165. 反枝苋
Red-root amaranth

学名

Amaranthus retroflexus L.

分类

苋科；又名西风谷、苋菜。

识别要点（彩图165）

1年生草本。高20～80cm。茎直立，粗壮，淡绿色，稍具钝棱，密生短柔毛。叶菱状卵形或椭圆形，淡绿色，长5～12cm，宽2～5cm，顶端锐尖或微凸，具小芒尖，基部楔形，全缘或波状缘，两面和边缘具柔毛。花单性或杂性，顶生或腋生圆锥花序；苞片及小苞片钻形，干膜质，花被片白色，薄膜质，具一淡绿色细中脉；雄蕊比花被片稍长；柱头3裂。胞果扁球形，小，淡绿色，环状横裂，包裹在宿存花被片内。种子近球形，棕色或黑色，边缘钝。

分布

广布于东北、华北和西北。

彩图165　反枝苋

1.植株　2.幼苗　3.花序

（董金皋摄）

166. 马齿苋
Common purslance

学名

Portulaca oleracea L.

分类

马齿苋科；又名马齿菜、五行菜。

识别要点（彩图166）

1年生草本。茎平卧，伏地铺散，多分枝，圆柱形，肉质，无毛，带紫色。叶互生，有时近对生，叶片扁平，肥厚，楔状矩圆形或倒卵形，长10～30mm，宽6～15mm。花3～5朵簇生枝端，直径3～5mm，无梗；苞片4～5个，叶状，膜质；萼片2个；花瓣5个，对生，黄色；子房半下位，1室；柱头4～6裂，线形。蒴果卵球形，盖裂。种子细小，多数，肾状卵形，直径不及1mm，黑褐色，有小疣状突起。

分布

广布于中国各地。

彩图166 马齿苋

1.群体 2.植株 3.花

(董金皋摄)

167. 繁缕
Chickweed

学名

Stellaria media (L.) Cyr.

分类

石竹科；又名鹅耳伸筋、鸡儿肠。

识别要点（彩图167）

1年生或2年生草本。高10～30cm。茎俯仰或上升，基部大多少分枝，被1～2列毛，常带淡紫红色。叶片宽卵形或卵形，长1.5～2.5cm，宽1～1.5cm，顶端渐尖或急尖，基部渐狭或近心形，全缘；基生叶具长柄，上部叶常无柄或具短柄。疏聚伞花序顶生；花梗细弱；萼片5个，卵状披针形，顶端稍钝或近圆形，边缘宽膜质，外面被短腺毛；花瓣5个，白色，长椭圆形，较萼片短，深2裂达基部，裂片近线形；雄蕊3～5枚，短于花瓣；花柱3个，线形。蒴果卵形，稍长于宿存萼，顶端6裂，具多数种子。种子卵圆形至近圆形。

分布

广布于中国各地。

彩图167　繁　缕

1. 群体　2. 花

(董金皋摄)

168. 沼生蔊菜
Northern yellow-cress

学名

Rorippa islandica (Oed.) Borb.

分类

十字花科；又名水萝卜、蔊菜、叶香。

识别要点（彩图168）

1年生或2年生草本。高10～50cm。茎直立或斜升，分枝，下部常带紫色。叶长5～10cm，宽1～3cm，叶形变化大，基生叶和茎下部叶有柄，柄基部扩大呈耳状抱茎，叶片卵形或大头状羽裂，边缘有浅齿裂或近于全缘；茎上部叶向上渐小，多不分裂，基部抱茎，边缘有不整齐细齿。总状花序顶生或腋生，花具纤细花梗，长3～5mm；萼片长椭圆形，长1.2～2mm，宽约0.5mm；花瓣4个，黄色，长倒卵形至楔形，等于或稍短于萼片；雄蕊6枚，近等长。短角果椭圆形或近圆柱形，果实大小变化较大，长3～8mm，宽1～3mm。种子每室2行。

分布

广布于黑龙江、吉林、辽宁、内蒙古、河北、山西、山东、陕西、甘肃、青海、新疆、江苏、安徽、河南、湖南、贵州、云南等地。

彩图168 沼生蔊菜

1. 群体　2. 花

（董金皋摄）

169. 风花菜
Globe yellow-cress

学名

Rorippa globosa (Turcz.) Hayek

分类

十字花科；又名球果蔊菜、圆果蔊菜、银条菜。

识别要点（彩图169）

2年生或多年生直立粗壮草本。高20～80cm，植株被白色硬毛或近无毛。叶片长圆形至倒卵状披针形，长5～15cm，宽1～2.5cm，基部渐狭，下延成短耳状而半抱茎，边缘具不整齐粗齿，两面被疏毛，尤以叶脉为显。茎下部叶具柄，上部叶无柄。总状花序多数顶生或腋生，呈圆锥花序式排列。花小，黄色，具细梗；萼片4个，长卵形，长约1.5mm，开展，基部等大，边缘膜质；十字花冠，黄色，与萼片近等长；雄蕊6枚，4强或近等长。角果近球形，径约2mm。

分布

广布于江苏、山东、四川、内蒙古、辽宁、吉林、黑龙江等省份。

彩图169　风花菜

1. 植株　2. 幼苗

（谢桂英摄）

170. 蒺藜
Puncture vine

学名

Tribulus terrestris L.

分类

蒺藜科；又名白蒺藜、蒺藜狗。

识别要点（彩图170）

1年生草本。全株密被灰白色柔毛。平卧茎，枝长20～60cm，表面有纵纹。偶数羽状复叶，对生；小叶成对排列。3～8对，具短柄或几无柄，矩圆形或斜短圆形，长5～10mm，宽2～5mm，先端短尖或急尖，基部常偏斜，被细柔毛，全缘。花单生于叶腋间，花梗丝状，短于叶；萼片5个，卵状披针形，边缘膜质透明；花瓣5个，黄色；雄蕊10枚；柱头5裂，线形。果硬，五角形，有分果瓣5个，中部边缘、下部边缘常有细短刺各2枚。

分布

广布于全国各地，长江以北最为普遍。

彩图170 蒺 藜

1.群体 2.花 3.果实

（董金皋摄）

171. 铁苋菜
Asian copperleaf

学名

Acalypha australis L.

分类

大戟科；又名狗蛤蜊花、海蚌含珠。

识别要点（彩图171）

1年生草本。高20～50cm，被柔毛，毛逐渐稀疏。叶互生，薄纸质，长卵形、卵状菱形或阔披针形，长2.5～8cm，宽1～5cm，边缘具圆锯齿，两面被稀疏柔毛或无毛；具叶柄和托叶。花序腋生或顶生，雌雄同序，无花瓣；雌花苞片1～4枚，开展时肾形，花后增大，边缘具齿，苞腋具雌花1～3朵；雄花多数生于花序上部，排列呈穗状或头状，雄蕊8枚，花药长圆筒形，弯曲。蒴果小，钝三棱状，具3个分果爿。种子近卵状。

分布

广布于全国各地，黄河流域及其以南地区发生普遍。

彩图171 铁苋菜

1.在玉米田中为害状 2.植株 3.幼苗 4.叶和花序

（董金皋摄）

172. 地锦
Sprawling spurge

学名

Euphorbia humifusa Willd. ex Schlecht.

分类

大戟科；又名爬墙虎、地锦草、爬山虎。

识别要点（彩图172）

1年生草质藤本，借卷须分枝端的黏性吸盘攀援。茎基部常红色或淡红色，长达20～30cm，直径1～3mm，被柔毛或疏柔毛。叶对生，矩圆形或椭圆形，长5～10mm，宽3～6mm，先端钝圆，基部偏斜，边缘常于中部以上具细锯齿，两面被疏柔毛；叶柄极短。花序单生于叶腋，总苞陀螺状，边缘4裂，裂片三角形。雄花数枚，近与总苞边缘等长；雌花1枚，子房柄伸出至总苞边缘；子房三棱状卵形；花柱3个，分离，柱头2裂。蒴果三棱状卵球形，长约2mm，成熟时分裂为3个分果爿。种子三棱状卵球形，灰色。

分布

广布于全国各地。

彩图172 地 锦

1.植株 2.花序 3.果实

（董金皋摄）

173. 叶下珠
Leafflower

学名

Phyllanthus uriaria L.

分类

大戟科；又名珠仔草、假油甘。

识别要点（彩图173）

1年生草本。高达30cm。茎通常直立，基部多分枝，分枝倾卧而后上升，枝具翅状纵棱。叶片纸质，2列互生，长圆形或倒卵形，长0.5～1.5cm，宽0.2～0.5cm，先端斜或有小凸尖，基部偏斜，两面无毛，几无柄；托叶小，卵状披针形，长约1.5mm。花小，直径约4mm，单性，雌雄同株，无花瓣；雄花2～4朵簇生于叶腋，萼片6个，倒卵形，雄蕊花盘腺体6个，分离，与萼片互生，无退化子房；雌花单生于小枝中下部的叶腋内，宽约3mm，表面有小凸刺或小瘤体，萼片6个，近相等，卵状披针形。蒴果圆球状，直径1～2mm，红色。种子长1.2mm，橙黄色。

分布

广布于江苏、浙江、福建、湖南、江西、广东。

彩图173　叶下珠

（董金皋摄）

174. 苘麻
Velvet leaf

学名
Abutilon theophrastii Medic.

分类
锦葵科；又名车轮草、磨盘草。

识别要点（彩图174）
1年生草本。高0.3～2m，全株密生柔毛。叶互生，圆心形，直径5～18cm，两面密生星状柔毛，先端长渐尖，基部心形，边缘具粗锯齿；叶脉掌状；叶柄长。花单生于叶腋，花梗长1～3cm，近端处有节；花萼杯状，5裂；花瓣5个，黄色，倒卵形，基部与雄蕊筒合生；单体雄蕊；心皮15～20个，环列成轮状，密被软毛，先端突出如芒。蒴果半球形，直径2cm，分果爿15～20个，有粗毛，顶端具2长芒。种子肾形，褐色，被星状柔毛。

分布
中国除青藏高原外，其他各省份均有分布，东北各地有栽培。

彩图174 苘 麻
1.植株 2.幼苗 3.花 4.果实
（董金皋摄）

175. 野葵
Cluster mallow

学名

Malva verticillata L.

分类

锦葵科；又名棋盘叶、巴巴叶。

识别要点（彩图175）

2年生草本。高60～100cm，茎直立，被星状长柔毛。叶互生，肾形或圆形，直径5～11cm，通常为掌状5～7裂，裂片三角形，具钝尖头，边缘具钝齿，两面极被疏糙伏毛或几无毛；具叶柄，长2～8cm，近无毛。托叶卵状披针形。花3至多朵簇生于叶腋间，具极短柄至近无柄；小苞片3个，长5～6mm；萼杯状，5裂；花冠淡白色至淡红色，花瓣5个，倒卵形，长6～8mm，先端凹入，爪无毛或具少数细毛；单体雄蕊。果扁球形，由10～11个心皮组成，直径5～7mm；分果爿10～11个，厚1mm。种子肾形，无毛，紫褐色。

分布

广泛分布于各省份。

彩图175 野 葵

1. 植株 2. 果实

（董金皋摄）

176. 野西瓜苗
Flower of an hour

学名

Hibiscus trionum L.

分类

锦葵科；又名小秋葵、灯笼花。

识别要点（彩图176）

1年生直立或平卧草本。茎长25～70cm，全株被白色星状粗毛。叶二型。下部叶圆形，直径3～6cm，不裂或浅裂；上部叶掌状，3～5深裂，裂片倒卵形至长圆形，通常边缘羽状全裂至不裂而有锯齿。叶具叶柄和托叶，叶柄被星状粗硬毛和星状柔毛；托叶线形，被星状粗硬毛。花单生于叶腋，花梗长约2.5cm，小苞片12个，线形，被粗长硬毛，基部合生；花萼钟形，淡绿色，5个裂片为膜质、三角形，并具纵向紫色条纹；花冠直径2～3cm，花瓣5个，淡黄色，内面基部紫色，倒卵形，外面疏被极细柔毛；单体雄蕊；柱头5裂。蒴果长圆状球形，被粗硬毛，果爿5个。种子肾形，黑色。

分布

分布于全国各地。

彩图176　野西瓜苗

1.植株　2.在玉米田为害状　3.叶与花

（董金泉摄）

177. 牵牛
Japanese moring glory

学名

Ipomoea nil (L.) Roth

分类

旋花科；又名喇叭花、牵牛花。

识别要点（彩图177）

1年生缠绕草本，全株被粗硬毛。叶互生，宽卵形或近圆形，基部圆，心形，叶柄长5～7cm。花腋生，单一或通常2朵着生于花序梗顶，总花梗通常稍短于叶柄；苞片线形或叶状，有开展的微硬毛；萼片近等长，披针状线形，被开展的刚毛；花冠漏斗状，白色、蓝紫色或紫红色，雄蕊及花柱内藏；花丝基部被柔毛；子房无毛，柱头头状。蒴果球形。种子5～6个，卵状三棱形，黑褐色或米黄色，被短茸毛。

分布

广布于河北、山东、江苏、浙江、福建、广东、湖南、四川、云南。

彩图177　牵　牛

（董金皋摄）

178. 圆叶牵牛
Commor moring glory

学名

Ipomoea purpurea (L.) Roth

分类

旋花科；又名紫花牵牛、心叶牵牛。

识别要点（彩图178）

1年生草本藤本，全株被粗长硬毛。茎缠绕，多分枝。叶互生，基部圆，心形，顶端锐尖、骤尖或渐尖，长5～12cm，具掌状脉；叶柄长4～9cm。花腋生，花序有花2～5朵，聚伞花序，总花梗与叶柄近等长，小花梗伞形排列，结果时上部膨大；苞片2个，条形；萼片5个，近等长，卵状披针形，长1.2～1.6cm，顶端钝尖，基部有粗硬毛；花冠漏斗状，紫红色、淡红色或白色，长4～6cm，顶端5浅裂；雄蕊5枚，不等长，花丝基部被柔毛；子房3室，每室2胚珠，柱头头状，3裂。蒴果近球形。种子卵圆形，黑褐色或米黄色，被极短毛。

分布

广布于我国各地。

彩图178　圆叶牵牛

1. 在玉米田中为害状　2. 幼苗　3. 花

（董金皋摄）

179. 田旋花
Field bindweed

学名
Convolvulus arvensis L.

分类
旋花科；又名燕子草、小旋花。

识别要点（彩图179）
多年生草本，根状茎横走。茎缠绕或平卧，具条纹或棱角，无毛或上部有疏柔毛。叶互生，先端钝或具短尖，基部多戟形，长1.5～5cm，宽1～3.5cm，全缘或3裂，侧裂片微尖，中裂片卵状椭圆形或披针状长椭圆形；叶柄长1～2cm。花序腋生，有1～3朵花，花梗细弱，长3～8cm；苞片线形；萼片5个，被疏毛，倒卵状圆形，边缘膜质；花冠宽漏斗状，长约2cm，白色或粉红色，顶端5浅裂；雄蕊5枚，稍不等长，基部具鳞毛；子房2室，被毛，柱头2裂，线形。蒴果球形或圆锥形。种子4个，卵圆形，黑褐色。

分布
广布于吉林、黑龙江、河北、河南、山西、陕西、甘肃、宁夏、新疆、内蒙古、山东、四川、西藏。

彩图179 田旋花
1. 在玉米田中为害状 2. 植株 3. 叶片 4. 花
（董金皋摄）

180. 打碗花
Japanese false bindweed

学名
Calystegia hederacea Wall.

分类
旋花科；又名狗耳丸、喇叭花。

识别要点（彩图180）

1年生草本，光滑，不被毛。茎平卧，缠绕或匍匐分枝，有细棱。叶互生，具长柄，基部叶全缘，戟形，长2.0～4.5cm，宽1～3cm；茎上部叶片3裂，侧裂片开展，通常2裂，侧裂片近三角形，中裂片长圆状披针形或卵状三角形，顶端钝尖，基部心形或戟形。花单生于叶腋，花梗具细棱，长2.5～5.5cm；苞片2个，宽卵形或卵圆形，顶端钝或锐尖至渐尖，长0.8～1cm，包住花萼，宿存；萼片5个，长圆形，稍短于苞片，顶端钝，具小尖凸；花冠漏斗状，紫色或淡红色，长2～4cm；雄蕊5枚，基部膨大，有小鳞毛；子房2室，柱头2裂。蒴果卵球形，光滑，长约1cm。种子卵圆形，黑褐色。

分布

分布于全国各地。

彩图180 打碗花

1. 植株　2. 花

（董金泉摄）

181. 附地菜
Cucumber herb

学名

Trigonotis peduncularis (Trev.) Benth. ex Baker et Moore

分类

紫草科；又名胡椒、黄瓜香。

识别要点（彩图181）

1年生或2年生草本。茎密集，多条丛生，铺散，高6～30cm，被短糙伏毛，基部多分枝。叶互生，基生叶莲座状，有叶柄，叶片匙形，长2～5.5cm，两面生糙伏毛；茎生叶长圆形或椭圆形，具短柄或无叶柄。茎顶生卷伞状聚伞花序，长5～20cm，幼时卷曲，后渐次伸长，通常长占全茎的1/2～4/5，基部具2～3个叶状苞片；花梗短，顶端与花萼连接部分呈棒状；花萼裂片呈卵形，先端急尖；花冠裂片5个，平展，粉色或淡蓝色，先端圆钝，筒部极短；花药卵形，花柱不分裂。小坚果4个，斜三棱锥状四面体形，有短毛或平滑无毛。

分布

广布于西藏、云南、广西北部、江西、福建、新疆、内蒙古及东北。

彩图181 附地菜

1.植株 2.幼苗 3.花序及苞叶

（董金皋摄）

182. 水棘针
Blue Amethystea

学名

Amethystea caerulea L.

分类

唇形科；又名土荆芥。

识别要点（彩图182）

1年生草本。高30～100cm，基部有时木质化。茎紫色或紫绿色，四棱形，被微柔毛或疏柔毛。叶对生；叶片纸质或近膜质；叶柄具狭翅；叶多3深裂，裂片披针形，重锯齿或边缘具粗锯齿，中间的裂片无柄，两侧的裂片基部下延，不对称；叶片被疏微柔毛或几无毛。花序为聚伞花序集成的圆锥花序；花萼钟状，萼齿5个，三角形；花冠二唇形，被腺毛，蓝色或紫蓝色，上唇长圆状卵形或卵形，下唇中裂片近圆形；雄蕊4枚，前对能育，后对退化为假雄蕊，线形或几无。小坚果倒卵状三棱形。

分布

广布于吉林、辽宁、内蒙古、河北、河南、山东、山西、陕西、甘肃、新疆、安徽、湖北、四川及云南等省份。

彩图182 水棘针

1. 植株　2. 叶和花

（董金皋摄）

183. 益母草
True Chinese motherwort

学名

Leonurus artemisia (Laur.) S. Y. Hu

分类

唇形科；又名灯笼草、地母草。

识别要点（彩图183）

1年生或2年生草本。高30～120cm，茎直立，钝四棱形，有倒向糙伏毛。叶对生，茎下部叶卵形，长2.5～6cm，宽1.5～4.5cm，掌状3裂，裂片上再分裂，有糙伏毛，叶脉略下陷；茎中部叶菱形，常3裂，基部狭楔形；花序上部的苞叶长圆状线形或线状披针形，近无柄，长3～12cm，宽2～8mm，全缘或稀齿。轮伞花序腋生，圆球形，多数组成长穗状花序；小苞片刺芒状，被微柔毛；无花梗；花萼管状钟形，先端刺尖，齿5个，前2齿长约3mm，靠合，后3齿较短；花冠二唇形，粉红至淡紫红色，长1～1.2cm，萼筒外部分被柔毛；上唇内凹，直伸；下唇略短，3裂，中裂片倒心形，侧裂片细小；雄蕊4枚，平行，前对较长，花丝扁平，花药卵圆形，花柱丝状，无毛。小坚果长圆状三棱形。

分布

广布于全国各地。

彩图183　益母草
1. 群体　2. 花序
（董金皋摄）

184. 夏至草
Whiteflower Lagopsis

学名
Lagopsis supina (Steph.) IK. -Gal. ex Knorr.

分类
唇形科；又名白花夏枯、夏枯草。

识别要点（彩图184）
多年生草本。茎高15～35cm，密被微柔毛，四棱形，基部多分枝。基生叶卵圆形或圆形，长宽1.5～2cm，3浅裂或深裂，疏生微柔毛；叶具长柄。轮伞花序疏花；花萼筒状钟形，合生，齿5个；唇形花冠多白色，稀粉红色，长约7mm，稍伸出于萼筒，外被绵状长柔毛；上唇全缘，直伸；下唇3裂。雄蕊4枚，二强雄蕊，着生于花冠筒内，均内藏，花丝无毛；子房4裂，花柱着生于子房基部。每花中结4小坚果。小坚果长卵形，有鳞秕。

分布
广布于全国各省份。

彩图184 夏至草
1. 植株 2. 花序 3. 幼苗

（董金皋摄）

185. 龙葵
European black nightshade

学名

Solanum nigrum L.

分类

茄科；又名黑天天、天茄菜。

识别要点（彩图185）

1年生直立草本。茎高30～100cm，直立，无棱或棱不明显，紫色或绿色，多分枝。叶卵形，长2.5～10cm，宽1.0～5.5cm，先端短尖，全缘或有不规则的波状粗齿，两面光滑或被疏短柔毛；叶柄长1～2cm。蝎尾状花序腋外生，由3～10朵花组成，总花梗长1～2.5cm；花梗长约5mm；花萼浅杯状，直径1.5～2mm，先端圆；花冠白色，辐射状，裂片卵圆形，筒部隐于萼内，长约2mm；雄蕊5枚，花丝短，花药黄色；子房卵形，花柱中部以下被白色茸毛。浆果球形，直径约8mm，熟时黑色。种子近卵形，多数，两侧压扁。

分布

我国各地均有分布。

彩图185 龙 葵

1. 在玉米田中为害状 2. 幼苗 3. 花 4. 未成熟果实 5. 成熟果实

（董金皋摄）

186. 地黄
Adhesive Rehmannia

学名

Rehmannia glutinosa (Gaert.) Libosch. ex Fisch. et Mey.

分类

玄参科；又名生地。

识别要点（彩图186）

多年生草本。高10～30cm，密被灰白色长腺毛。根茎肉质。叶多基生，集成莲座状，柄长1～2cm，叶片卵形至长椭圆形，长3～10cm，边缘圆齿或钝锯齿以至牙齿；基部渐狭；茎生叶无或比基生叶小。总状花序顶生，或几全部单生叶腋而分散在茎上；苞片下部大上部小；花梗细弱，向下弯曲后再上升；花萼钟状，萼齿5枚，矩圆状披针形、卵状披针形或三角形；花冠外面紫红色，被长柔毛，长约4cm，中端略向下弓曲，上唇裂片反折，下唇3裂片长方形，先端微凹，长0.8～1cm；子房幼时2室，老时渐变1室。蒴果卵形至长卵形。

分布

广布于辽宁、陕西、甘肃、山东、河南、江苏、安徽、湖北及华北。

彩图186 地 黄

1.植株 2.幼苗 3.花

（董金皋摄）

187. 车前
Asiatic Plantain

学名
Plantago asiatica L.

分类
车前科；又名车轱辘菜、蛤蟆叶。

识别要点（彩图187）
2年生或多年生草本。高20～60cm，多须根。根、茎短。叶基生，平卧、斜展或直立；卵形或宽椭圆形，长4～12cm，宽3～9cm，先端圆钝，边缘近波状，全缘或有疏钝齿至裂齿，两面无毛或疏生短柔毛。穗状花序细圆柱状，占上端1/3～1/2处，长3～40cm；花绿白色，疏生；苞片狭卵状三角形；萼片先端钝圆或钝尖，前对萼片椭圆形，后对萼片宽倒卵形；花冠白色，裂片披针形，长1.5mm。蒴果椭圆形或纺锤状卵形，长约4mm，周裂。种子5～6个，稀7～10个，矩圆形，长1.5～2mm，黑褐色至黑色。

分布
广布于全国各地。

彩图187 车 前

（董金皋摄）

188. 平车前
Depressed Plantain

学名
Plantago depressa Willd.

分类
车前科。

识别要点（彩图188）

1年生或2年生草本。高4～20cm。直根圆柱状，具多数侧根。基生叶呈莲座状，直立或平卧，椭圆形或卵状披针形，长3～12cm，宽1～3.5cm，边缘具浅波状钝齿、不整齐锯齿或牙齿，被柔毛或无毛，基部宽楔形至狭楔形，疏生白色短柔毛，脉5～7条；叶柄长1.5～3cm。穗状花序细圆柱状，长4～10cm，顶端花密集，下部花较稀疏；苞片三角状卵形，长2～3.5mm，内凹，无毛；萼裂片椭圆形，长2～2.5mm；花冠裂片卵形或椭圆形，顶端具浅齿；雄蕊外伸，稍超出花冠。蒴果卵状椭圆形，长3～5mm，周裂。种子4～5个，矩圆形，长1.2～1.8mm，黑棕色。

分布

广布于全国各地。

彩图188 平车前

1. 植株 2. 幼苗 3. 花序

（董金皋摄）

189. 茜草
India madder

学名

Rubia cordifolia L.

分类

茜草科；又名血茜草、血见愁。

识别要点（彩图189）

多年生草质攀援藤本。通常长1.5～3.5m。根橙红色或紫红色。茎数至多条，小枝4棱，棱上具倒生皮刺。叶通常4片轮生，纸质，披针形至卵状披针形，长0.7～3.5cm，顶端渐尖，有时钝尖，基部圆形至心形，边缘有粗糙的齿状皮刺，下面脉上和叶柄常有微小皮刺，基出脉3或5条；叶柄长短不齐，通常1～2.5cm。聚伞花序腋生和顶生，集成圆锥花序状；花小，淡黄色，10余朵；花冠辐射状，裂片近卵形。浆果近球状，直径4～5mm，黑色或紫黑色，有1颗种子。

分布

我国大部分地区有分布。

彩图189 茜 草

1. 群体　2. 枝蔓　3. 花序

（董金皋摄）

190. 刺果瓜
Oneseed bur cucumber

学名
Sicyos angulatus L.

分类
葫芦科。

识别要点（彩图190）
1年生攀援草本植物，其突出特点为茎上有棱槽，并散生硬毛，具有卷须。叶子圆形或卵圆形，有3～5个角或裂片。雄花排列成总状花序或头状聚伞花序；花序梗长10～20cm，具短柔毛；花萼长约1mm，披针形至锥形；花冠暗黄色，直径9～14mm。果实长卵圆形，长10～15mm，具长刚毛。种子1粒，橄榄形，扁卵形，长7～10mm。

分布
全国各地均有分布。

彩图190 刺果瓜
1. 在玉米田中为害状 2. 花序 3. 果实

（董金皋摄）

191. 小马泡

学名

Cucumis bisexualis A. M. Lu et G. C. Wang ex Lu et Zhang

分类

葫芦科；又名马包。

识别要点（彩图191）

1年生草本。根柱状，白色。茎、枝及叶柄粗糙；茎匍匐，具纤细卷须。叶片近圆形或肾形，质稍硬，长、宽均为6～10cm，多5浅裂，裂片边缘反卷，钝圆，有腺点，掌状脉，脉上具短柔毛。花在叶腋内单生或双生，两性；花梗细，长2～4.5cm，具白色短柔毛；花萼筒杯状，淡黄绿色，裂片线形；花冠钟形，黄色，裂片倒阔卵形，被稀疏短柔毛，先端钝，具5脉；雄蕊3枚，生于花被筒口部，花丝无或极短；子房纺锤形，密生白色细绵毛，花柱短，基部具浅杯状盘，柱头3裂，长方形，靠合。果实椭圆形，长径约3cm，短径约2cm。种子卵形，多数，黄白色，扁平。

分布

广布于山东、安徽和江苏。

彩图191 小马泡

1.在玉米田中为害状 2.叶片 3.花 4.果实

（董金皋摄）

192. 苍耳
Siberian cocklebur

学名

Xanthium sibiricum Patrin ex Widder

分类

菊科；又名老苍子、苍耳子。

识别要点（彩图192）

1年生草本。高可达1m。根纺锤状。茎直立，下部圆柱形，被灰白色糙伏毛。叶卵状三角形或心形，长4～10cm，宽5～10cm，近全缘，顶端尖或钝，基部浅心形至截形，边缘有不规则锯齿或有不明显的3～5浅裂，被贴生糙伏毛；叶柄长3.5～11cm，密被柔毛。雄花为头状花序球形，有或无花序梗，总苞片长约1mm，生短柔毛，花冠钟形，花药线形；雌花为头状花序椭圆形，外总苞片披针形，被短柔毛，内总苞片囊状。瘦果2个，倒卵形。

分布

广布于我国各地。

彩图192 苍 耳

1. 在玉米田中为害状 2. 植株 3. 果穗

（董金皋摄）

193. 刺儿菜
Bristly thistle

学名

Cirsium setosum (Willd.) MB.

分类

菊科；又名青青草、蓟蓟草。

识别要点（彩图193）

多年生草本。茎高30～80cm，直立，基部直径约4mm，有时可粗达10mm，有分枝。基生叶和茎生叶长椭圆形或椭圆状倒披针形，顶端圆形或钝，基部楔形，长6～15cm，宽2～10cm，有时叶柄极短，常无叶柄；茎上部叶披针形或线状披针形，叶缘有密针刺，或叶缘有刺齿，或羽状浅裂，或边缘有粗锯齿。叶两面几同色，绿色或背面色浅，无毛；背面极少被灰色稀疏或稠密茸毛的，亦极少灰绿色，被薄茸毛。头状花序单生，或在茎枝顶端排成伞房花序；总苞卵形或卵圆形，直径约2cm；总苞片约6层，覆瓦状排列；小花白色或紫红色，雌花花冠长约2.4cm。瘦果椭圆形，长3mm，宽1.5mm，淡黄色，扁平；冠毛多层，白色，羽毛状，顶端渐细。

分布

除西藏、云南、广东、广西外，全国其他地区广泛分布。

彩图193　刺儿菜

1. 植株　2. 幼苗　3. 花序

（董金皋摄）

194. 小蓬草
Canadian horseweed

学名
Conyza canadensis (L.) Cronq.

分类
菊科；又名小飞蓬、加拿大蓬。

识别要点（彩图194）
1年生草本。纺锤状根，或纤维状根。茎圆柱状，直立，高60～100cm，有条纹，具棱，生疏长硬毛。叶密集，长5～10cm，宽1～2cm，顶端渐尖，基部渐狭，边缘全缘或具疏锯齿；中上部叶较小，近无柄，线形或线状披针形，全缘或少数具1～2个齿，两面被疏短毛，边缘常被硬缘毛。头状花序，排列成多分枝的圆锥花序；花序梗长4～10mm，总苞长2.5～4mm，近圆柱状；总苞片2～3层，淡绿色，线形或线状披针形，顶端渐尖；雌花多数，白色，舌状，长约3mm，舌片线形，稍超出花盘，顶端具钝齿；两性花，淡黄色，花冠管状，长约3mm。瘦果线状披针形，稍扁平，长1.2～1.5mm，被微毛；冠毛1层，白色，糙毛状，长2.5～3mm。花期5～9月。

分布
广布于我国南北各省份。

彩图194 小蓬草
1.植株 2.幼苗 3.花序
（曹宏哲摄）

195. 鳢肠
False daisy

学名

Eclipta prostrata (L.) L.

分类

菊科；又名唐本草。

识别要点（彩图195）

1年生草本。茎直立或平卧，高达15～60cm，被伏毛。叶披针形或长圆状披针形，长3～10cm，宽0.5～2.5cm，顶端尖或渐尖，全缘或有细锯齿，无柄或有极短的柄，被糙伏毛。头状花序直径约8mm，有细花序梗；总苞球状钟形；总苞片绿色，草质，5～6枚排成2层，长圆状披针形，被毛；外围的雌花2层，花冠舌状，中央的两性花多数，花冠筒状；花柱有乳头状突起。瘦果暗褐色，长约2.8mm，雌花的瘦果3棱形，两性花的瘦果扁4棱形，顶端近截形，具1～3个细齿，表面具瘤状突起，无毛。

分布

广布于全国各省份。

彩图195 鳢肠

1. 在玉米田中为害状　2. 植株　3. 花序

（董金皋摄）

196. 黄花蒿
Sweet wormwood

学名

Artemisia annua L.

分类

菊科；又名草蒿。

识别要点（彩图196）

1年生草本，具挥发性香气。茎直立，高50～200cm，直径可达1cm，有纵棱，多分枝；无毛或极稀疏短柔毛。茎下部叶卵形，长4～7cm，宽1.5～6cm，绿色，两面具白色腺点，三回羽状深裂，裂片5～10枚，裂片矩圆形或倒卵形；叶柄长约2cm，基部有半抱茎的假托叶，被短微毛。头状花序多数，球形，直径约1.5mm，有短梗，具线形的小苞叶，排成复总状或总状花序，开展为圆锥花序；总苞片3～4层，苞叶长卵形，无毛；花冠筒状，深黄色，外层雌性，内层两性。瘦果小，矩圆形，略扁，无毛。

分布

广布于全国各省份。

彩图196　黄花蒿

1. 植株　2. 幼苗

（董金皋摄）

197. 野艾蒿
Laven derleaf wormwood

学名

Artemisia lavandulaefolia DC.

分类

菊科；又名小叶艾、狭叶艾。

识别要点（彩图197）

多年生草本，有香气。茎直立，稀单生，高40～120cm，分枝多，具纵棱，斜向上伸展；茎、枝被短柔毛。叶纸质，密被灰白色绵毛；基生叶与茎下部叶近圆形，长7～13cm，宽7～9cm，多二回羽状全裂；茎中部叶长圆形、卵形或近圆形，长约7cm，宽约6cm；茎上部叶羽状全裂，近无柄或具短柄；苞片叶3全裂，裂片为披针形。多头状花序，长圆形或椭圆形，直径约2mm，近无梗或有短梗，集成复穗状花序；总苞片3～4层，狭卵形或卵形，背面密被柔毛；雌花3～9朵，花冠狭筒状；两性花10～20朵，花冠筒状。瘦果倒卵形或长卵形。

分布

广布于黑龙江、吉林、辽宁、内蒙古、河北、山西、陕西、甘肃、山东、江苏、安徽、江西、河南、湖北、湖南、广东（北部）、广西（北部）、四川、贵州、云南等省份。

彩图197 野艾蒿

1.植株 2.叶片

（董金皋摄）

198. 小花鬼针草
Smallflower beggarticks

学名

Bidens parviflora Willd.

分类

菊科；又名细叶刺针草、小刺叉。

识别要点（彩图198）

1年生草本。高20～80cm，茎下部圆柱形，中上部常为钝四方形。叶对生，背面扁平或微凸，腹面有沟槽被疏柔毛，长5～10cm，2～3回羽状全裂，裂片条形或条状披针形，先端锐尖，全缘或有牙齿，无毛或疏生细毛，具柄。头状花序单生，直径1.5～5mm，具长梗，高6～10mm；总苞筒状，总苞片2～3层，外层苞片4～5枚，条状披针形，内层苞片稀疏，常1枚；花冠筒状，黄色，长4mm。瘦果条形，具4棱，长12～16cm，宽约1mm，具小刚毛，顶端2枚芒刺状冠毛。

分布

广布于东北、华北、西南及山东、河南、陕西、甘肃等地。

彩图198 小花鬼针草

1. 植株　2. 叶片与花

（曹宏哲摄）

199. 婆婆针
Spanish needles

学名

Bidens bipinnata L.

分类

菊科；又名刺针草。

识别要点（彩图199）

1年生草本。高40～110cm，茎略具四棱，无毛或稀疏柔毛。中部和下部叶对生；叶片长4～14cm，二回羽状全裂，裂片先端尖或渐尖，边缘具稀疏不规整粗齿，被疏柔毛，叶柄长2～6cm。头状花序，直径5～10mm；花序梗长1～10cm；总苞杯形，苞片条形，草质，先端尖或钝，被短柔毛；舌状花1～3朵，黄色，不育；筒状花黄色，可育。瘦果条形，略扁，长10～18mm，宽约1mm，具3～4棱，具小刚毛，顶端芒刺3～4枚，长2～4mm，具倒刺毛。

分布

分布于东北、华北、华中、华东、华南、西南及陕西、甘肃等地。

彩图199 婆婆针

1. 植株　2. 花

（董金皋摄）

200. 阿尔泰狗娃花
Aster altaicus

学名

Heteropappus altaicus (Willd.) Novopokr.

分类

菊科；又名阿尔泰紫菀。

识别要点（彩图200）

多年生草本。茎直立，高20～60cm，全株常有腺点。茎多从基部分枝。下部叶矩圆状披针形或条形，长2.5～6cm，宽0.6～1.5cm，先端钝或尖，基部楔形，全缘有疏浅齿；上部叶条形，被粗毛或细毛，常具腺点。头状花序单生，或排列为伞房状，直径2～3.5cm；总苞半球形，草质；舌状花浅蓝紫色，长10～15mm，宽1.5～3mm；管状花黄色，长5～6mm，上端有5裂片，裂片不等大。瘦果，长圆状倒卵形；冠毛红褐色或污白色，糙毛状。

分布

分布于我国东北、华北、内蒙古、陕西、湖北、四川、甘肃、青海、新疆、西藏等地。

彩图200　阿尔泰狗娃花

1. 群体　2. 花

（董金皋摄）

201. 金盏银盘
Yellow flowered blackjack

学名

Bidens biternata (Lour.) Merr. et Sherff

分类

菊科。

识别要点（彩图201）

1年生草本。高30～120cm，茎具四棱，无毛或被疏柔毛。叶为1～2回羽状复叶，小叶卵形至卵状披针形，顶端渐尖或急尖，基部楔形，边缘有锯齿或有时半羽裂，两面均被柔毛，侧生小叶卵形或卵状长圆形；总叶柄长1～5cm，被疏柔毛。头状花序直径5～10mm，具长梗；总苞基部被柔毛；总苞片2层，外层苞片8～10枚，条形，长3～6.5mm，背面密被短柔毛；内层苞片长圆状披针形，长4～6mm，有深色纵条纹，被短柔毛；舌状花通常3～5朵，不育，舌片淡黄色；管状花两性，黄褐色，长约4.5mm，5裂，雄蕊5枚，雌蕊1枚，柱头2裂。瘦果条形，黑色，具4棱，被小刚毛，顶端3～4枚芒状冠毛，具倒刺毛。

分布

华南、华东、华中、西南及河北、山西、辽宁等地。

彩图201 金盏银盘

1.植株 2.花序与果实

（董金皋摄）

202. 大狼把草
Devil's beggartick

学名
Bidens frondosa L.

分类
菊科；又名狼把草、接力草。

识别要点（彩图202）

1年生草本。茎直立，高达120cm，分枝，常紫色，被疏毛。叶对生；一回羽状复叶，小叶披针形，顶端渐尖，边缘具粗锯齿，背面被疏短柔毛。头状花序，单生，直径10～15mm，高约13mm；总苞半球形或钟状，外层苞片4～10枚，常8枚，匙状倒披针形或披针形，边缘具毛；内层苞片长椭圆形，边缘淡黄色；舌状花不育，不明显；管状花两性，花冠5裂。瘦果狭楔形，扁平，长4～10mm，先端具2枚芒刺，有侧束毛。

分布

广布于河北、吉林、江苏、辽宁、浙江等地。

彩图202　大狼把草
1. 植株　2. 花
（董金皋摄）

203. 牛膝菊
Gallant soldiers

学名

Galinsoga parviflora Cav.

分类

菊科；又名向阳花、珍珠草。

识别要点（彩图203）

1年生草本。茎直立，高10～80cm，分枝斜升，略被毛或无毛。叶对生，卵圆形或长椭圆状卵形，长3～6cm，宽1.2～3.5cm，顶端渐尖或钝，基部圆形或狭楔形，有叶柄，柄长约2cm；叶被白色疏柔毛，边缘浅圆齿或波状浅锯齿。头状花序半球形，有细长花梗，集成疏松的伞房花序；总苞宽钟状或半球形；总苞片2层，宽卵圆形，顶端圆钝，白色，近膜质；舌状花4～5个，白色，为雌花；管状花黄色，为两性花。瘦果长1～1.5mm，有棱角，黑褐色，被白微毛，常扁平，顶端有毛。

分布

广布于四川、云南、贵州、西藏等省份。

彩图203　牛膝菊

1. 植株　2. 花序

（董金皋摄）

204. 黄顶菊
Coastal plain yellowtops

学名
Flaveria bidentis (L.) Kuntze.

分类
菊科。

识别要点（彩图204）
1年生草本植物。株高20～100cm，最高的可达到约3m。茎直立、紫色，具短茸毛。叶交互对生，长椭圆形，边缘有稀疏而整齐的锯齿，基部生3条平行叶脉。主茎及侧枝顶端上因头状花序聚集而成蝎尾状聚伞花序，花冠鲜艳，花鲜黄色。种子黑色，长1～3.6mm。花果期夏季至秋季。

分布
天津、河北、河南、山东等省份。

彩图204　黄顶菊
1. 在玉米田中为害状　2. 群体　3. 幼苗　4. 花序

（董金皋摄）

205. 苦苣菜
Common sowthistle

学名

Sonchus oleraceus L.

分类

菊科；又名滇苦荬菜。

识别要点（彩图205）

1年生或2年生草本。根纺锤状。茎直立，中空，高40～150cm，中上部及顶端被疏腺毛，有纵条棱或条纹。叶片长椭圆形或倒披针形，长15～20cm，宽2～8cm，深羽裂或大头状羽裂，裂片边缘有不规则尖齿无毛；茎生叶片基部尖圆耳状抱茎，基生叶片基部急狭成翼柄。头状花序顶生，集成伞房花序或总状花序，花序梗被腺毛；总苞圆筒形，长1.2～1.5cm；舌状花黄色，长约3cm。瘦果褐色，长椭圆形或长椭圆状倒披针形；冠毛白色。

分布

辽宁、河北、山东、河南、山西、陕西、甘肃、青海、新疆、江苏、安徽、浙江、江西、福建、台湾、湖北、湖南、广西、四川、云南、西藏等省份均有分布。

彩图205 苦苣菜
1.在玉米田中为害状 2.植株 3.幼苗 4.花序

（董金皋摄）

206. 蒲公英
Dandelion

学名

Taraxacum mongolicum Hand.-Mazz.

分类

菊科；又名黄花地丁、婆婆丁。

识别要点（彩图206）

多年生草本。根圆柱状，垂直，黑褐色。叶矩圆状披针形或倒披针形，长4～15cm，宽1～5.5cm，先端急尖或钝，羽状深裂，有时大头羽状深裂，顶端裂片较大，戟状矩圆形，具齿或全缘；每侧裂片4～5片，三角形或矩圆状披针形，倒向或平展，裂片间常具小齿，疏柔毛或几无毛。花葶数个，紫红色，与叶等长，高8～25cm，密被柔毛；头状花序，直径30～40mm；总苞钟形，长10～14mm，浅绿色；总苞片2～3层，外层披针形或卵状披针形，内层线状披针形；舌状花黄色，长约8mm，宽约1.5mm，柱头和花药深绿色。瘦果褐色，倒卵状披针形，长约4mm，宽约1.5mm，具小刺，下部具小瘤；冠毛白色。

分布

广布于黑龙江、吉林、辽宁、内蒙古、河北、山西、陕西、甘肃、青海、山东、江苏、安徽、浙江、福建北部、台湾、河南、湖北、湖南、广东北部、四川、贵州、云南等省份。

彩图206 蒲公英

1.植株 2.花

（董金皋摄）

207. 泥胡菜
Lyrate Hemistepta

学名

Hemistepta lyrata (Bunge) Bunge

分类

菊科；又名豚草。

识别要点（彩图207）

1年生草本。茎单生，高40～100cm，被疏丝毛。基生叶倒披针形或长椭圆形，花期常枯萎；茎中下部叶与基生叶同形，长3～15cm，宽1.5～5.5cm，大头羽状深裂或全裂；侧裂片2～6对，为长椭圆形、倒卵形、倒披针形、匙形或披针形有稀锯齿；顶裂片三角形、长菱形或卵形，边缘重锯齿或三角形锯齿；叶片薄，表面绿色，无毛，背面灰白色，被茸毛。头状花序在茎枝顶端集成伞房花序，少有植株为头状花序单生；总苞半球状或宽钟状，直径约3cm；总苞片多层，覆瓦状排列；小花红色或紫色，花冠长约1.5cm，深5裂；裂片线形，长约2.5mm。瘦果小，偏斜楔形或楔状，长约2.2mm，褐色，扁平，果缘膜质，基底稍见偏斜。冠毛白色，异型，外层冠毛羽毛状，长约1.3cm；内层冠毛极短，鳞片状，宿存。

分布

除新疆、西藏外，遍布全国。

彩图207　泥胡菜

1. 植株　2. 花序

（谢桂英摄）

208. 腺梗豨莶
Siegesbeckia herb

学名

Siegesbeckia pubescens Makino

分类

菊科；又名毛豨莶、棉苍狼、珠草。

识别要点（彩图208）

1年生草本。茎直立，高30～120cm，被柔毛和糙毛。茎基部叶卵状披针形，花期常枯萎；茎中部叶卵形或卵圆形，长3.5～13cm，宽1.8～6.5cm，基部宽楔形，下延成翼翅，先端渐尖，边缘具粗齿；茎上部叶卵状披针形或披针形；全部叶基出三脉，被短柔毛，沿脉被长柔毛。头状花序多生于枝端，集成松散的圆锥花序，直径约20mm；花梗长，被紫褐色腺毛和长柔毛；总苞宽钟状；总苞片2层，密被紫褐色腺毛；舌状花花冠长1～1.2mm，舌片顶端2～3齿裂，或5齿裂；两性管状花长约2mm，顶端4～5裂。瘦果倒卵圆形，4棱，顶端具环状突起。

分布

广布于吉林、辽宁、河北、山西、河南、甘肃、陕西、江苏、浙江、安徽、江西、湖北、四川、贵州、云南及西藏等地。

彩图208 腺梗豨莶

1. 植株　2. 花序

（曹宏哲摄）

209. 紫茎泽兰
Crofton weed

学名

Ageratina adenophora (Spreng.) R.M.King & H. Robinson

分类

菊科；又名解放草、马鹿草。

识别要点（彩图209）

多年生草本。根茎粗壮发达，直立，高30～200cm，茎紫色，被锈色或白色短柔毛，分枝斜上、对生。叶对生，叶片三角形、卵形或菱状卵形，质薄，腹面绿色，背面浅绿色，边缘有稀疏的大而不规则的粗锯齿，花序下方的叶片为近全缘或波状浅锯齿。头状花序，直径可达约6mm，在枝端组成复伞房或伞房花序，含35～50朵小花，管状花两性，白色。瘦果，黑褐色。

分布

广布于西南各省，其他省份局部有分布。

彩图209　紫茎泽兰

1. 叶片　2. 花序

（董金皋摄）

第三节　玉米田杂草控制技术

田间杂草是影响玉米产量的重要因素之一。玉米生长期间，气温高、湿度大，田间极易滋生杂草，尤其是夏季高温多雨，杂草发生量大，种类多，生长快。

田间杂草与玉米植株争夺水分、光照和肥料，抑制玉米植株生长，可造成玉米严重减产；玉米田内及田边的杂草还会为病虫提供繁殖、越冬和度过不良环境阶段的场所，提供中间寄主和传播媒介；杂草的存在降低了玉米田土地实际利用率，影响灌溉，浪费人工；某些杂草本身还含有有毒物质，人畜误食之后会引起中毒甚至死亡。

玉米田杂草的防除应采取综合措施，因地制宜，达到经济、安全、有效防除杂草的目的。

1. 物理防除

物理防除包括人工除草、机械除草和物理除草。人工除草即为手工拔除，或使用锄、犁等工具除草，是最原始、最简易的除草方式。这种方式除草效率低，人工成本高。机械除草指在耕作过程中，使用电耕犁、机耕犁、旋耕机等机械，将出土的杂草深埋或将杂草地下茎翻出地面使之死亡。物理除草是指利用遮光、高温、辐射等原理杀灭杂草，如火力除草、微波除草、塑料薄膜覆盖等。

2. 生物防除

生物防除是指在整个生态系统中利用杂草本身的天敌控制杂草的生长，将杂草的发生和数量降低到可接受的范围内，不破坏自然的生物群落，不污染环境。近年来，利用动物、植物和化感作用治理杂草越来越受到重视；利用生物及其代谢产物开发的除草剂应用也越来越多。生物除草剂是指利用自然界中的生物（包括动物、植物、微生物）或其组织、代谢物经工业化生产获得的用于除草的生物制剂。生物除草剂可分为两类，一类是直接利用生物体或生物体部分组织开发的制剂，其中使用最多的是植物病原真菌；另一类是利用生物的次生代谢产物开发的制剂，这类化合物往往具有化学结构新颖、作用靶标明确、低毒低残留等特点。

3. 化学防除

化学防除是使用化学除草剂来防除杂草，是目前玉米田杂草的最主要防除方法。目前在玉米田主要采用播后苗前除草和苗后除草两种方法。

（1）播后苗前除草方法

又称为苗前土壤封闭。播后苗前除草剂种类有：莠去津、西玛津、异丙甲草胺、乙草胺、噻吩磺隆、二甲戊灵、异甲·莠去津、乙·莠·滴丁酯、2,4-滴丁酯、绿麦隆、乙·莠、异丙·莠去津、精异丙甲草胺、异丙草·莠、2甲·乙·莠、唑嘧磺草胺、乙·噻·滴丁酯、乙·嗪·滴丁酯、扑·乙·滴丁酯、2,4-滴异辛酯、嗪酮·乙草胺、滴·莠·丁草胺、噻磺·乙草胺、异丙·乙·莠、扑·乙、丁·莠、滴丁·乙草胺、丁·乙·莠去津、甲·乙·莠、异丙草胺、莠灭净、莠灭·乙草胺、西净·乙草胺、乙·莠·氰草津、甲草·莠去津、绿·莠·乙草胺、氰草·莠去津、克·扑·滴丁酯、甲戊·莠去津、扑·丙·滴丁酯。播后苗前除草剂是在玉米播种后出苗前土壤较湿润时，对玉米田土壤进行均匀喷雾。使用除草剂时，应仔细阅读所购除草剂的使用说明，做到不重喷、不漏喷，以土壤表面湿润为原则，利于药膜形成，达到封闭土壤表面的作用。施药尽量选择在无风无雨时，避免雾滴飘移危害周围作物。苗前除草剂对玉米安全性较高，较少产生药害。但施药时土壤湿度过大、出苗前遭遇低温等情况下会出现药害。

(2) 苗后除草方法

苗后除草剂种类有：烟嘧磺隆、草甘膦异丙胺盐、草甘膦铵盐、烟嘧·辛酰溴、硝磺·氰草津、烟嘧·溴苯腈、溴苯腈、溴腈·莠灭净、氯氟吡氧乙酸、砜嘧磺隆、硝磺·莠去津、硝磺草酮、氯吡·硝·烟嘧、2甲4氯、硝磺·异甲·莠、氨唑草酮、硝·乙·莠去津、2,4-滴丁酯、辛酰·烟·滴丁、2甲4氯钠、硝磺·异丙·莠、麦草畏、苯唑草酮、硝·烟·莠去津、氯吡·硝·烟嘧、辛·烟·莠去津、烟·硝·莠去津、硝·烟·辛酰溴、2甲·烟嘧·莠、辛·烟·氯氟吡、2甲4氯二甲胺盐、烟嘧·莠·氯吡、烟嘧·莠·异丙、烟·莠·滴辛酯、辛·烟·氯氟吡、磺草酮、烟·莠·异丙甲、硝·烟·嘧莠、噻酮·异噁唑、砜·硝·氯氟吡、烟嘧·嗪草酮、硝磺·二氯吡、硝·精·莠去津、硝·辛·莠去津、烟·莠·辛酰腈、噻吩磺隆、滴丁·烟嘧、烟嘧·莠去津、2,4-滴异辛酯、二氯吡啶酸、烟·莠·滴丁酯、磺草·莠去津、丁·莠·烟嘧、烟嘧·乙·莠、烟嘧·滴辛酯、二氯吡啶酸钾盐、烟嘧·麦草畏、氯氟吡氧乙酸异辛酯、烟·莠·氯氟吡、硝磺·异丙·莠、草甘膦、嗪·烟·莠去津、辛酰溴苯腈、辛溴·滴丁酯、砜嘧·莠去津、嗪草酸甲酯、辛酰·烟·滴异。苗后除草剂主要是在玉米出苗后3～5叶期，沿行间进行均匀茎叶喷雾。使用前应仔细阅读所购除草剂的使用说明，确认所使用的除草剂是否能与其他农药混用、安全间隔期以及对玉米品种的敏感性等。复配药剂使用前先摇匀后再使用。施药应选择在无风或微风晴天的早上或傍晚。喷头须加喷雾罩，压低喷头，防止药液飘移到附近的作物上造成药害，严禁将药液直接喷到玉米的喇叭口内。

编后记

经过5年多的精心准备和编写，《中国玉米病虫草害图鉴》一书终于与读者见面了。这是一本以国家农业（玉米）产业技术体系病虫害防控研究室7位岗位专家及团队成员为主，在50余位植保专家学者的大力帮助下共同完成的重要著作，是对中国玉米生产中主要病虫草害、常见生理性病害、化学农药伤害等影响玉米安全生产问题的直观描述，同时介绍了病虫草害的发生规律及控制技术。该书虽未完全包括已知在我国发生的玉米病虫草害及其他生产问题，但仍将极大地推动玉米植保研究工作，提高玉米生产中病虫草害的防控水平。

相对于在水稻、小麦等粮食作物上庞大的植保研究队伍和较长的研究历史，我国从事玉米病虫草害研究的单位和科技人员较少，研究成果积累少，病虫草害等生产问题的相关数据十分缺乏。近年来，随着玉米种植面积的扩大、种植制度的变革、气候的变迁，加之地区间种子的频繁调运和一些外来有害生物的传入，各地玉米病虫草害的种类在不断增加，发生规律亦有很大的变化，增加了识别和田间防控的难度。此外，由于农药和化肥使用不当出现的药害和肥害问题也十分突出，田间生理性病害或遗传缺陷导致的异常常与侵染性病害或药害、肥害混合发生，不易鉴别。《中国玉米病虫草害图鉴》的编著目的就是为读者提供一个鉴别和防控这些玉米生产中常见植保问题的平台，因而集成了来自国内玉米生产中各类病虫草害、生理性病害及遗传病害和药害等有关图片1 700余张，编撰成国内目前同类图书中病虫草害种类最多、图片最多和特征最明显、信息量最大的专业书籍，期望成为玉米生产者、管理者、研究者都能受益的工具书。

本书中的病害、虫害、草害和生理性病害及遗传病害各部分分别由王晓鸣、王振营、董金皋和石洁主笔撰写并配图，其他专家参与部分工作，最后由王晓鸣和王振营对全书进行统稿。

在此，我们感谢国家科学技术部国家科学技术学术著作出版基金的资助和国家农业（玉米）产业技术体系、中国农业科学院科技创新工程的资助，感谢为本书提供许多重要图片的所有专家学者，感谢中国农业出版社将本书列为"十三五"国家重点图书出版规划项目，感谢国家农业（玉米）产业技术体系首席科学家张世煌研究员对本书出版给予的大力支持。

受作者水平所限，书中难免出现瑕疵和错误，希望读者能及时指出，以便我们再版时修正。

《中国玉米病虫草害图鉴》编委会

2018年9月